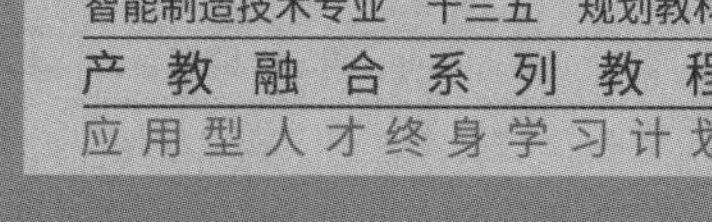

智能制造技术及应用教程

主　编　谢力志　张明文
副主编　何泽贤　林浩峰　王　鑫　黄建华
编　审　杨爱江　毕群松

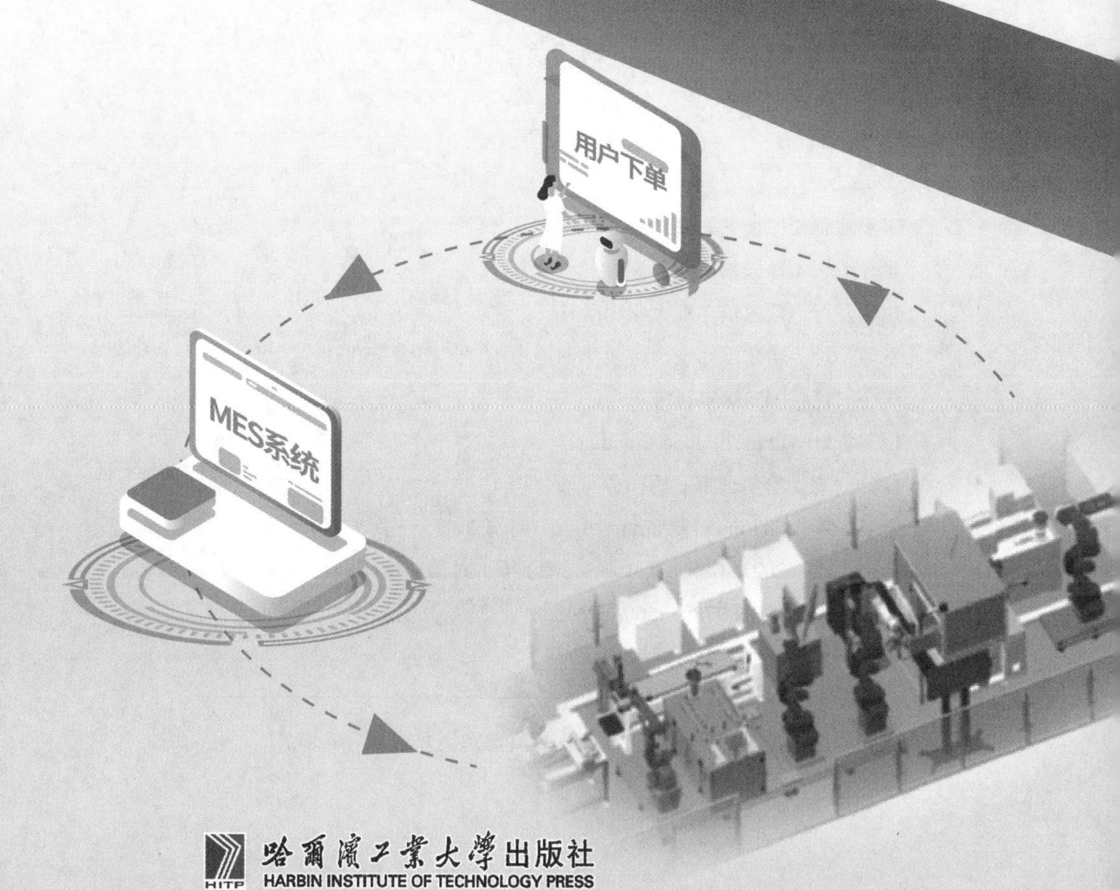

哈爾濱工業大學出版社
HARBIN INSTITUTE OF TECHNOLOGY PRESS

内 容 简 介

本书依据润品智能生产线，首先介绍了制造在工业上的发展历程及应用，可使读者了解和分析智能制造对企业及人才培养的价值和意义；然后结合实际的智能制造生产线介绍了其应用领域、设计原理、工艺流程，可使读者深入地了解智能制造生产线的运作机理。为了加强读者对“智造系统”的理解，本书以 C2M 无人智能生产线为案例，总体概述生产线的设计需求及要素，提炼了八个典型项目，分别介绍了各道工艺加工的过程，能够让读者对智能制造生产线的原理和结构有更深刻的认识。

本书可作为智能制造、机电一体化、电气自动化及机器人技术等相关专业的教材，也可供从事相关行业的技术人员参考使用。

图书在版编目（CIP）数据

智能制造技术及应用教程 / 谢力志，张明文主编.
—哈尔滨：哈尔滨工业大学出版社，2021.4（2023.1 重印）
产教融合系列教程
ISBN 978-7-5603-9343-8

Ⅰ. ①智… Ⅱ. ①谢… ②张… Ⅲ. ①智能制造系统
—教材 Ⅳ. ①TH166

中国版本图书馆 CIP 数据核字（2021）第 014374 号

策划编辑　王桂芝　张　荣
责任编辑　佟雨繁　陈雪巍
出版发行　哈尔滨工业大学出版社
社　　址　哈尔滨市南岗区复华四道街 10 号　邮编 150006
传　　真　0451-86414749
网　　址　http://hitpress.hit.edu.cn
印　　刷　哈尔滨市石桥印务有限公司
开　　本　787mm×1 092mm　1/16　印张 18.75　字数 440 千字
版　　次　2021 年 4 月第 1 版　2023 年 1 月第 2 次印刷
书　　号　ISBN 978-7-5603-9343-8
定　　价　58.00 元

编审委员会

前　　言

智能制造是基于新一代信息技术，贯穿设计、生产、管理、服务等制造活动各个环节，具有信息深度自感知、智慧优化、自决策、精准控制、自控制等功能的先进制造过程、系统与模式的总称。随着科学技术的飞速发展，先进制造技术正在向信息化、自动化、智能化方向发展，智能制造技术已成为世界制造业发展的客观趋势，世界上主要工业发达国家正在大力推广和应用。发展智能制造既符合我国制造业发展的内在要求，也是重塑我国制造业新优势、实现转型升级的必然选择。

机器人是先进制造业的重要支撑装备，也是未来智能制造业的关键切入点，工业机器人作为机器人家族中的重要一员，是目前技术最成熟、应用最广泛的一类机器人。工业机器人的研发和产业化应用是衡量科技创新和高端制造发展水平的重要标志。发达国家已经把工业机器人产业发展作为抢占未来制造业市场、提升竞争力的重要途径。汽车工业、电子电器行业、工程机械等众多行业大量使用工业机器人自动化生产线，在保证产品质量的同时，改善了工作环境，提高了社会生产效率，有力地推动了企业和社会生产力的发展。

当前，随着我国劳动力成本上涨，人口红利逐渐消失，生产方式向柔性、智能、精细化转变，构建新型智能制造体系迫在眉睫，企业对工业机器人的需求量大幅增长。大力发展工业机器人产业，对于打造我国制造业新优势、推动工业转型升级、加快制造强国建设、改善人民生活水平具有深远意义。

在传统制造业转型升级的关键阶段，越来越多企业将面临“设备易得、人才难求”的尴尬局面，所以，实现智能制造，人才培育要先行。教育部、人社部、工信部《制造业人才发展规划指南》指出，要面向制造业十大重点领域大力培养技术技能紧缺人才，加强职业技能培训教学资源建设和基础平台建设。针对这一现状，为了更好地推广智能制造与工业机器人技术的应用，亟须编写一本系统全面的智能制造与工业机器人技术入门教材。

本书介绍了智能制造技术的基本知识，并围绕智能工厂、智能生产、智能物流和智能服务这四个方面介绍了智能制造的内涵和关键技术。本书还介绍了工业机器人的基本知识，以及工业机器人在智能制造领域的应用。

在项目应用上，本书依据润品智能生产线，首先介绍了智能制造在工业上的发展历程及应用，可使读者了解和分析智能制造对企业及人才培养的价值和意义；其次结合实际的生产线介绍了应用领域、设计原理和工艺流程，可使读者深入地了解智能制造生产线的运作机理。

此外，为了加强读者对“智造系统”的理解，本书以C2M无人智能生产线为案例，总体概述生产线的设计需求及要素，提炼了八个典型项目，分别介绍了各个工艺加工的过程，能够让读者对智能制造生产线的原理和结构有更深刻的认识。

本书图文并茂，通俗易懂，实用性强，既可作为智能制造、机电一体化、电气自动化及机器人技术等相关专业的教材，也可供从事相关行业工作的技术人员参考使用。为了提高教学效果，在教学方法上，建议采用启发式教学，开放性学习，重视小组讨论；在学习过程中，建议结合本书配套的教学辅助资源，如教学课件及视频素材、教学参考与拓展资料等。

由于编者水平有限，书中难免存在疏漏及不足之处，敬请读者批评指正。任何意见和建议可反馈至E-mail:rpkj@rptec.cn。

编　者

2020年10月

目　　录

第一部分　理论基础

第二部分 项目应用

第一部分　基础理论

第1章　绪　　论

1.1　智能制造产业概况

※ 智能制造产业概况

全球新一轮科技革命和产业变革的孕育兴起，与我国制造业转型升级形成历史性交汇。智能制造在全球范围内快速发展，已成为制造业的重要发展趋势。智能制造对产业发展和分工格局带来深刻影响，推动形成新的生产方式、产业形态和商业模式。

经过几十年的快速发展，我国制造业规模跃居世界第一位，已建立起门类齐全、独立完整的制造体系。随着我国经济发展进入新常态，长期以来主要依靠资源要素投入、规模扩张的粗放型发展模式难以为继。加快发展智能制造，对于推进我国制造业供给侧结构性改革，培育经济增长新动能，促进制造业向中高端迈进，实现制造强国具有重要意义。

随着新一代信息技术和制造业的深度融合，我国智能制造发展取得一些明显成效：

（1）以高档数控机床、工业机器人、智能仪器仪表为代表的关键技术装备取得积极进展。

（2）智能制造装备和先进工艺在重点行业不断普及，离散型行业制造装备的数字化、网络化、智能化步伐加快，流程型行业过程控制和制造执行系统全面普及，关键工艺流程数控化率大大提高。

（3）智能制造新模式初步形成，为深入推进智能制造奠定了一定的基础。

但目前我国制造业尚处于机械化、电气化、自动化、数字化并存，不同地区、不同行业、不同企业发展不平衡的阶段。相对工业发达国家，推动我国制造业智能转型，环境更为复杂，形势更为严峻，任务更加艰巨。在这个背景下，我国积极应对挑战，抓住全球制造业分工调整和我国智能制造快速发展的战略机遇，正在智能制造方面走出一条具有中国特色的发展道路。

1.2 国外智能制造国家战略

目前，全球制造业的格局正面临重大调整，新一代信息技术与制造业不断交叉与融合，引领了以智能化为特征的制造业变革浪潮。为了走出经济发展困境，德国、美国、法国、英国、日本等工业发达国家纷纷提出了“再工业化”发展战略，力图掌握新一轮技术革命的主导权，重振制造业，推进产业升级，营造经济新时代。各国所提出的智能制造国家战略见表 1.1。

表 1.1 各国智能制造国家战略

提出时间	2013 年	2013 年	2013 年	2014 年	2014 年	2015 年
战略名称	工业 4.0	新工业法国	英国工业 2050 战略	振兴美国先进制造业	印度制造计划	机器人新战略
国家	德国	法国	英国	美国	印度	日本

1. 德国：工业 4.0

（1）背景。

德国制造业在全球是最具有竞争力的行业之一，特别是在装备制造领域，拥有专业、创新的工业科技产品、科研开发管理以及复杂工业过程的管理体系；在信息技术方面，其以嵌入式系统和自动化为代表的技术处于世界领先水平。为了稳固其工业强国的地位，德国开始对本国工业产业链进行反思与探索，“工业 4.0”构想由此产生。

①工业 1.0。

18 世纪 60 年代，随着蒸汽机的诞生，英国发起第一次工业革命，开创了以机器代替手工劳动的时代，蒸汽机带动机械化生产，纺织、冶铁、交通运输等行业快速发展，人类社会进入工业 1.0 时代，即“机械化”时代，如图 1.1 所示。

（a）纺织机

（b）蒸汽机车

图 1.1 工业 1.0——机械化时代

②工业 2.0。

19 世纪六七十年代起，电灯、电报、电话、发电机、内燃机等一系列电气发明相继问世，电气动力带动自动化生产，出现第二次工业革命，汽车、石油、钢铁等重工行业得到迅速发展。人类社会进入工业 2.0 时代，即“电气化”时代，如图 1.2 所示。

（a）灯泡

（b）电话

图 1.2 工业 2.0——电气化时代

③工业 3.0。

20 世纪四五十年代以来，在原子能、电子计算机、空间技术和生物工程等领域的重大突破，标志着第三次工业革命的到来。这次工业革命推动了电子信息、医药、材料、航空航天等行业发展，开启了工业 3.0 时代，即“自动化”时代，如图 1.3 所示。

（a）1946 年第一台“埃尼阿克”计算机

（b）1964 年中国原子弹成功爆炸

图 1.3 工业 3.0——自动化时代

④工业 4.0。

在 2013 年 4 月的汉诺威工业博览会上，德国联邦教研部与联邦经济技术部正式推出以智能制造为主导的第四次工业革命，即工业 4.0，并将其纳入国家战略。其内容是将互联网、大数据、云计算、物联网等新技术与工业生产相结合，最终实现工厂的智能化生产，让工厂直接与消费需求对接。

四次工业革命的主要特征见表 1.2。

表 1.2　四次工业革命的主要特征

工业革命	工业 1.0	工业 2.0	工业 3.0	工业 4.0
时间	18 世纪 60 年代	19 世纪六七十年代	20 世纪四五十年代	现在
领域	纺织、交通	汽车、石油、钢铁	电子信息、航空航天	物联网、服务网
代表产物	蒸汽机	电灯、电话、内燃机	原子能、电子计算机	物联网、服务网
主导国家	英国	美国	日本、德国	德国
特点	机械化	电气化	自动化	智能化

（2）概念。

工业 4.0 的核心是通过信息物理融合系统（Cyber-Physical System，CPS）将生产过程中的供应、制造、销售信息进行数据化、智能化，达到快速、有效、个性化的产品供应目的。

CPS 是一个综合了计算、通信、控制技术的多维复杂系统，如图 1.4 所示。CPS 将物理设备连接到互联网上，让物理设备具有计算、通信、精确控制、远程协调和自治等五大功能，从而实现虚拟网络世界与现实物理世界的融合。CPS 可将资源、信息、物体及人紧密联系在一起，从而将生产工厂转变为一个智能环境，如图 1.5 所示。

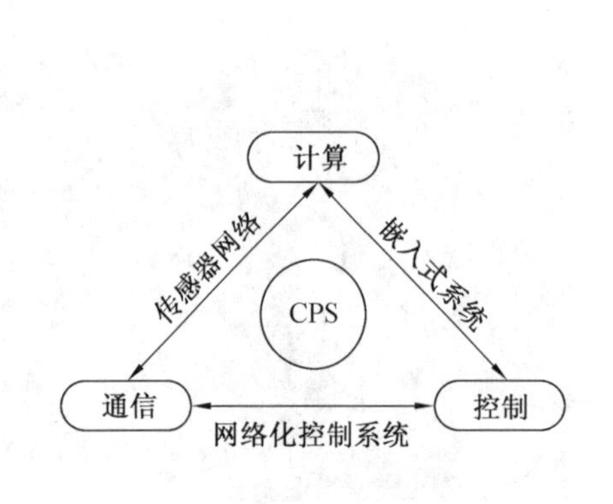

图 1.4　信息物理融合系统组成

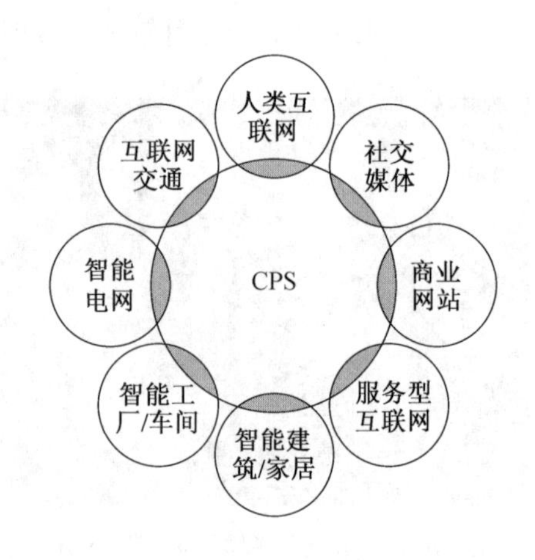

图 1.5　信息物理融合系统网络

工业 4.0 本质是基于“信息物理融合系统”实现“智能工厂”，是以动态配置的生产方式为核心的智能制造，是未来信息技术与工业融合发展到新的深度而产生的工业发展模式。通过工业 4.0 可以实现生产率大幅提高，产品创新速度加快，满足个性化定制需求，减少生产能耗，提高资源配置效率，解决能源消费等社会问题。

（3）四大主题。

工业 4.0 的四大主题是智能工厂、智能生产、智能物流和智能服务。

①智能工厂。

智能工厂重点研究智能化生产系统及过程，以及网络化分布式生产设施的实现。

②智能生产。

智能生产主要涉及整个企业的生产物流管理、人机互动以及 3D 技术在工业生产过程中的应用等。

③智能物流。

智能物流主要通过互联网、物联网、物流网，整合物流资源，充分提高现有物流资源供应方的效率，而需求方则能够快速获得服务匹配，得到物流支持。

④智能服务。

智能服务是应用多方面信息技术，以客户需求为目的跨平台、多元化的集成服务。

（4）三大集成。

工业 4.0 将无处不在的传感器、嵌入式终端系统、智能控制系统、通信设施通过 CPS 形成智能网络，使人与人、人与机器、机器与机器以及服务与服务之间能够互联，从而实现纵向集成、数字化集成和横向集成。

①纵向集成。

纵向集成关注产品的生产过程，力求在智能工厂内通过联网形成生产的纵向集成。

②数字化集成。

数字化集成关注产品整个生命周期的不同阶段，包括设计与开发、安排生产计划、管控生产过程及产品的售后维护等，实现各个阶段之间的信息共享，从而达成工程数字化集成。

③横向集成。

横向集成关注全社会价值网络的实现，从产品的研究、开发与应用拓展至建立标准化策略、提高社会分工合作的有效性、探索新的商业模式以及考虑社会的可持续发展等，从而达成德国制造业的横向集成。

2. 振兴美国先进制造业

（1）背景。

20 世纪 80 年代以来，随着经济全球化、国际产业转移及虚拟经济的不断深化，美国产业结构发生了深刻的变化，制造业日益衰退，“去工业化”趋势明显，虽然美国制造业增加值逐年提高，但制造业增加值占国内生产总值的比重却在逐年下降。

2008 年金融危机后，美国意识到了发展实体经济的重要性，提出了“再工业化”的口号，主张发展制造业，减少对金融业的依赖。

2014 年 10 月，美国发布《振兴美国先进制造业》报告，用于指导联邦政府支持先进制造研究开发的各项计划和行动。

（2）内容。

《振兴美国先进制造业》指出加快技术创新、确保人才输送、改善商业环境是振兴美国制造业的三大支柱，具体内容见表 1.3。

表 1.3　三大支柱说明

支柱	措　　施
加快技术创新	制定国家先进制造业战略、增加优先的跨领域技术的研发投资、建立制造创新研究院网络、促进产业界和大学合作、进行先进制造业方面的研究、建立促进先进制造业技术商业化的环境、建立国家先进制造业门户等
确保人才输送	改变公众对制造业的错误观念、利用退伍军人人才库、投资社区大学水平的教育、发展伙伴关系、提供技能认证、加强先进制造业的大学项目、推出关键制造业奖学金和实习计划等
改善商业环境	颁布税收改革、合理化监管政策、完善贸易政策、更新能源政策等

《振兴美国先进制造业》指出美国发展的三大优先领域，分别是：制造业中的先进传感、控制和平台系统；虚拟化、信息化和数字制造；先进材料制造。具体的措施建议见表 1.4。

表 1.4　三大优先领域具体说明

技术领域	措　　施
制造业中的先进传感、控制和平台系统	建立制造技术测试床、建立聚焦于能源优化利用的一个研究所、制定新的产业标准
虚拟化、信息化和数字制造	建立制造卓越能力中心、建立大数据制造创新研究、制定 CPS 安全和数据交换的制造政策标准
先进材料制造	推广材料制造卓越能力中心、利用供应链管理国防资产、制定材料设计数字标准、设立制造业创新奖学金

3. 法国：新工业法国

（1）背景。

根据法国国家统计局的数据，自 20 世纪 80 年代开始，法国开始进入“去工业化”时代，制造业就业岗位从 1980 年的 510 万下降到 2013 年的 290 万，制造业增加值占 GDP 比例从 20.6%下降到 10%。

面对伴随“去工业化”而来的工业增加值和就业比例的持续下降，法国政府意识到“工业强则国家强”，于是在 2013 年 9 月推出了《新工业法国》战略，旨在通过创新重塑工业实力，使法国重回全球工业第一梯队。

2015年5月18日，法国政府对“新工业法国”计划进行了大幅调整。“新工业法国Ⅱ”标志着法国“再工业化”开始全面学习德国工业4.0。此次调整的主要目的在于优化国家层面的总体布局。

（2）内容。

调整后的“新工业法国”总体布局为“一个核心，九大支点”，如图1.6所示，主要内容是实现工业生产向数字制造、智能制造转型，以生产工具的转型升级带动商业模式变革。

图1.6　未来工业及其九大支点

4. 英国：英国工业2050

（1）背景。

英国是工业革命的发生地、现代工业的摇篮。自20世纪六七十年代开始，英国制造业经历巨大变革，制造业在整体经济中所占比重持续下降，而金融服务业所占比重则强势上升。这一情况一直持续到2008年金融危机爆发。破裂的金融泡沫、迟缓的经济复苏，让英国重新认识到制造业在维护国家经济韧性方面的重要意义。

强大的、以出口为导向的制造业往往能让一个国家从衰退中更快复苏。基于这一认识，2013年10月英国政府科技办公室推出了《英国工业2050战略》，制定了到2050年的未来制造业发展战略，提出英国制造业发展与复苏的政策。

（2）内容。

《英国工业2050战略》报告展望了2050年制造业的发展状况，并据此分析英国制造业的机遇和面临的挑战。

报告的主要观点是科技改变生产，信息通信技术、新材料等科技将在未来与产品和生产网络融合，极大改变产品的设计、制造、提供甚至使用方式。报告认为，未来制造业的主要趋势是个性化的低成本产品需求增大、生产重新分配和制造价值链的数字化。

报告提出了未来英国制造业的四个特点，如图 1.7 所示。

图 1.7　未来英国制造业的特点

①快速、敏锐地响应消费者需求。生产者将更快地采用新科技，产品定制化趋势加强。制造活动不再局限于工厂，数字技术将极大改变供应链。

②把握新的市场机遇。金砖国家和“新钻十一国”将增大全球需求，但英国的主要出口对象仍然是欧盟和美国。高科技、高价值产品是英国出口的强项。

③可持续发展的制造业。全球资源匮乏、气候变化、环保管理完善、消费者消费理念变化等种种因素将使可持续的制造业获得青睐，循环经济将成为关注重点。

④未来制造业将更多依赖技术工人，应加大力度培养高素质的劳动力。

这一报告的出台将英国制造业发展提到了战略的高度。

1.3　中国制造 2025

制造业是国民经济的基础，是科技创新的主战场，是立国之本、兴国之器、强国之基。当前，全球制造业发展格局和我国经济发展环境发生重大变化，因此必须紧紧抓住当前难得的战略机遇，突出创新驱动，优化政策环境，发挥制度优势，实现中国制造向中国创造转变，中国速度向中国质量转变，中国产品向中国品牌转变。

※ 中国制造 2025

1.3.1　产业背景

中国制造业规模位列世界第一，门类齐全、体系完整，在支撑中国经济社会发展方面发挥着重要作用。在制造业重新成为全球经济竞争制高点，中国经济逐渐步入中高速增长新常态，中国制造业亟待突破大而不强旧格局的背景下，“中国制造 2025”战略应运而生。

2014 年 10 月，中国和德国联合发表了《中德合作行动纲领：共塑创新》，重点突出了双方在制造业就“工业 4.0”计划的携手合作。双方以中国担任 2015 年德国汉诺威消费电子、信息及通信博览会合作伙伴国为契机，推进两国在移动互联网、物联网、云计算、大数据等领域的合作。

借鉴德国的工业 4.0 计划，我国主动应对新一轮科技革命和产业变革，在 2015 年出台“中国制造 2025”，并在部分地区已经展开了试点工作。

1.3.2 主要内容

1.“三步走”战略

“中国制造 2025”提出中国从制造业大国向制造业强国转变的战略目标，通过信息化和工业化深度融合来引领和带动整个制造业的发展，通过“三步走”实现我国的战略目标。

第一步，力争用十年时间，迈入制造强国行列。到 2025 年，制造业整体素质大幅提升，创新能力显著增强，全员劳动生产率明显提高，工业化和信息化融合迈上新台阶。

第二步，到 2035 年，我国制造业整体达到世界制造强国阵营中等水平。创新能力大幅提升，重点领域发展取得重大突破，整体竞争力明显增强，优势行业具有全球创新引领能力，全面实现工业化。

第三步，新中国成立一百年时，制造业大国地位更加巩固，综合实力进入世界制造强国前列。制造业主要领域具有创新引领能力和明显竞争优势，建成全球领先的技术体系和产业体系。

2. 基本原则和方针

围绕实现制造强国的战略目标，“中国制造 2025”明确了四项基本原则和五大基本方针，如图 1.8、图 1.9 所示。

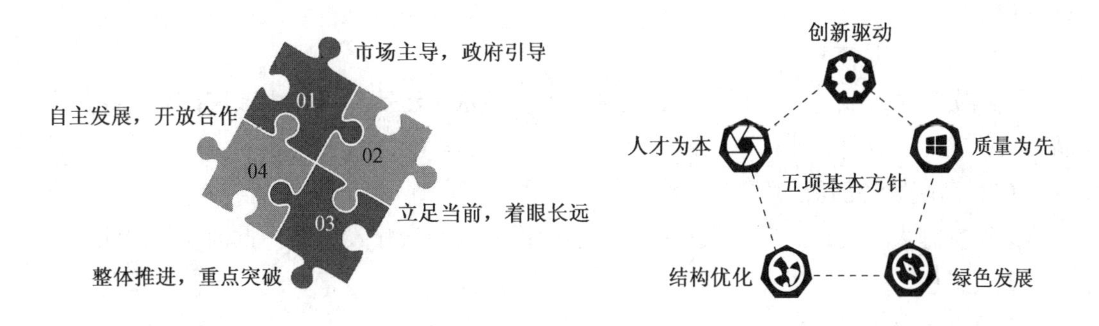

图 1.8 四项基本原则

图 1.9 五项基本方针

3. 五大工程

“中国制造 2025” 将重点实施五大工程，如图 1.10 所示。

图 1.10　五大工程

（1）制造业创新中心建设工程。

形成一批制造业创新中心(工业技术研究基地)，重点开展行业基础和共性关键技术研发、成果产业化、人才培训等工作。

（2）智能制造工程。

开展新一代信息技术与制造装备融合的集成创新和工程应用；建立智能制造标准体系和信息安全保障系统等。

（3）工业强基工程。

以关键基础材料、核心基础零部件（元器件）、先进基础工艺、产业技术基础为发展重点。

（4）绿色制造工程。

组织实施传统制造业能效提升、清洁生产、节水治污等专项技术改造；制定绿色产品、绿色工厂、绿色企业标准体系。

（5）高端装备创新工程。

组织实施大型飞机、航空发动机、智能电网、高端诊疗设备等一批创新和产业化专项、重大工程。

4. 十大重点领域

“中国制造 2025” 提出的十大重点发展领域，如图 1.11 所示，涉及领域无不属于高技术产业和先进制造业领域。

图 1.11　十大重点领域

（1）新一代信息技术产业。

➢ 集成电路及专用装备。着力提升集成电路设计水平，不断丰富知识产权（IP）和设计工具，提升国产芯片的应用适配能力。

➢ 信息通信设备。掌握新型计算、高速互联、先进存储、体系化安全保障等核心技术，推动核心信息通信设备体系化发展与规模化应用。

➢ 操作系统及工业软件。开发安全领域操作系统等工业基础软件，推进自主工业软件体系化发展和产业化应用。

（2）高档数控机床和机器人。

➢ 高档数控机床。开发一批数控机床与基础制造装备及集成制造系统，加快高档数控机床、增材制造等前沿技术和装备的研发。

➢ 机器人。围绕汽车、机械、电子、危险品制造、国防军工、化工、轻工等工业机器人、特种机器人，以及医疗健康、家庭服务、教育娱乐等服务机器人应用需求，积极研发新产品，促进机器人标准化、模块化发展，扩大市场应用。突破机器人本体、减速器、伺服电机、控制器、传感器与驱动器等关键零部件及系统集成设计制造等技术瓶颈。

（3）航空航天装备。

加快大型飞机研制，建立发动机自主发展工业体系，开发先进机载设备及系统，形成自主完整的航空产业链。发展新一代运载火箭、重型运载器，提升进入空间能力。推进航天技术转化与空间技术应用。

（4）海洋工程装备及高技术船舶。

大力发展深海探测、资源开发利用、海上作业保障装备及其关键系统和专用设备，掌握重点配套设备设计制造核心技术。

（5）先进轨道交通装备。

加快新材料、新技术和新工艺的应用，研制先进可靠适用的产品，建立世界领先的现代轨道交通产业体系。

（6）节能与新能源汽车。

继续支持电动汽车、燃料电池汽车发展，掌握汽车核心技术，形成从关键零部件到整车的完整工业体系和创新体系。

（7）电力装备。

推进新能源和可再生能源装备发展，突破关键元器件和材料的制造及应用技术，形成产业化能力。

（8）农机装备。

重点发展粮食和战略性经济作物主要生产过程使用的先进农机装备，推进形成面向农业生产的信息化整体解决方案。

（9）新材料。

以先进复合材料为发展重点，加快研发新材料制备的关键技术和装备。

（10）生物医药及高性能医疗器械。

发展药物新产品，提高医疗器械的创新能力和产业化水平。重点发展影像设备、高性能诊疗设备、移动医疗产品，实现新技术的突破和应用。

1.3.3 战略意义

智能制造与德国提出的“工业 4.0”方向趋同，是我国乃至世界制造业的发展方向。智能制造的概念最早是以“改造和提升制造业”的形式提出，见表 1.5。

表 1.5 智能制造的提出

时间	政策名称	内容要点
2011	“十二五”规划	明确提出要“改造和提升制造业”
2012.04	工信部《智能制造科技发展“十二五”专项规划》	明确提出了“智能制造”
2012.07	《“十二五”国家战略性新兴产业发展规划》	提出要重点发展“智能制造装备产业”，推进制造、使用过程中的自动化、智能化和绿色化
2013.12	工信部《关于推进工业机器人产业发展的指导意见》	提出将发展工业机器人的重要地位
2015.05	“中国制造 2025”	明确未来 10 年中国制造业的发展方向，将智能制造确立为“中国制造 2025”的主攻方向

随着科学技术的飞速发展，先进制造技术正在向信息化、自动化、智能化方向发展，智能制造技术已成为世界制造业发展的客观趋势，世界上主要工业发达国家正在大力推广和应用。发展智能制造既符合我国制造业发展的内在要求，也是重塑我国制造业新优势、实现转型升级的必然选择。

积极推动发展智能制造对于中国制造业具有以下重大意义。

1. 推动制造业升级

发展智能制造是实现我国制造业从低端制造向高端制造转变的重要途径。同时，将智能制造这一新兴技术快速应用并推广，通过规模化生产，尽快收回技术研究开发投入，从而持续推进新一轮的技术创新，推动智能制造技术的进步，实现制造业升级。

2. 重塑制造业新优势

当前，我国制造业面临来自发达国家加速重振制造业与发展中国家以更低生产成本承接国际产业转移的“双向挤压”。我国必须加快推进智能制造技术研发，提高产业化水平，以应对传统低成本优势削弱所面临的挑战。此外，发展智能制造业可以应用更节能环保的先进装备和智能优化技术，有助于从根本上解决我国生产制造过程的节能减排问题。

1.4 智能制造人才培养

1.4.1 产业人才现状

在传统制造业转型升级的关键阶段，越来越多企业将面临“设备易得、人才难求”的尴尬局面，所以，实现智能制造，人才培育要先行。智能化制造的“智”是信息化、数字化，“能”是精益制造的能力，智能制造最核心的是智能人才的培养，从精英人才的培养到智能人才的培养，这一过渡可能也是制造企业面临的最重要问题。

2017年发布的《制造业人才发展规划指南》(以下简称“指南”)指出，要大力培养技术技能紧缺人才，鼓励企业与有关高等学校、职业学校合作，面向制造业十大重点领域建设一批紧缺人才培养培训基地，开展“订单式”培养。指南对制造业十大重点领域人才需求进行预测，见表1.6。

指南指出要支持基础制造技术领域人才培养；加强基础零部件加工制造人才培养，提高核心基础零部件的制造水平和产品性能；加大对传统制造类专业建设投入力度，改善实训条件，保证学生“真枪实练”；采取多种形式支持学校开办、引导学生学习制造加工等相关学科专业。

表 1.6　制造业十大重点领域人才需求预测

万人

序号	十大重点领域	2015 年	2020 年		2025 年	
		人才总量	人才总量预测	人才缺口预测	人才总量预测	人才缺口预测
1	新一代信息技术产业	1 050	1 800	750	2 000	950
2	高档数控机床和机器人	450	750	300	900	450
3	航空航天装备	49.1	68.9	19.8	96.6	47.5
4	海洋工程装备及高技术船舶	102.2	118.6	16.4	128.8	26.6
5	先进轨道交通装备	32.4	38.4	6	43	10.6
6	节能与新能源汽车	17	85	68	120	103
7	电力装备	822	1 233	411	1 731	909
8	农机装备	28.3	45.2	16.9	72.3	44
9	新材料	600	900	300	1 000	400
10	生物医药及高性能医疗器械	55	80	25	100	45

1.4.2　产业人才职业规划

智能制造生产线的日常维护、修理、调试操作等方面都需要各方面的专业人才来处理，目前中小型企业最缺的是具备智能设备操作、维修能力的技术人员。

按照职能划分，一般的智能制造企业内部技术员工可分成四类：智能生产线操作员、智能生产线运维员、智能生产线规划工程师和智能生产线总体设计工程师。

1. 智能生产线操作员

智能生产线操作员的岗位职责主要包括能够独立、熟练地进行智能生产线设备操作和基本的程序编制以及基本的设备维护保养。该岗位工作人员需要具备工业机器人编程及操作、数控编程加工、智能制造系统集成等智能制造相关的理论知识和实践技能。

2. 智能生产线运维员

智能生产线运维员主要是指对智能生产线进行数据采集、状态监测、故障分析与诊断、维修及预防性维护与保养作业的人员。当生产线上的自动化设备、智能化设备出现故障时，运维人员要根据自动化设备、智能化设备发生故障的机理、故障特点、故障判断方法等迅速地找出导致故障的原因，然后依据一定的维修思路、维修步骤对设备进行快速维修。

3. 智能生产线规划工程师

智能生产线规划工程师的岗位职责主要包括产品自动化工艺路线设计规划。岗位的任职要求包括具备生产工艺或生产流程的规划能力，能够进行生产线工艺流程编排、现场标准化作业指导书编制、生产控制计划编制；具备各类生产要求包括精度、节拍、质量等的综合分析能力；熟悉各类传感器、自动识别技术（条码、RFID 等）、PLC 系统、传送装置、运动结构、通信技术与工业总线、工业机器人技术、视觉技术以及 MES、SCADA 等工业应用软件。

4. 智能生产线总体设计工程师

智能生产线总体设计工程师是企业所需要的高端人才，需要熟悉机械工程、控制科学与工程、工业工程、计算机科学与技术等多个领域的知识和技能，负责完成智能生产线总体规划，智能生产线信息化、网络化、数字化的初步设计，以及完成智能生产线实施过程的项目管理工作。

小　结

本章首先阐述了智能制造的时代背景，介绍了智能制造概念的产生与发展过程，并分析了世界主要工业强国和中国在智能制造方面的国家战略及企业的应用现状。最后，结合我国实际情况，分析了智能制造领域的人才需求，介绍了智能制造的就业方向，可激发学生进一步学习智能制造的动力和热情。

思考题

1. 四次工业革命的特征分别是什么？
2. 工业 4.0 的核心是什么？

3. 工业 4.0 的四大主题是什么？

4. 请简述“中国制造 2025”提出的“三步走”战略的主要内容。

第 2 章　智能制造概述

2.1　智能制造定义与特点

※ 智能制造概述

智能制造源于人工智能的研究。一般认为智能是知识和智力的总和，前者是智能的基础，后者是指获取和运用知识求解的能力。

智能制造应当包含智能制造技术和智能制造系统，智能制造系统不仅能够在实践中不断地充实知识库，具有自学习功能，还有搜集与理解环境信息和自身的信息，并进行分析判断和规划自身行为的能力。

1. 定义

根据我国《国家智能制造标准体系建设指南》对智能制造的定义，智能制造为基于新一代信息技术，贯穿设计、生产、管理、服务等制造活动各个环节，具有信息深度自感知、智慧优化、自决策、精准控制、自控制等功能的先进制造过程、系统与模式的总称。

智能制造由智能机器和人类专家共同组成，在生产过程中，通过通信技术将智能装备有机连接起来，实现生产过程自动化；并通过各类感知技术收集生产过程中的各种数据，通过工业以太网等通信手段，上传至工业服务器，在工业软件系统的管理下进行数据处理分析，并与企业资源管理软件相结合，提供最优化的生产方案或者定制化生产，最终实现智能化生产。

2. 主要特点

智能制造系统（Intelligent Manufacturing System，IMS）集自动化、柔性化、集成化和智能化于一身，具有以下几个显著特点，如图 2.1 所示。

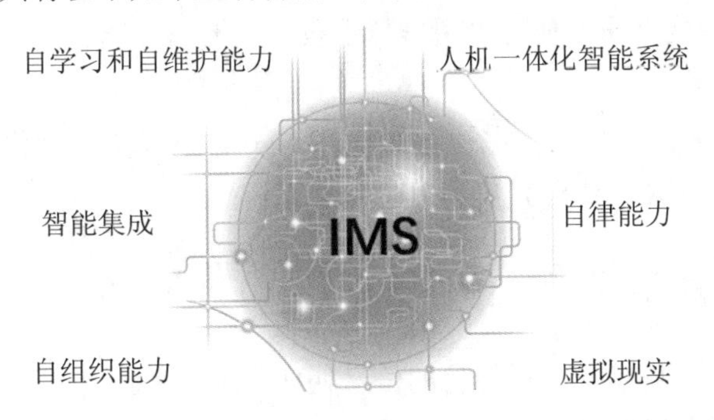

图 2.1　智能制造系统的显著特点

（1）自组织能力。

智能制造系统中的各种组成单元能够根据工作任务的需要，自行集结成一种超柔性最佳结构，并按照最优的方式运行。其柔性不仅表现在运行方式上，还表现在结构形式上。完成任务后，该结构自行解散，以备在下一个任务中集结成新的结构。自组织能力是智能制造系统的一个重要标志。

（2）自律能力。

智能制造系统具有搜集与理解环境信息及自身的信息，并进行分析判断和规划自身行为的能力。强有力的知识库和基于知识的模型是自律能力的基础，智能制造系统能根据周围环境和自身作业状况的信息进行监测和处理，并根据处理结果自行调整控制策略，以采用最佳运行方案，这种自律能力使整个制造系统具备抗干扰自适应和容错等能力。

（3）自学习和自维护能力。

智能制造系统能以原有的专家知识为基础，在实践中不断进行学习，完善系统的知识库，并删除库中不适用的知识，使知识库更趋合理；同时，还能对系统故障进行自我诊断、排除及修复。这种特征使智能制造系统能够自我优化并适应各种复杂的环境。

（4）智能集成。

整个制造系统的智能集成在强调各个子系统智能化的同时，更注重整个制造系统的智能集成。这是智能制造系统与面向制造过程中特定应用的“智能化孤岛”的根本区别。智能制造系统包括了各个子系统，并把它们集成为一个整体，实现整体的智能化。

（5）人机一体化智能系统。

智能制造系统不单纯是“人工智能”系统，而且是人机一体化智能系统，是一种混合智能。人机一体化一方面突出人在制造系统中的核心地位，另一方面在智能机器的配合下，更好地发挥了人的潜能，使人机之间表现出一种平等共事、相互“理解”、相互协作的关系，使两者在不同的层次上各显其能，相辅相成。因此，在智能制造系统中，高素质、高智能的人将发挥更好的作用，机器智能和人的智能将真正地集成在一起。

（6）虚拟现实。

虚拟现实是实现虚拟制造的支持技术，也是实现高水平人机一体化的关键技术之一。人机结合的新一代智能界面，使得可用虚拟手段智能地表现现实，它是智能制造的一个显著特征。

综上所述，可以看出智能制造系统作为一种模式，它是集自动化、柔性化、集成化和智能化于一身，并不断向纵深发展的先进制造系统。

2.2 智能制造技术体系

智能制造从本质上说是一个智能化的信息处理系统，该系统属于一种开放性的体系，原料、信息和能量都是开放的。

智能制造融合了信息技术、先进制造技术、自动化技术和人工智能技术。智能制造技术体系自下而上共四层，分别为商业模式创新、生产模式创新、运营模式创新和决策模式创新，如图 2.2 所示。

其中，商业模式创新包括开发智能产品，推进智能服务；生产模式创新包括应用智能装备，自底向上建立智能制造生产线，构建智能车间，打造智能工厂；运营模式创新包括践行智能研发，形成智能物流和供应链体系，开展智能管理；决策模式创新指的是最终实现智能决策。

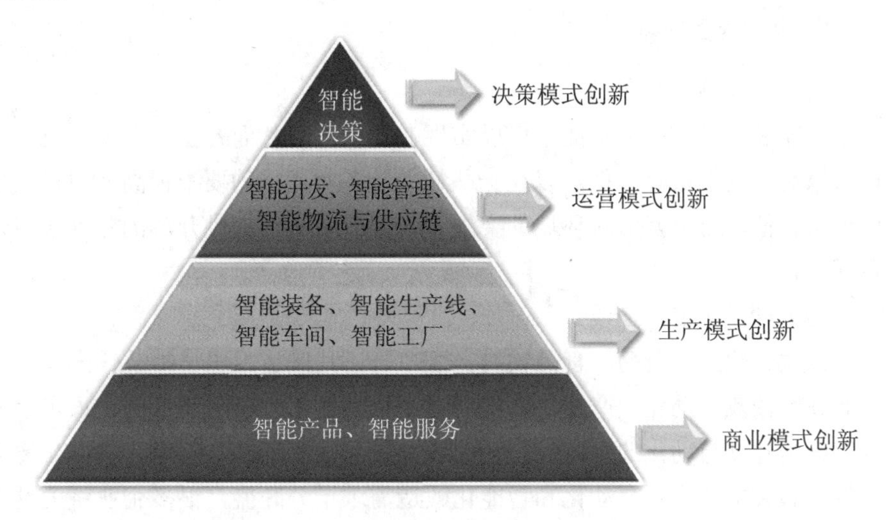

图 2.2　智能制造技术体系

智能制造技术体系的四个层级之间是息息相关的，制造企业应当渐进式、理性地推进智能制造技术的应用。

1. 商业模式创新

（1）开发智能产品。

智能产品通常包括机械元件、电气元件和嵌入式软件，具有记忆、感知、计算和传输功能。典型的智能产品包括智能手机、智能可穿戴设备、无人机、智能汽车、智能家电、智能售货机等，以及很多智能硬件产品，如图 2.3、图 2.4 所示。

图 2.3　智能汽车

图 2.4　无人机执行喷洒作业

（2）推进智能服务。

智能服务可以通过网络感知产品的状态，从而进行预测性维修维护，及时帮助客户更换备品备件；可以通过了解产品运行的状态，帮助客户带来商业机会；还可以采集产品运营的大数据，辅助企业进行市场营销的决策。企业开发面向客户服务的 APP，也是一种智能服务，可以针对客户购买的产品提供有针对性的服务，从而锁定用户，开展服务营销。

2. 生产模式创新

（1）应用智能装备。

智能装备具有检测功能，可以实现在线检测，从而补偿加工误差，提高加工精度，还可以对热变形进行补偿。以往一些精密装备对环境的要求很高，现在由于有了闭环的检测与补偿，可以降低对环境的要求。智能装备应当提供开放的数据接口，能够支持设备联网。

（2）建立智能生产线。

钢铁、化工、制药、食品饮料、烟草、芯片制造、电子组装、汽车、轴承等行业的企业高度依赖自动化生产线，以实现自动化的加工、装配和检测。很多企业的技术改造重点就是建立自动化的生产线、装配线和检测线。汽车、家电、轨道交通等行业的企业对生产和装配线进行自动化和智能化改造需求十分旺盛，很多企业将关键工位和高污染工位改造为用机器人进行加工、装配或上下料，如图 2.5 所示。电子工厂通过在产品的托盘上放置射频识别（RFID）芯片，识别零件的装配工艺，可以实现不同类型产品的混线装配，如图 2.6 所示。

图 2.5　某汽车智能生产线

图 2.6　某电子工厂的智能总装线

（3）构建智能车间。

要实现车间的智能化，需要对生产状况、设备状态、能源消耗、生产质量、物料消耗等信息进行实时采集和分析，进行高效排产和合理排班，显著提高设备利用率。智能车间的生产模型如图 2.7 所示。

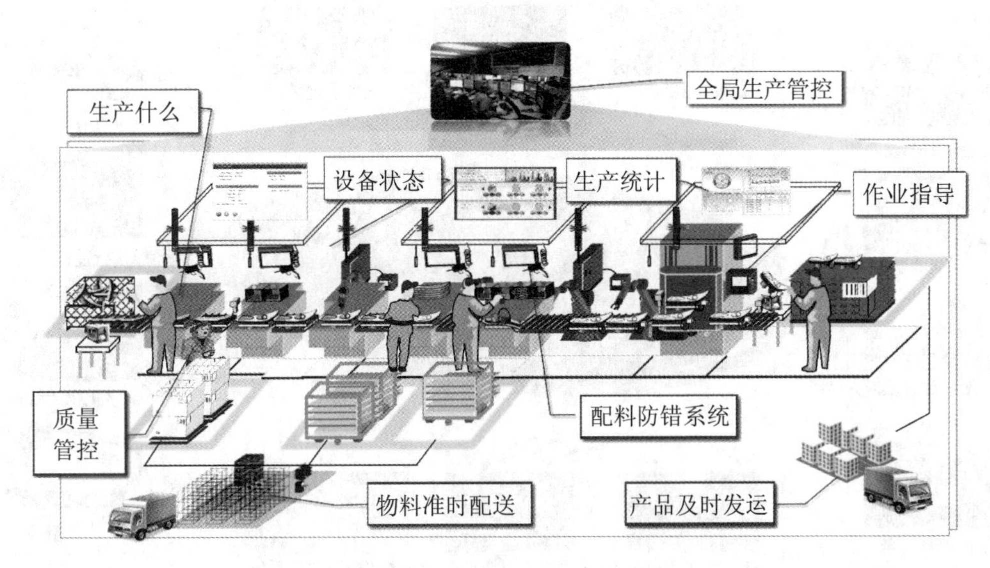

图 2.7　某智能车间生产模型

使用制造执行系统（MES）可以帮助企业显著提升设备利用率，提高产品质量，实现生产过程可追溯，提高生产效率。数字孪生技术可以将 MES 系统采集到的数据在虚拟的三维车间模型中实时地展现出来，而且还可以显示设备的实际状态，实现虚实融合。

智能车间必须建立有线或无线的工厂网络，能够实现生产指令的自动下达和设备与生产线信息的自动采集。实现车间的无纸化，也是智能车间的重要标志，通过应用三维轻量化技术和工业平板及触摸屏，可以将设计和工艺文档传递到工位。

（4）打造智能工厂。

智能工厂不仅生产过程应实现自动化、透明化、可视化、精益化，产品检测、质量检验和分析、生产物流也应当与生产过程实现闭环集成，也要实现信息共享、准时配送、协同作业。一些离散制造企业也建立了生产指挥中心，对整个工厂进行指挥和调度，及时发现和解决突发问题，这也是智能工厂的重要标志。

智能工厂需要应用企业资源计划系统（ERP）制定多个车间的生产计划，并由 MES 系统根据各个车间的生产计划进行详细排产，MES 排产的粒度是天、小时，甚至分钟。智能工厂内部各环节如图 2.8 所示。

3. 运营模式创新

（1）践行智能研发。

离散制造企业在产品智能研发方面，应用了计算机辅助设计（CAD）/计算机辅助制造（CAM）/计算机辅助工程（CAE）/计算机辅助工艺过程设计（CAPP）/电子设计自动化（EDA）等工具软件和产品数据管理（PDM）/产品周期管理（PLM）系统。

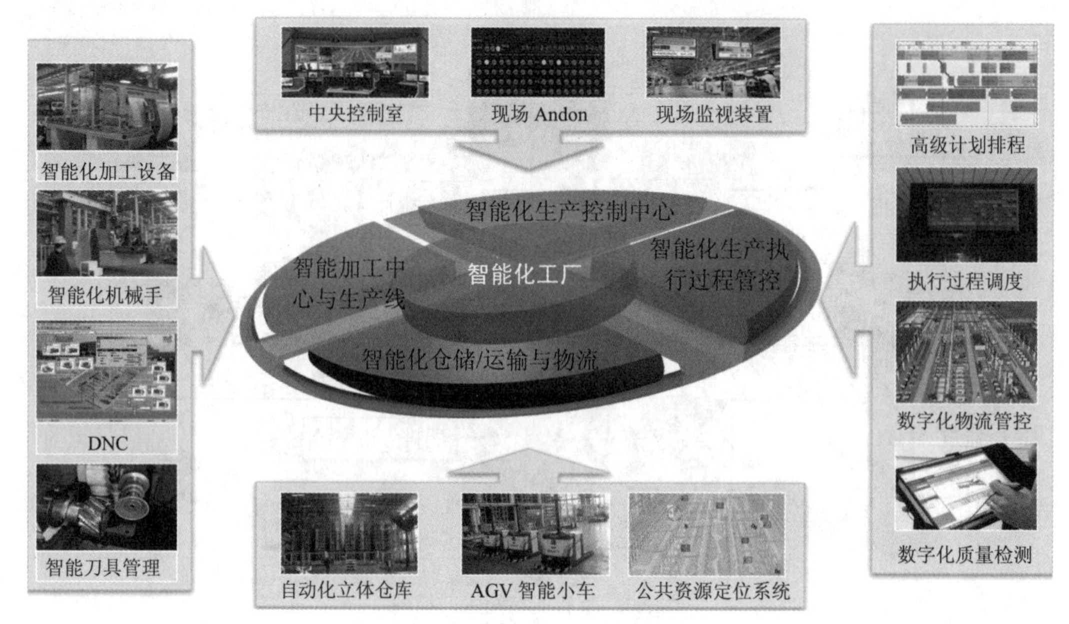

图 2.8 智能工厂内部环节

（2）形成智能物流和供应链体系。

制造企业越来越重视物流自动化，自动化立体仓库、无人引导小车（AGV）、智能吊挂系统得到了广泛应用，智能分拣系统、堆垛机器人、自动辊道系统的应用日趋普及。仓储管理系统（WMS）和运输管理系统（TMS）也受到制造企业的普遍关注。其中，TMS 系统涉及全球定位系统（GPS）和地理信息系统（GIS）的集成，可以实现供应商、客户和物流企业三方信息之间的共享。

（3）开展智能管理。

实现智能管理的前提条件是基础数据的准确性和主要信息系统的无缝集成。智能管理主要体现在各类运营管理系统与移动应用、云计算、电子商务和社交网络的集成应用。企业资源计划（ERP）是制造企业现代化管理的基石。以销定产是 ERP 最基本的思想，物料需求计划（MRP）是 ERP 的核心。制造企业核心的运营管理系统还包括人力资产管理系统（HCM）、客户关系管理系统（CRM）、企业资产管理系统（EAM）、能源管理系统（EMS）、供应商关系管理系统（SRM）、企业门户（EP）和业务流程管理系统（BPM）等。

4. 决策模式创新

企业在运营过程中，产生了大量来自各个业务部门和业务系统的核心数据，这些数据一般是结构化的数据，可以进行多维度分析与预测，这是智能决策的范畴。

同时，制造企业有诸多大数据，包括生产现场采集的实时生产数据、设备运行的大数据、质量的大数据、产品运营的大数据、电子商务带来的营销大数据，以及来自社交网络的与公司有关的大数据等，对工业大数据的分析需要引入新的分析工具。

智能制造系统具有数据采集、数据处理、数据分析的能力，能够准确执行指令，实现闭环反馈；而智能制造的趋势是能够实现自主学习、自主决策，不断优化。

2.3　智能制造与数字制造

智能制造是在数字制造的基础上发展的更前沿阶段，其实现离不开数字制造的基础。智能制造过程以知识和推理为核心，数字制造过程以数据和信息处理为核心。

2.3.1　数字制造的定义与分类

1. 定义

数字制造指采用数字化的手段对制造过程、制造系统与制造装备中复杂的物理现象和信息演变过程进行定量描述、精确计算、可视模拟与精确控制。数字制造是数字技术与制造技术不断融合和应用的结果。

2. 分类

数字制造是计算机数字技术、网络信息技术与制造技术不断融合、发展和应用的结果，也是制造企业、制造系统和生产系统不断实现数字化的必然。

数字制造的概念轮图如图 2.9 所示，网络制造是数字制造的全球化实现，虚拟制造是数字工厂和数字产品的一种具体体现，电子商务制造是数字制造的一种动态联盟。

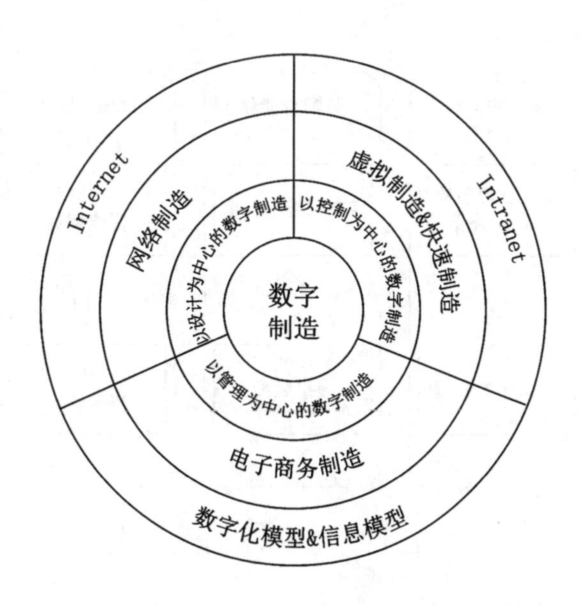

图 2.9　数字制造的概念轮图

数字制造从不同角度理解可以分为三类：以控制为中心的数字制造，以设计为中心的数字制造和以管理为中心的数字制造。

（1）以控制为中心的数字制造。

以数字量实现加工过程的物料流、加工流和控制流的表征、存储与控制，就形成了以控制为中心的数字制造。

（2）以设计为中心的数字制造。

将制造、检测、装配等方面的所有规划以及产品设计、制造、工艺、管理、成本核算等所有信息数字化，并被制造过程的全阶段所共享，就形成了以产品设计为中心的数字制造。

（3）以管理为中心的数字制造。

为使制造企业经营生产过程能随市场需求快速重构和集成，出现了能覆盖整个企业从产品的市场需求到研究开发、产品设计、工程制造、销售、服务、维护等生命周期中信息的产品数据管理系统（PDM），从而实现以“产品”和“供需链”为核心的过程集成，这就是以管理为中心的数字制造。

2.3.2　从数字制造到智能制造

企业可以通过以下三条具体途径实现从数字制造到智能制造。

1. 制造环节智能化

从智能设计到智能加工、智能装配、智能管理、智能服务，实现制造过程各环节的智能化，进而实现智能制造，如图 2.10 所示。

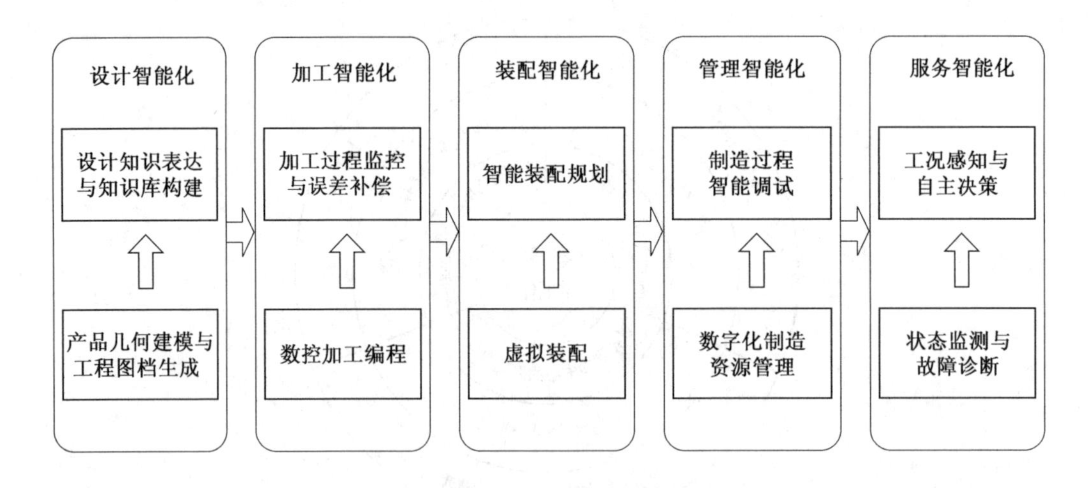

图 2.10　制造环节智能化

2. 流水线作业智能化

通过机器换人，利用机械手、自动化控制设备或自动流水线推动企业流水作业智能化。其中，流水线作业智能化可以分四个步骤进行：机器换人工、自动换机械、成套换单台、智能换数字，如图 2.11 所示。

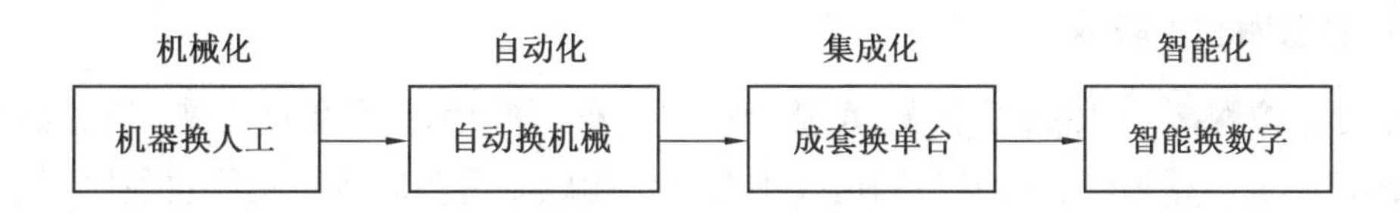

图 2.11　流水线作业智能化四大步骤

3. 机器人智能化

在工业机器人核心技术与关键零部件自主研制取得突破性进展的基础上，提高工业机器人的智能化水平，使机器人的操控越来越简单，不需要人示教，甚至不需要高级技术人员的操作即可完成作业任务。

2.4　智能制造发展趋势

当今世界制造业智能化发展的趋势可分为五个主要的方向：计算机建模与仿真技术、机器人和柔性化生产、物联网和务联网、供应链动态管理、增材制造技术。

1. 计算机建模与仿真技术

数字化企业系统建模主要包含基于建模的工程、基于建模的制造、基于建模的维护等三个主要组成部分，涵盖从产品设计、制造到服务完整的产品全生命周期业务。从虚拟的工程设计到现实的制造工厂直至产品的上市流通，建模与仿真技术始终服务于产品生命周期的每个阶段，为制造系统的智能化提供使能技术。计算机建模与仿真示例如图 2.12 所示。

2. 机器人和柔性化生产

柔性与自动生产线和机器人的使用可以积极应对劳动力短缺和用工成本上涨，如图 2.13 所示。以工业机器人为代表的自动化制造装备在生产过程中的应用日趋广泛，在汽车、电子设备、奶制品和饮料等行业已大量使用基于工业机器人的自动化生产线。

图 2.12　建模与仿真示例

图 2.13　柔性化生产线示例

3. 物联网和务联网

通过虚拟网络-实体物理系统，可整合智能机器、储存系统和生产设施。通过物联网、服务计算、云计算等信息技术与制造技术融合，构成制造务联网，实现软硬件制造资源和能力的全系统、全生命周期、全方位的透彻的感知、互联、决策、控制、执行和服务化，使得从入场物流配送到生产、销售、出厂物流和服务，实现泛在的人、机、物、信息的集成、共享、协同与优化的云制造。

4. 供应链动态管理

供应链管理是一个复杂、动态、多变的过程，更多地应用物联网、互联网、人工智能、大数据等新一代信息技术，倾向于使用可视化的手段显示数据，采用移动化的手段访问数据；供应链管理更加重视人机系统的协调性，实现人性化的技术和管理系统。

5. 增材制造技术

增材制造技术（3D 打印技术）是综合材料、制造、信息技术的多学科技术。它以数字模型文件为基础，运用粉末状的沉积、黏合材料，采用分层加工或叠加成行的方式逐层增加材料来生成各三维实体。3D 打印产品示例如图 2.14 所示。

3D 打印突出的特点是无须机械加工或模具，就能直接从计算机数据库中生成任何形状的物体，从而缩短研制周期、提高生产效率和降低生产成本。3D 打印与云制造技术的融合将是实现个性化、社会化制造的有效制造模式与手段。

（a）3D 打印自行车

（b）3D 打印飞机引擎

图 2.14　3D 打印产品示例

小　结

本章介绍了智能制造的基础理论知识。智能制造为基于新一代信息技术，贯穿设计、生产、管理、服务等制造活动各个环节，具有信息深度自感知、智慧优化、自决策、精准控制、自控制等功能的先进制造过程、系统与模式的总称。智能制造技术体系自下而

上共四层，分别为商业模式创新、生产模式创新、运营模式创新和决策模式创新。智能制造是在数字制造的基础上发展的更前沿阶段，其实现离不开数字制造的基础。

思考题

1. 智能制造的定义是什么？
2. 智能制造的主要特点是什么？
3. 智能制造的技术体系分为哪几层？
4. 请简述智能制造发展的趋势。

第3章　智能制造主题方向

“工业4.0”是以智能制造为主导的第四次工业革命，旨在利用信息技术与网络空间虚拟系统相结合等手段，实现制造业的智能化转型。“中国制造2025”做出的全面提升中国制造业发展质量和水平的重大战略部署，是要强化企业主体地位，激发企业活力和创造力。在智能制造过程中，凸显出工业4.0的四个主题：智能工厂、智能生产、智能物流和智能服务，如图3.1所示。各个主题的侧重点说明见表3.1。

智能制造主题

智能工厂

智能生产

智能物流

智能服务

图3.1　智能制造主题

表3.1　智能制造主题侧重点说明

主题	侧重点说明
智能工厂	侧重点在于企业的智能化生产系统以及制造过程，对于网络化分布式生产设施的实现
智能生产	侧重点在于企业的生产物流管理、制造过程人机协同以及3D打印技术在企业生产过程中的协同应用
智能物流	侧重点在于通过互联网、物联网，整合物流资源，充分发挥现有的资源效率
智能服务	智能服务作为制造企业的后端网络，其侧重点在于通过服务联网结合智能产品为客户提供更好的服务，发挥企业的最大价值

3.1　智能工厂

※ 智能工厂与智能生产

3.1.1　内涵与特征

1. 技术内涵

智能工厂作为未来第四次工业革命的代表，不断向实现物体、数据及服务等要素间的无缝连接的互联网（物联网、数据网和服务互联网）方向发展，概念模型如图 3.2 所示。

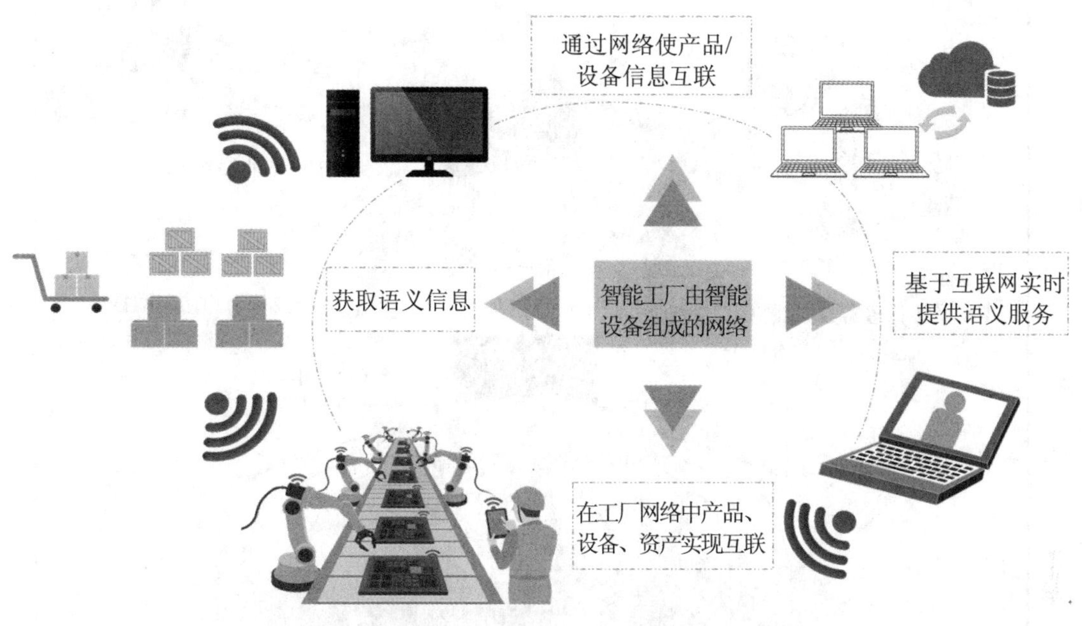

图 3.2　智能工厂概念模型

智能工厂是传统制造企业发展的一个新的阶段。它是在数字化工厂的基础上，利用物联网和设备监控技术加强信息管理和服务，清楚掌握产销流程，提高生产过程的可控率，减少生产线上人工的干预，及时采集生产线数据，合理安排生产计划与生产进度，采用绿色制造手段构建高效节能、绿色环保、环境舒适的人性化工厂。

未来各工厂将具备统一的机械、电气和通信标准。以物联网和服务互联网为基础，配备传感器、无线网络和 RFID 通信技术的智能控制设备可对生产过程进行智能化监控。因此，智能工厂可自主运行，工厂之中的零部件与机器可互相交流。

2. 主要特征

智能工厂建立在工业大数据和“互联网”的基础上，需要实现设备互联、广泛应用工业软件、结合精益生产理念、实现柔性自动化、实现绿色制造、实时洞察，做到纵向、横向和端到端的集成，以实现优质、高效、低耗、清洁、灵活的生产。

（1）设备互联。

智能工厂能够实现设备与设备互联，通过与设备控制系统集成，以及外接传感器等方式，由 SCADA（数据采集与监控系统）实时采集设备的状态、生产完工的信息及质量信息，并通过应用 RFID（无线射频技术）、条码（一维和二维）等技术，实现生产过程的可追溯。设备互联示例如图 3.3 所示。

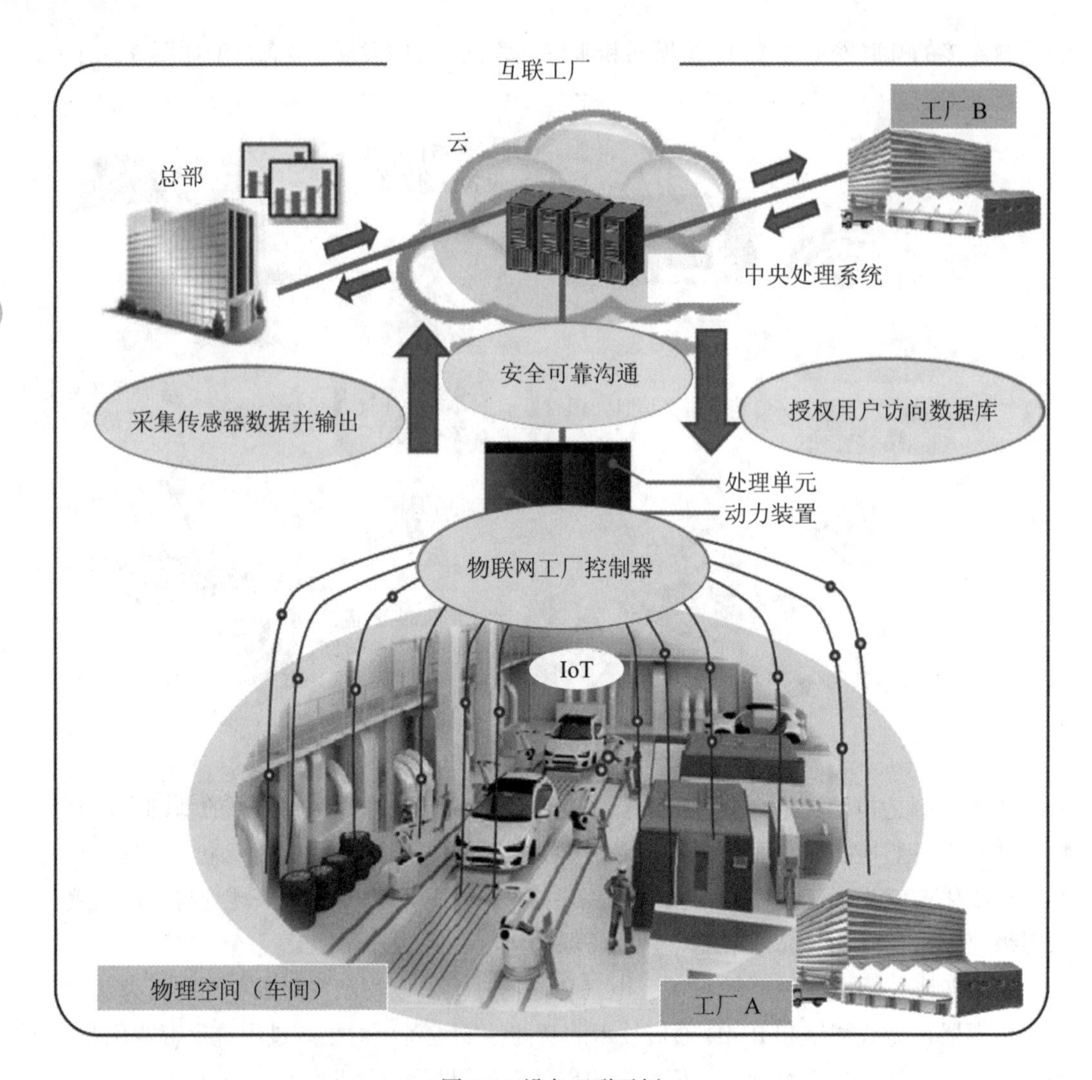

图 3.3　设备互联示例

（2）广泛应用工业软件。

智能工厂广泛应用 MES（制造执行系统）、APS（先进生产排程）、能源管理、质量管理等工业软件，实现生产现场的可视化和透明化。在新建工厂时，可以通过数字化工厂仿真软件，进行设备和产线布局、工厂物流、人机工程等仿真，确保工厂结构合理。在推进数字化转型的过程中，必须确保工厂的数据安全、设备和自动化系统安全。在通过专业检测设备检出次品时，不仅要能够自动与合格品分流，而且要能够通过 SPC（统计过程控制）等软件，分析出现质量问题的原因。

（3）结合精益生产理念。

智能工厂充分体现了工业工程和精益生产的理念，能够实现按订单驱动，拉动式生产，尽量减少在制品库存，消除浪费。推进智能工厂建设要充分结合企业产品和工艺特点，在研发阶段也需要大力推进标准化、模块化和系列化，奠定推进精益生产的基础。

（4）实现柔性自动化。

智能工厂结合企业的产品和生产特点，能够持续提升生产、检测和工厂物流的自动化程度。产品品种少、生产批量大的企业可以实现高度自动化，乃至建立黑灯工厂；小批量、多品种的企业则应当注重少人化、人机结合，不宜盲目推进自动化，应当特别注重建立智能制造单元。

物流自动化对于实现智能工厂至关重要，企业可以通过 AGV、货物提升机、悬挂式输送链等物流设备实现工序之间的物料传递，并配置物料超市，尽量将物料配送到线边，如图 3.4 所示。质量检测的自动化也非常重要，机器视觉在智能工厂的应用将会越来越广泛。此外，还需要仔细考虑如何使用助力设备，减轻工人劳动强度。

（a）AGV

（b）货物提升机出入库

图 3.4　工厂物流设备

（5）注重环境友好，实现绿色制造。

智能工厂能够及时采集设备和产线的能源消耗，实现能源的高效利用。在危险和存在污染的环节，优先用机器人替代人工，能够实现废料的回收和再利用。

（6）实现实时洞察。

智能工厂从生产排产指令的下达到完工信息的反馈，能够实现闭环。通过建立生产指挥系统，能够实时洞察工厂的生产、质量、能耗和设备状态信息，避免非计划性停机。通过建立工厂的 Digital Twin（数字双胞胎），方便地洞察生产现场的状态，辅助各级管理人员做出正确决策。

所以，智能工厂不仅生产过程应实现自动化、透明化、可视化、精益化，而且在产品检测、质量检验和分析、生产物流等环节也应当与生产过程实现闭环集成。一个工厂的多个车间之间也要实现信息共享、准时配送和协同作业。

3.1.2 组成与建设模式

1. 组成

工业物联网和工业服务网是智能工厂的信息技术基础，工业自动化中的 ERP、MES、PCS 三层架构是以过程控制系统（PCS）为基础的生产过程控制，以产品生命周期管理（PLM）为中心的工厂产品设计技术和售后服务，以供应链管理（SCM）、客户关系管理（CRM）等为中心的原材料供应物流和制成品的销售物流，来实现一体化的解决方案，上下联通现场控制设备与企业管理平台，实现数据的无缝连接与信息共享，如图 3.5 所示。

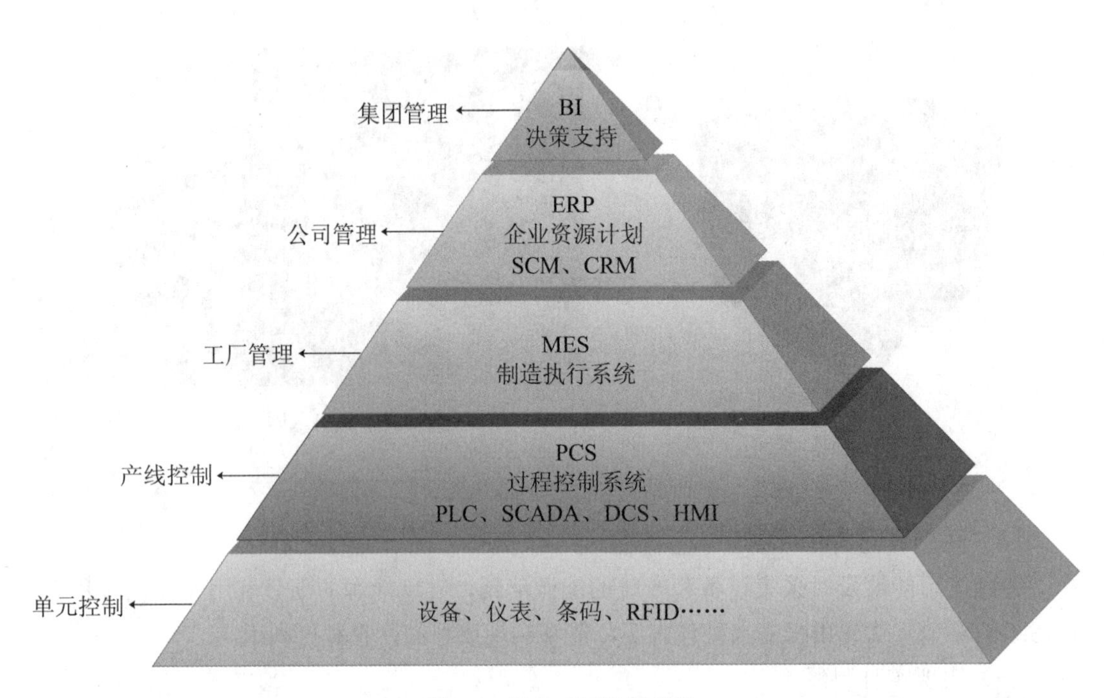

图 3.5　智能工厂控制系统

（1）企业资源计划。

企业资源计划（Enterprise Resource Planning，ERP）是一种主要面向制造行业进行物质资源、资金资源和信息资源集成一体化管理的企业信息管理系统。ERP 是以管理会计为核心，可以提供跨地区、跨部门、甚至跨公司整合实时信息的企业管理软件。ERP 将系统的物资、人才、财务、信息等资源整合调配，实现企业资源的合理分配和利用，作为一种管理工具存在的同时也体现着一种管理思想。

ERP 的主要功能组成如图 3.6 所示。

图 3.6　企业资源计划组成

（2）制造执行系统。

制造执行系统（Manufacturing Execution System，MES），是一套面向制造企业车间执行层的生产信息化管理系统。MES 可以为企业提供包括制造数据管理、计划排程管理、生产调度管理、库存管理、质量管理、人力资源管理、工作中心/设备管理、工具工装管理、采购管理、成本管理、项目看板管理、生产过程控制、底层数据集成分析、上层数据集成分解等管理模块，为企业打造一个扎实、可靠、全面可行的制造协同管理平台，如图 3.7 所示。

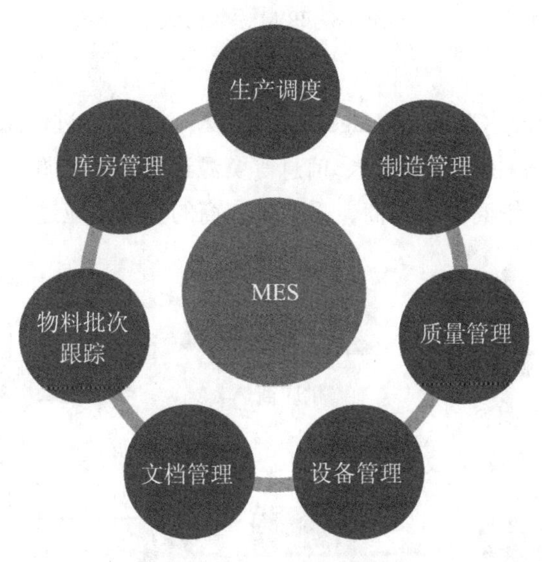

图 3.7　制造执行系统组成

（3）过程控制系统。

过程控制系统（Process Control System，PCS），有时称为工业控制系统（ICS），可

收集在制造过程中产生的各类数据，并返回数据以进行状态监控和故障排除。过程控制系统包括了各种不同类型的系统，比如监督控制和数据采集系统（SCADA）、可编程逻辑控制器（PLC）或分布式控制系统（DCS），它们协同工作，收集并传输制造过程中的各种数据。

（4）产品生命周期管理。

产品生命周期管理（Product Lifecycle Management，PLM），是指对产品的整个生命周期（包括投入期、成长期、成熟期、衰退期、结束期）进行全面管理，通过投入期的研发成本最小化和成长期至结束期的企业利润最大化来达到降低成本和增加利润的目标，如图 3.8 所示。

图 3.8　PLM 系统组成

（5）供应链管理。

供应链管理（Supply Chain Management，SCM）主要通过信息手段，对供应链（图 3.9）的各个环节中的各种物料、资金、信息等资源进行计划、调度、调配、控制与利用，形成用户、零售商、分销商、制造商、采购供应商的全部供应过程的功能整体。

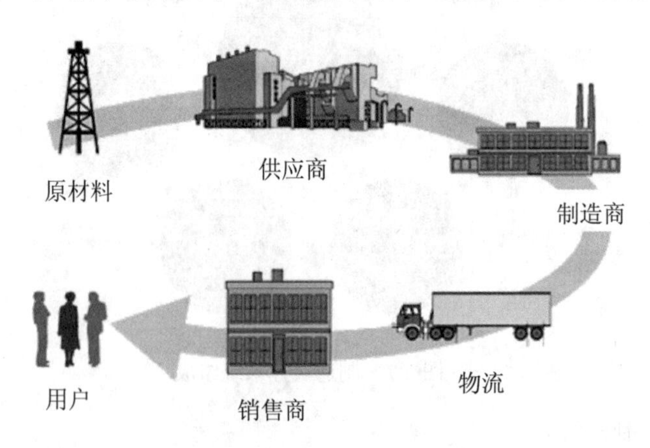

图 3.9　供应链组成环节

（6）客户关系管理。

客户关系管理（Customer Relationship Management，CRM），作为一种新型管理机制，极大地改善了企业与客户之间的关系，实施于企业的市场营销、销售、服务与技术支持等与客户相关的领域。CRM 系统可以及时获取客户需求和为客户提供服务，使企业减少软成本，如图 3.10 所示。

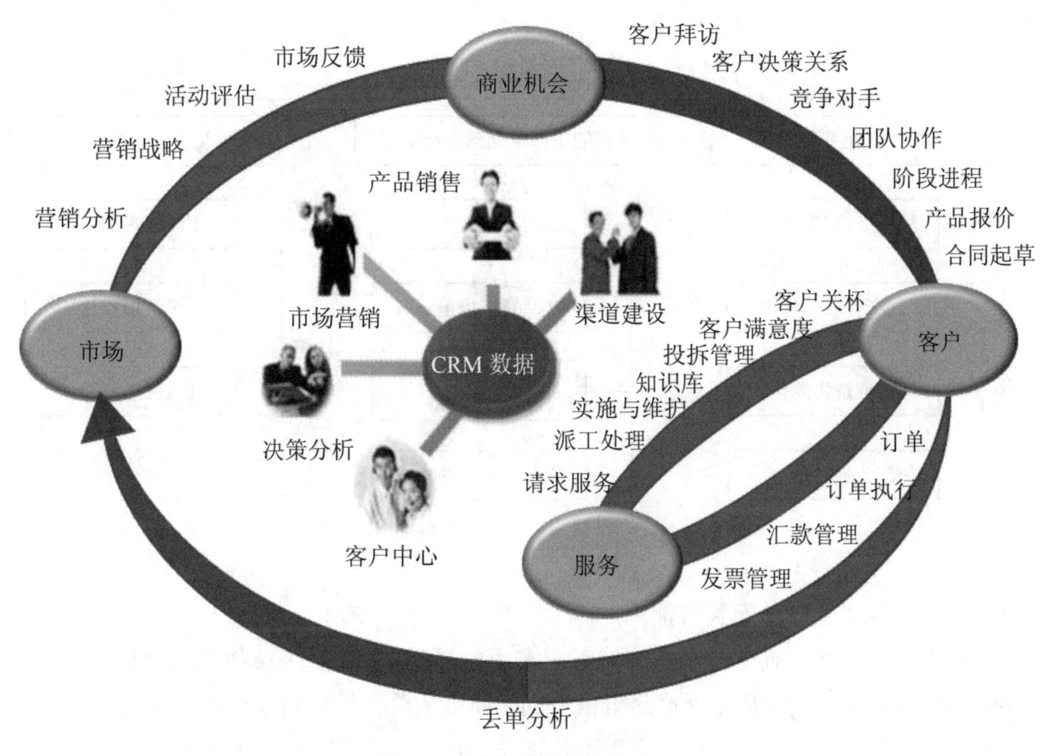

图 3.10　客户关系管理内容

2. 智能工厂建设模式

智能工厂建设包括三种模式：从数字工厂到智能工厂，从智能生产单元到智能工厂，从个性化定制到智能工厂，如图 3.11 所示。

（1）从数字工厂到智能工厂。

在石化、钢铁、冶金、建材、纺织、造纸、医药、食品等流程制造领域，企业发展智能制造的内在动力在于产品品质可控，侧重从生产数字化建设起步，基于品控需求从产品末端控制向全流程控制转变。因此，智能工厂建设模式为：

①推进生产过程数字化，在生产制造、过程管理等单个环节信息化系统建设的基础上，构建覆盖全流程的动态透明可追溯体系，基于统一的可视化平台实现产品生产全过程跨部门协同控制。

②推进生产管理一体化，搭建企业 CPS 系统，深化生产制造与运营管理、采购销售等核心业务系统集成，促进企业内部资源和信息的整合与共享。

③推进供应链协同化，基于原材料采购和配送需求，将 CPS 系统拓展至供应商和物流企业，横向集成供应商和物料配送协同资源和网络，实现外部原材料供应和内部生产配送的系统化、流程化，提高工厂内外供应链的运行效率。

④整体打造大数据化智能工厂，推进端到端集成，开展个性化定制业务。

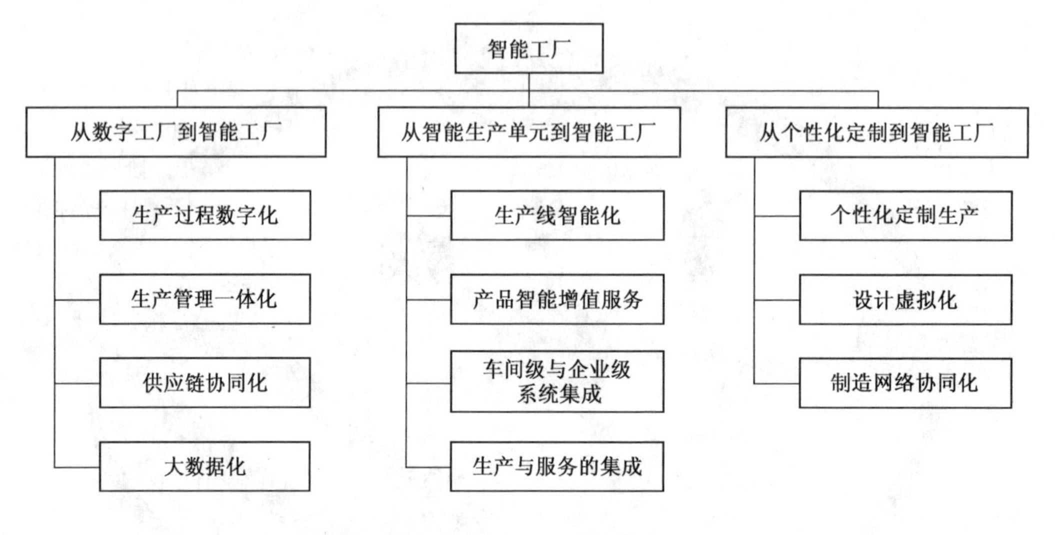

图 3.11　智能工厂建设模式

（2）从智能生产单元到智能工厂。

在机械、汽车、航空、船舶、轻工、家用电器和电子信息等离散制造领域，企业发展智能制造的核心目的是拓展产品价值空间，侧重从单台设备自动化和产品智能化入手，基于生产效率和产品效能的提升实现价值增长。因此，其智能工厂建设模式为：

①推进生产线智能化，通过引进各类符合生产所需的智能装备，建立基于 CPS 系统的车间级智能生产单元，提高精准制造、敏捷制造能力。

②拓展基于智能产品的增值服务，利用产品的智能装置实现与 CPS 系统的互联互通，支持产品的远程故障诊断和实时诊断等服务。

③推进车间级与企业级系统集成，实现生产和经营的无缝集成和上下游企业间的信息共享，开展基于横向价值网络的协同创新。

④推进生产与服务的集成，基于智能工厂实现服务化转型，提高产业效率和核心竞争力。

（3）从个性化定制到智能工厂。

在家电、服装、家居等距离用户最近的消费品制造领域，企业发展智能制造的重点在于充分满足消费者多元化需求的同时实现规模化经济生产，侧重通过互联网平台开展大规模个性定制模式创新。因此，其智能工厂建设模式为：

①推进个性化定制生产，引入柔性化生产线，搭建互联网平台，促进企业与用户深度交互，广泛征集需求，基于需求数据模型开展精益生产。

②推进设计虚拟化，依托互联网逆向整合设计环节，打通设计、生产、服务数据链，采用虚拟仿真技术优化生产工艺。

③推进制造网络协同化，变革传统垂直组织模式，以扁平化、虚拟化新型制造平台为纽带集聚产业链上下游资源，发展远程定制、异地设计、当地生产的网络协同制造新模式。

3.1.3　案例分析

图 3.12 所示为某汽车公司对 2030 年智能工厂的构想：传统的生产流水线已经不存在，零部件通过无人机在车间里传递，客户通过三维扫描获得身体尺寸以定制座椅，工人与机器人协同工作，车身零部件由 3D 打印机打印，汽车以自动驾驶的方式驶离装配线。在打造智能工厂的过程中，会看到所有车型，但找不到两辆完全相同的汽车。

图 3.12　某汽车公司对 2030 年智能工厂的构想

在这个智能工厂中，通过虚拟现实系统，生产中心的员工能够将虚拟 3D 零部件投影到汽车上，从而实现虚拟世界与现实世界的汽车开发精确结合。在模具部门，先进的 3D 打印设备能够生产出复杂的金属零部件，其智能工具可以通过准确的高压分配对金属板材进行冲压。在工厂的装配车间，机器人与员工在生产线上并肩工作，机器人以适当的速度和符合人体工学的位置向员工传送零部件。

3.2 智能生产

智能生产就是使用智能装备、传感器、过程控制、智能物流、制造执行系统、信息物理融合系统组成的人机一体化系统。智能生产从工艺设计层面来讲，要实现整个生产制造过程的智能化生产、高效排产、物料自动配送、状态跟踪、优化控制、智能调度、设备运行状态监控、质量追溯和管理、车间绩效等；对生产、设备、质量的异常做出正确的判断和处置；实现制造执行与运营管理、研发设计、智能装备的集成；实现设计制造一体化，管控一体化。

3.2.1 设计目标

智能生产系统的设计目标如图 3.13 所示。

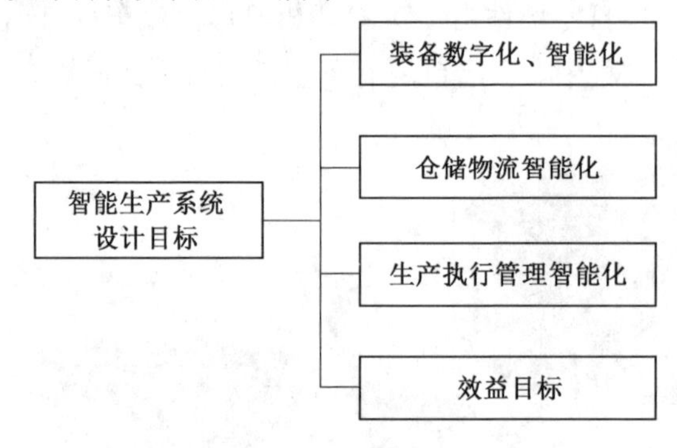

图 3.13 智能生产系统的设计目标

1. 装备数字化、智能化

为了适应个性化定制的需求，制造装备必须是数字化、智能化的。根据制造工艺的要求，构建若干柔性制造系统 FMS、柔性制造单元 FMC、柔性生产线 FML。每个系统能独立完成一类零部件的加工、装配、焊接等工艺过程，具有自动感知、自动化、智能化、柔性化的特征。

2. 仓储物流智能化

智能仓储是物流过程的一个环节，根据需求建设智能仓储，保证货物仓库管理各个环节数据输入的速度和准确性，确保企业及时准确地掌握库存的真实数据，合理保持和控制企业库存。通过科学的编码，还可方便地对库存货物的批次、保质期等进行管理。

3. 生产执行管理智能化

生产执行管理智能化是指以精益生产、约束理论为指导，建设不同生产类型的、先进的、适用的制造执行系统（MES），内容包括实现不同类型车间的作业计划编制、作业计划的下达和过程监控，车间在制物料的跟踪和管理，车间设备的运维和监控，生产技术准备的管理，刀具管理，制造过程质量管理和质量追溯，车间绩效管理，车间可视化管理。实现车间全业务过程的透明化、可视化的管理和控制。

4. 效益目标

效益目标是指通过智能装备、智能物流、智能管理的集成，排除影响生产的一切不利因素，优化车间资源利用，提高设备利用率，降低车间物料在制数，提高产品质量，提高准时交货率，提高车间的生产制造能力和综合管理水平，提高企业快速响应客户需求的能力和竞争能力。

3.2.2　总体框架

智能生产系统在信息物理融合系统和标准规范的支持下，由智能装备与控制系统（它由若干柔性制造系统 FMS、柔性制造单元 FMC、柔性加工线 FML 组成）、智能仓储与物流系统、智能制造执行系统三部分组成。智能生产系统的总体框架如图 3.14 所示。

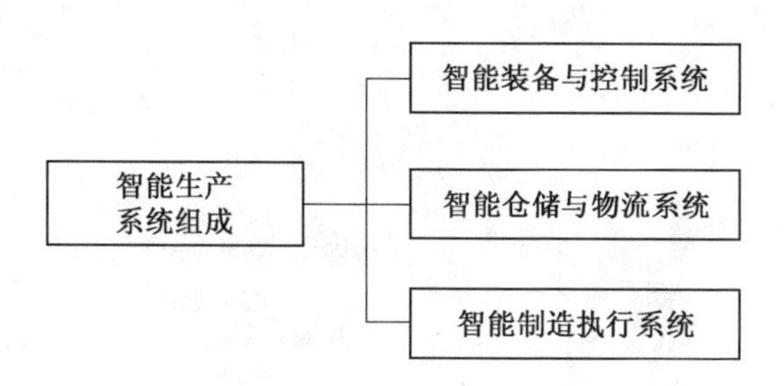

图 3.14　智能生产系统的组成

1. 智能装备与控制系统

智能装备与控制系统是智能生产系统的基础装备，由若干柔性制造系统 FMS 组成，如图 3.15 所示。柔性制造系统是由数控加工设备、物料运储装置和计算机控制系统组成的自动化制造系统，包括多个柔性制造单元，能根据制造任务或生产环境的变化迅速进行调整，适用于多品种、中小批量生产。

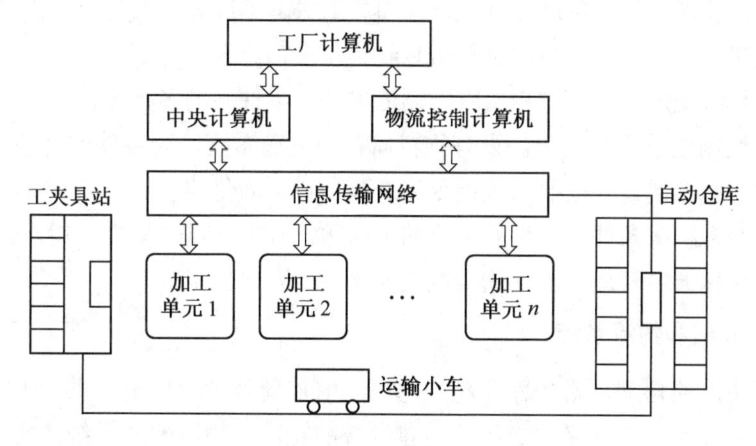

图 3.15　FMS 组成

（1）柔性制造系统特点如图 3.16 所示。

①机器柔性。机器柔性指机器设备具有随产品的变化而加工不同零件的能力。

②工艺柔性。工艺柔性指能够根据加工对象的变化或原材料的变化而确定相应的工艺流程。

③生产能力柔性。生产能力柔性指当生产量改变时，系统能及时做出反应而经济地运行。

④维护柔性。维护柔性指系统能采用在线监控方式、故障诊断技术，保障设备正常进行。

⑤扩展柔性。扩展柔性指当生产需要的时候，可以很容易地扩展系统结构，增加模块，构成一个更大的制造系统。

⑥运行柔性。运行柔性指利用不同的机器、材料、工艺流程来生产一系列产品的能力。

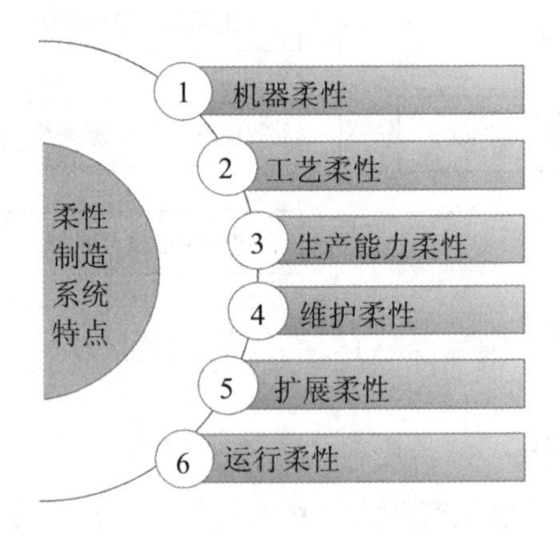

图 3.16　柔性制造系统特点

（2）柔性制造系统的主要功能。

①能自动管理零件的生产过程，自感知加工状态，自适应控制，自动控制制造质量，自动进行故障诊断与处理，自动进行信息收集与传输。

②简单地改变加工工艺过程，就能制造出某一零件族的多种零件。

③在柔性制造系统的线边，设有物料储存和运输系统，对零件的毛坯、随行夹具、刀具、零件进行存储，并按照系统指令将这些物料自动化传送。

④能解决多机床条件下零件的混流加工问题，且无须额外增加费用。

⑤具有优化调度管理功能，能实现无人化或少人化加工。

2. 智能仓储和物流系统

从精益生产的角度，希望库存越少越好，但是受到供货批量、供货半径、运输成本等因素的影响，有时库存又是必需的。建设智能仓储和物流配送系统是实现智能生产的重要组成部分。

智能仓储和物流系统由仓储物流信息管理系统、自动控制系统、物流设施设备系统组成，如图 3.17 所示。

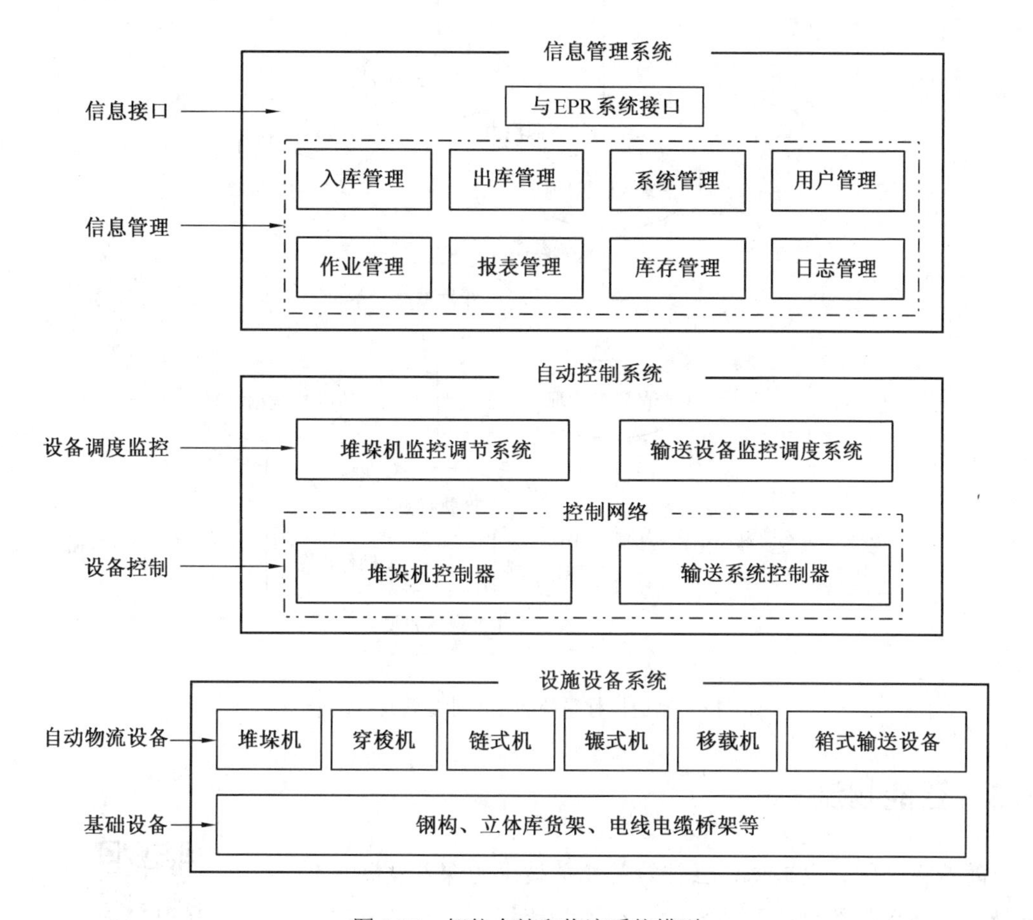

图 3.17　智能仓储和物流系统模型

3. 智能制造执行系统

制造执行系统 MES 是一套面向制造企业车间执行层的生产信息化管理系统。图 3.18 所示是 ISA-95 国际标准为制造执行系统 MES 制定的生产业务管理活动模型，包括 8 项管理活动：产品定义管理、生产资源管理、详细的生产计划、生产调度、生产执行系统、生产数据收集、生产跟踪、生产完成情况分析。在实际应用中会增加质量管理、绩效管理。

制造执行系统 MES 为企业创造的价值是：缩短在制品周转和等待时间，提高设备利用率和车间生产能力，提高现场异常情况的响应和处理能力，缩短计划编制周期，降低计划人员的人力成本，提高计划的准确性，从计划的粗放式管理向细化到工序的详细计划转变，提高生产统计的准确性和及时性，降低库存水平和在制品数量，不断改善质量控制过程，提高产品质量。

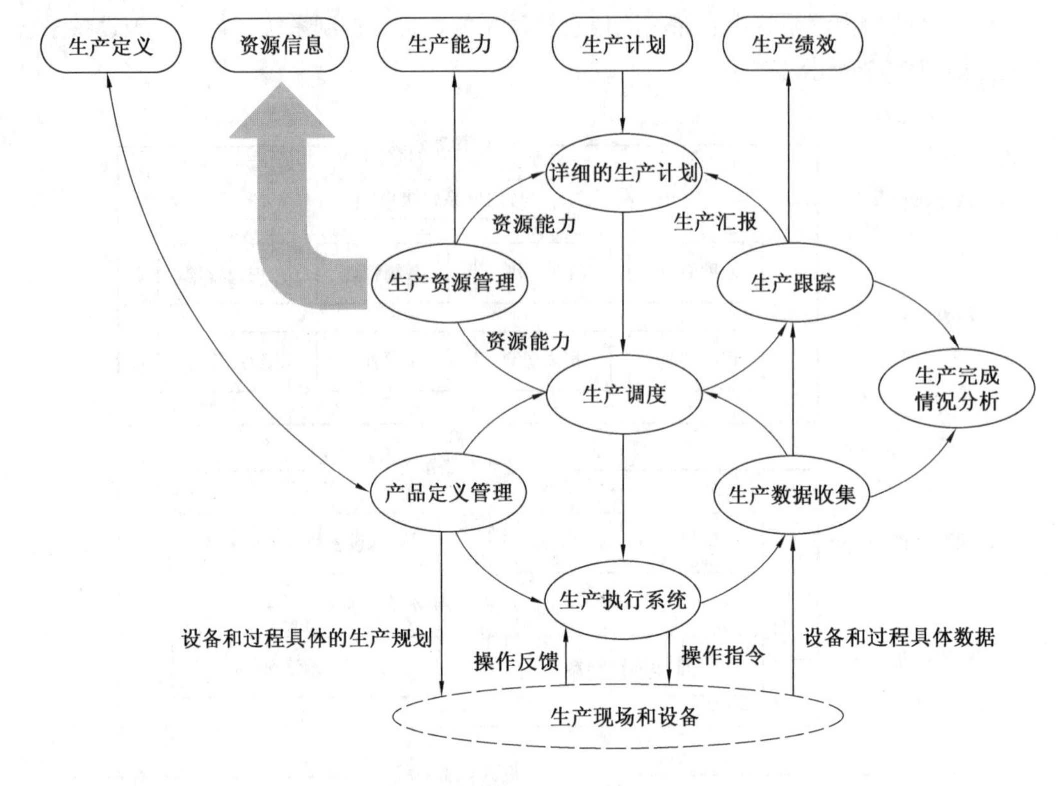

图 3.18　制造执行系统的生产业务管理活动模型

3.3　智能物流

※ 智能物流与智能服务

随着物联网、大数据、云计算等相关技术的深入发展与普及，日益兴起的物联网技术融入交通物流领域，有助于智能物流的跨越式发展和优化升级。物流是最能体现物联网技术优势的行业，也是该技术的主要应用领域之一。

智能物流借助 GIS（地理信息系统）、运输导航、RFID 和移动互联网等多种技术手段，对物流车辆和货物进行实时监控管理；通过电子标签和智能识别系统，增强货物识别和信息收集能力，从而提高运营效率，优化整体物流系统。

3.3.1　定义与特点

1. 定义

智能物流就是利用条形码、射频识别技术、传感器、全球定位系统等先进的物联网技术，通过信息处理和网络通信技术平台，广泛应用于物流业的运输、仓储、配送、包装、装卸等基本活动环节，实现货物运输过程的自动化运作和效率优化管理，提高物流行业的服务水平，降低成本，减少自然资源和社会资源消耗。智能物流可实现的功能如图 3.19 所示。

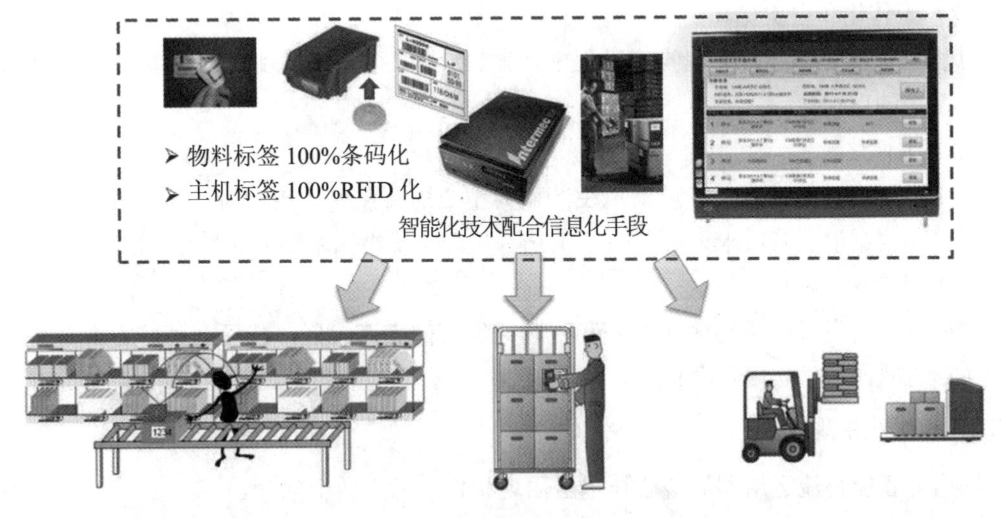

图3.19　智能物流可实现的功能示例

智能物流在实施过程中强调的是物流过程数据智慧化、网络协同化和决策智慧化。智能物流在功能上要实现6个“正确”，即正确的货物、正确的数量、正确的地点、正确的质量、正确的时间、正确的价格，在技术上要实现物品识别、地点跟踪、物品溯源、物品监控、实时响应。

2. 主要特点

智能物流的特点如图3.20所示。

图3.20　智能物流的特点

（1）智能化。

运用数据库和数据分析对物流具有一定反应的机理，可以采取相应措施，使物流系统智能化。

（2）一体化和层次化。

以物流管理为中心，实现物流过程中运输、存储、包装、装卸等环节的一体化和智能物流系统的层次化。

（3）柔性化。

由于电子商务的发展，使以前以生产商为中心的商业模式转变为以消费者为中心的商业模式，根据消费者需求来调节生产工艺，从而实现物流系统的柔性化。

（4）社会化。

智能物流的发展会带动区域经济和互联网经济的高速发展，从而在某些方面改变人们的生活方式，从而实现社会化。

3.3.2 技术应用现状

国内外智能物流运用到的核心技术应用现状包括以下四个部分。

1. 集成化的物流规划设计仿真技术

近年来，集成化的物流规划设计仿真技术在美国、日本等发达国家发展很快，并在应用中取得了很好的效果。集成化的物流规划设计仿真技术能够通过计算机仿真模型来评价不同的仓储、库存、客户服务和仓库管理策略对成本的影响。物流规划设计仿真技术的适用范围十分广泛，包括冷冻食品仓储、通信产品销售配送、制药和化工行业的企业物流等。

2. 物流实时跟踪技术

国外的综合物流公司已建立自身的全程跟踪查询系统，为用户提供货物的全程实时跟踪查询，这些区域性或全球性的物流企业利用网络上的优势，目前正在将其业务沿着主营业务向供应链的上游和下游企业延伸，提供大量的增值服务。

在国内，中国邮政已决定建立并完善其 Internet 服务的物流配送环节，此外一些地方的运输部门和企业也积极地为用户建立物流全程信息服务和有效控制与管理，并在局部小范围内建立了基于 GPS 的物流运输系统。

3. 网络化分布式仓储管理及库存控制技术

目前，国内外许多企业都将其管理、研发部门留在市区，而将其制造环境或迁移到郊区，或转移到外省甚至国外，形成以城市为技术和管理核心，以郊区或外地为制造基地的分布式经营、生产型运作模式。对第三方物流企业而言，由于仓储位置的地域性跨度极大，因此更需要网络化分布式仓储管理及库存控制技术来降低管理成本，提高效率。

4. 物流运输系统的调度优化技术

物流配送中心配载量的不断增大和工作复杂程度的不断提高都要求对物流配送中心进行科学管理，因此配送车辆的集货、货物配装和送货过程的调度优化技术是 ILS 的重要组成部分。如果没有物流运输系统的调度优化技术支持，连正常运作都会十分困难，更谈不到科学的优化管理。

国内外学术界对物流运输系统的调度优化问题十分关注，研究得也比较早。由于物流配送车辆配载问题是一个复杂问题，因此启发式算法是一个重要研究方向。近年来，由于遗传算法具有隐并行性和较强的鲁棒性，在物流运输系统的调度优化方面得到了广泛应用。

3.3.3 发展趋势

我国智能物流将迎来四大主要发展趋势：智能化物流系统、智能物流装备服务的市场化与专业化、智能物流仓储系统、云仓系统。

1. 智能化物流系统

智能物流是连接供应和生产的重要环节，也是构建智能工厂的基石。智能单元化物流技术、自动物流装备及智能物流信息系统是打造智能物流的核心元素。未来智慧工厂的物流控制系统将负责生产设备和被处理对象的衔接，在系统中起着承上启下的作用。智能化物流系统如图3.21所示。

2. 智能物流装备服务的市场化与专业化

智能物流装备服务的市场化与专业化主要表现在以下方面：一是对智能物流装备正常运行的保障性服务，如设备的定期维护、故障排除、零备件供应、远程网络监控运营服务等；二是对物流运作或管理的支持服务，如设备运行质量分析、物流各环节绩效与运行情况分析等；三是技术改进和系统升级服务，可以定时提供整个技术改进和信息系统及控制系统的升级服务。

3. 智能物流仓储系统

智能物流仓储系统如图3.22所示，是以立体仓库和配送分拣中心为主体，由立体货架等检测阅读系统和智能通信，实现快速消费行业的需求。随着物联网、机器人、仓储机器人、无人机等新技术的应用，智能物流仓储系统已成为智能物流方式的最佳解决方案。

图3.21 智能化物流系统示例

图3.22 智能物流仓储系统示例

4. 云仓系统

云仓是伴随电子商务而产生的有别于传统仓储方式的智能化仓储模式。传统仓储是根据配送需要到不同的仓储去分别取货，而云仓采用自动拣选，是最适合电商的一种配送模式。云仓和传统仓储的最大区别在于智能自动化装备和信息化软件集成应用，国际快递公司的云仓网络主要是由“信息网+仓储网+干线网+零担网+载配网”，与电子商务平台实现无缝对接。依托智能制造兴起的云仓，将成为电子商务发展的中坚力量。

3.4 智能服务

智能服务促进新的商业模式，促进企业向服务型制造转型。智能产品+状态感知控制+大数据处理，将改变产品的现有销售和使用模式，其增加了在线租用、自动配送和返还、优化保养和设备自动预警、培训、自动维修等智能服务新模式。在全球经济一体化的今天，国际产业转移和分工日益加快，新一轮技术革命和产业变革正在兴起，客户对产品和服务的要求越来越高。

3.4.1 定义与特点

1. 定义

智能服务是根据用户的需求进行主动的服务，即采集用户的原始信息，进行后台积累，构建需求结构模型，进行数据加工挖掘和商业智能分析，包括用户的偏好等需求，通过分析和挖掘与时间、空间、身份、生活、工作状态相关的需求，主动推送客户需求的精准高效的服务。除了传递和反馈数据，系统还需进行多维度、多层次的感知和主动深入的辨识。

2. 主要特点

智能服务具有以下不同于传统服务的显著特点，如图 3.23 所示。

图 3.23 智能服务特点

（1）服务理念以用户为中心，服务方案常横跨企业和不同产业。

这里的用户既包括智能产品的购买者，也包括智能服务的使用者。智能服务期望通过产品和服务的适当组合，随时、随地满足用户不同场景下的需求。

（2）服务载体聚焦于网络化、智能化的产品和设备（机器）。

智能产品指安装有传感器，受软件控制并联网的物体、设备或机器，它具有采集数据、分析并与其他机、物共享和交互反馈的特点。用户使用智能产品过程中产生的大数据能被进一步分析转化为智能数据，智能数据则衍生出智能服务。

（3）服务形态体现为线下的实体服务与线上数字化服务的融合。

类似于互联网技术在生活消费领域的应用而产生的 O2O 模式，智能服务也体现为传统实体体验服务与新兴数字化服务的有机结合。

（4）服务运营数据化驱动，通过数据、算法增加附加值。

一方面，智能服务提供商需要深度了解用户的偏好和需求，需要具备对智能产品采集数据的实时分析能力，利用分析结果为用户提供高度定制化的智能服务。另一方面，智能服务提供商可以利用智能数据进行预测分析，提升服务质量，实时优化服务方式。

（5）服务体系注重平台化运营、生态系统打造。

智能服务的市场领先者通常是服务体系的整合者，通过构建数据驱动的商业模式，创建网络化物理平台、软件定义平台和服务平台，打造资源互补、跨业协同的数字生态系统（Digital Ecosystem）。

3. 生态结构

智能服务不是提供单一产品、技术或服务，而是一个服务框架，围绕不同的行业以及每个行业的不同业务，可以衍生出无穷的智能服务，所以智能服务是一个大的生态系统，是未来行业产业创新集群的集中体现。

这个生态圈，除了政府主导、行业业主和最终用户参与外，还需要多个角色的参与，就像自然生态圈一样，不同的角色在智能服务生态圈中各自起着不同的重要作用，维持着生态平衡。这些主要角色有：政府监管部门、数据挖掘分析外包服务商、应用方案供应商、软件平台供应商、硬件基础设施供应商、运营服务商、用户保障服务商等。智能服务生态圈如图 3.24 所示。

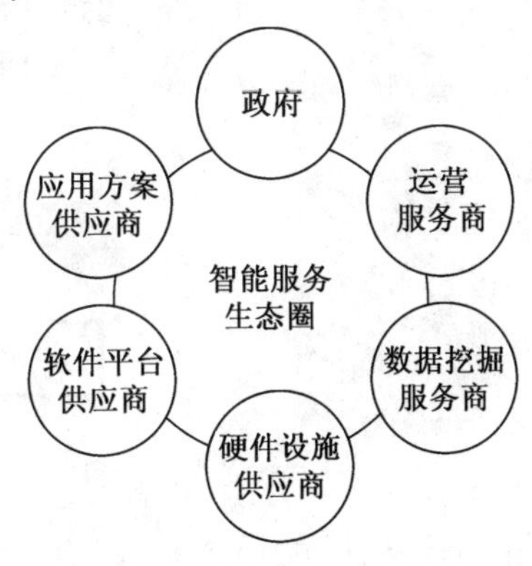

图 3.24　智能服务生态圈

各服务商提供的服务见表 3.2。

表 3.2　服务商提供的服务说明

服务商	服务说明
硬件基础设施供应商	提供覆盖交互层、传送层和智能层的大量硬件基础设施
软件平台供应商	提供包括操作系统、数据库、应用软件在内的各种软件平台
应用方案供应商	面向客户提供全套系统的架构设计和集成方案、项目承建
运营服务商	提供智能服务系统运行维护
数据挖掘分析外包服务商	专业承担需求解析及智能计算的服务，根据特定业务可能由专门机构单独承担
用户保障服务商	提供安全、管理等方面支撑
政府监管部门	行业监管，保障健康的产业环境

随着中国经济转型所驱动的企业转型之旅的逐渐展开，智能服务生态系统中的角色组成和角色组合将会越来越丰富多彩，对应各行各业所产生的智能服务项目也将越来越多。随着成员和方案的增多，彼此建立协同机制也将变得越来越重要。

4. 总体框架

在线智能服务系统由通信连接服务、在线云服务平台和服务平台应用三部分组成，如图 3.25 所示。

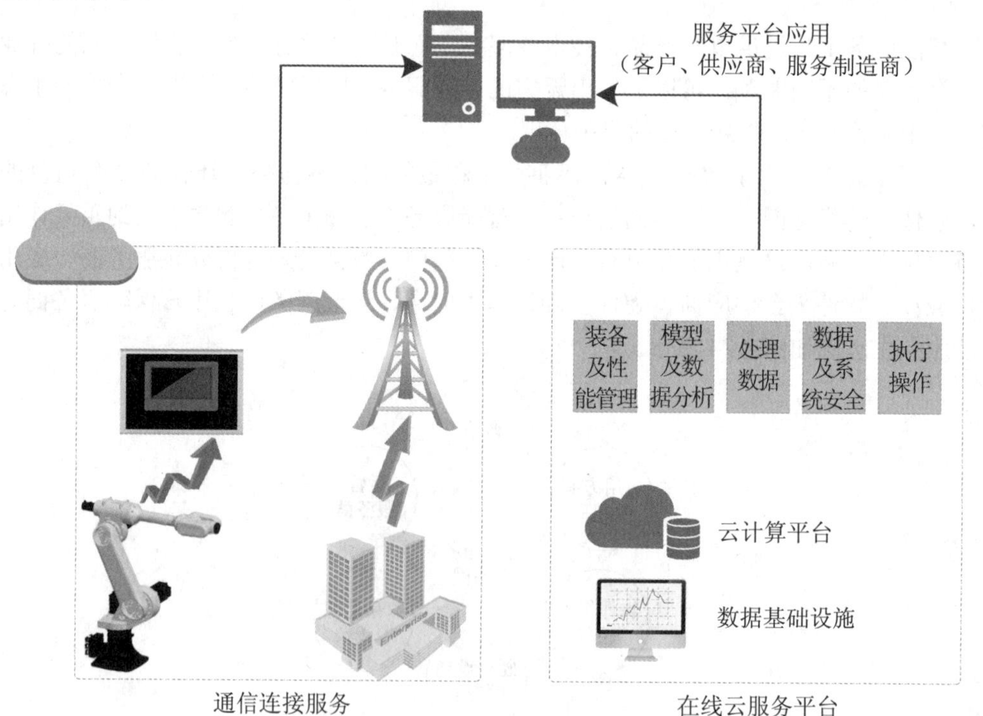

图 3.25　在线智能服务系统总体框架

（1）通信连接服务。

要对所有产品提供在线服务，首先要将这些装备产品连接起来，在装备产品基本智能化的基础上，通过传感器和嵌入式系统，获取装备运行的参数。这些运行参数按照数据提取策略，经过筛选，提取有用数据，利用 CDMA/GPRS/UMTS 等通信手段，将这些数据上传至在线云服务平台，企业自身的 ERP/SRM/CRM/MES/PLM 等系统、外部数据也要与在线服务系统集成，使用安全的虚拟专用网络（VPN），保证这些数据传输过程中的隐私和资产保护，并通过 VNC/RDPSSH/HTTP，对远程装备进行管理和控制。通信服务是端到端监控服务并通知客户，站式计费和报告所有的连接和 IP 服务，是一个自我管理的门户。

（2）在线云服务平台。

在线云服务平台由数据基础设施、云计算平台和应用系统组成。云平台具有计算资源共享、管理方便、降低初始投资、满足不同的业务需求、快速开发应用、降低风险等优势。

应用系统包括设备及性能管理（Asset Performance Management，APM）、模型及数据分析、数据的快速抽取、存储和计算、数据及系统安全、执行操作等。

①设备及性能管理。设备资产性能管理是在线服务的核心。其功能包括设备（产品）技术档案的创建、存储，管理资产的属性，如基于产品出厂编号的产品物料清单、质量追溯记录（零部件供应商及质量记录）、产品全生命周期的维修记录、维修知识库等。对设备资产进行在线远程监控、诊断，在线维护，实现预防性维修、预见性维修、环境健康和安全管理、设备运行绩效的管理等。

②模型及数据分析。在线云服务系统通过物联网与设备资产连接，获取大量设备实时运行数据，检测设备运行状态，进行故障诊断，对运行状态进行预测，在维修知识库和专家系统的支持下做出维修决策。图 3.26 所示是预测性维修所需的模型和分析方法。

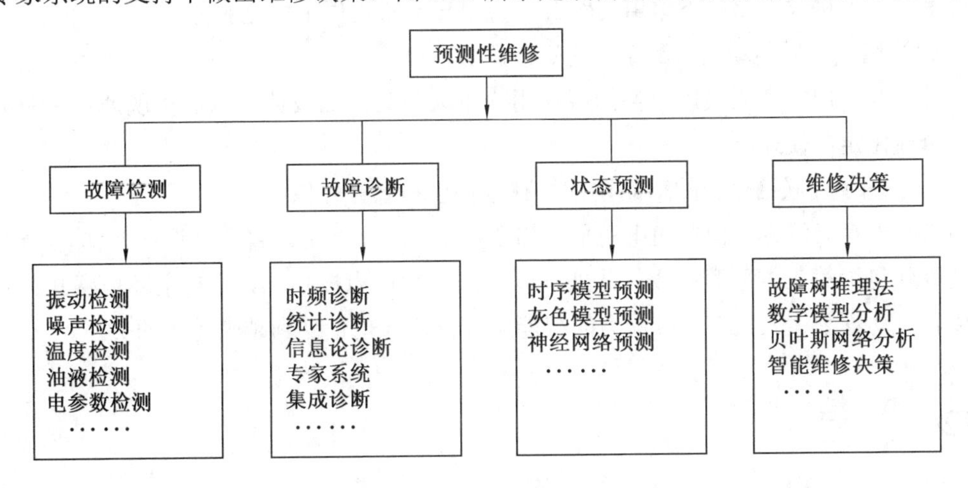

图 3.26　预测性维修的技术体系

③数据处理。通过传感器、嵌入式系统，获取设备运行数据、状态监测数据；从企业的研发设计系统和企业经营管理系统获取产品设计数据、生产数据、质量跟踪数据、历史数据、供应商数据。这些数据有的是结构化的，有的是非结构化或半结构化的，要经过特殊工具的处理使其变成可识别、易管理的数据。按照数据获取的策略，去除冗余的数据，经过数据清洗，放置在云数据库供分析利用。

④执行操作。在服务合同允许的条件下，根据运行状态，经过决策分析，可以对设备进行优化控制；通过故障诊断，确定维修策略，派遣维修人员到现场维修，或者提示用户进行维修或保养。

3.4.2 发展现状

当前，欧美发达国家的智能服务的发展现状如下：一是智能服务正由早期附属于产品的增值服务向独立的服务形态过渡。智能服务不仅是企业降低成本、提升效率，增进与客户关系的手段，还是创新商业模式，拓展经营范围的新范式转变。二是智能服务的内涵、分类及相关标准尚未成熟，仍在动态发展中。不管是美国主导的工业互联网还是德国倡议的工业 4.0 及智能服务，各方对智能服务的认知还未形成共识。由于支撑智能服务的技术还在不断发展，智能服务的形态和分类也未定型，需要在发展中总结，在不断总结中走向成熟。

国内的智能服务呈现出以下几种典型应用模式。

（1）基于物联网技术的远程设备维保服务。

通过传感器技术和移动通信网络技术，将传统的产品/设备被动性售后服务转向远程预防性维保服务。

（2）基于移动 APP 的用户个性化服务。

在售卖智能硬件产品时提供移动 APP 应用，开展线上的业务查询、零部件选购和服务咨询等，促进线上与线下渠道的融合，为用户适时提供个性化服务。

（3）用户数据驱动的产品个性化定制服务。

通过互联网渠道采集用户数据或让用户主动参与产品设计，从而实现消费者驱动的产品个性化定制模式。

（4）基于互联网平台的产品设计、制造外包和服务外包。

借助于互联网企业构建的电商平台和众包平台，企业可以将产品设计、制造、检测、认证等外包给第三方厂商完成。此外，以算法和软件为核心，具备自主环境感知、智能调度、自动规划、人机交互等能力的智能服务机器人也正受到越来越多的关注。

小 结

本章介绍了智能制造的四大主题：智能工厂、智能生产、智能物流及智能服务。其中，智能工厂侧重点在于企业的智能化生产系统及制造过程，对于网络化分布式生产设施的实现；智能生产侧重点在于企业的生产物流管理、制造过程人机协同以及 3D 打印技术在企业生产过程中的协同应用；智能物流侧重点在于通过互联网、物联网，整合物流资源，充分发挥现有的资源效率；智能服务作为制造企业的后端网络，其侧重点在于通过服务联网结合智能产品为客户提供更好的服务，发挥企业的最大价值。

本章通过对智能制造四大主题的介绍，希望能够使读者了解智能制造这个抽象概念在实际生产过程中是如何体现的，从而对智能制造形成直观的认识和了解。

思考题

1. 智能工厂的主要特征是什么？
2. 智能工厂的组成包括哪些？
3. 智能工厂有哪三种建设模式？
4. 智能生产系统的设计目标是什么？
5. 智能生产系统的总体框架包括哪些内容？
6. 智能物流有哪些特点？
7. 智能服务有哪些特点？

第4章　智能制造关键技术

智能制造在产品设计、制造和服务的全过程，实现信息的智能传感与测量、智能计算与分析、智能决策与控制。智能制造包括十项关键技术：机器人技术、人工智能技术、物联网技术、大数据技术、云计算技术、虚拟现实技术、3D 打印技术、无线传感网络技术、射频识别技术和实时定位技术，如图 4.1 所示。

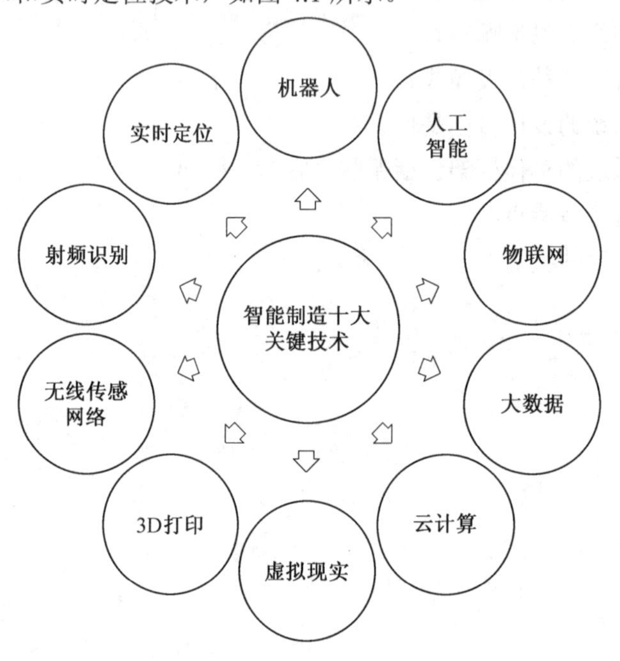

图 4.1　智能制造关键技术

4.1　机器人技术

机器人（Robot）是自动执行工作的机器装置。它既可以接受人类指挥，又可以运行预先编排的程序，也可以根据以人工智能技术制定的原则纲领行动。它的任务是协助或取代人类工作，例如制造业、建筑业，或是危险的工作。

※ 智能制造关键技术（一）

4.1.1　概念及特点

多数人对于“机器人”的初步认知来源于科幻电影，如图 4.2 所示。

（a）大黄蜂

（b）终结者 T-800

（c）钢铁侠

图 4.2　科幻电影中的机器人

但在科学界中，“机器人”是广义概念，实际上大多数机器人都不具有基本的人类形态。

1. 机器人术语的来历

“机器人（Robot）”这一术语来源于一个科幻形象，首次出现在 1920 年捷克剧作家、科幻文学家、童话寓言家卡雷尔·凯培克发表的科幻剧《罗萨姆的万能机器人》中，“Robot”就是从捷克文“Robota”衍生而来的。

2. 机器人三原则

人类制造机器人主要是为了让它们代替人类做一些有危险、难以胜任或不宜长期进行的工作。

为了发展机器人，避免人类受到伤害，美国科幻作家阿西莫夫在 1940 年发表的小说《我是机器人》中首次提出了“机器人三原则”：

（1）第一原则。机器人必须不能伤害人类，也不允许见到人类将要受伤害而袖手旁观。

（2）第二原则。机器人必须完全服从于人类的命令，但不能违反第一原则。

（3）第三原则。机器人应保护自身的安全，但不能违反第一和第二原则。

在后来的小说中，阿西莫夫补充了第零原则。

（4）第零原则。机器人不得伤害人类的整体利益，或通过不采取行动，让人类利益受到伤害。

这四条原则被广泛用于定义现实和科幻中的机器人准则。

4.1.2　技术及应用

根据机器人的应用环境，国际机器人联盟（IFR）将机器人分为工业机器人和服务机器人。机器人分类如图 4.3 所示。

1. 工业机器人

工业机器人是在工业生产中使用的机器人总称，主要用于完成工业生产中的某些作业。

工业机器人的种类较多，常用的有：搬运机器人、焊接机器人、喷涂机器人、打磨机器人等。

2. 服务机器人

服务机器人则是除工业机器人之外的、用于非制造业并服务于人类的各种机器人总称。服务机器人可进一步分为三类：公共服务机器人、个人/家用服务机器人、特种机器人。

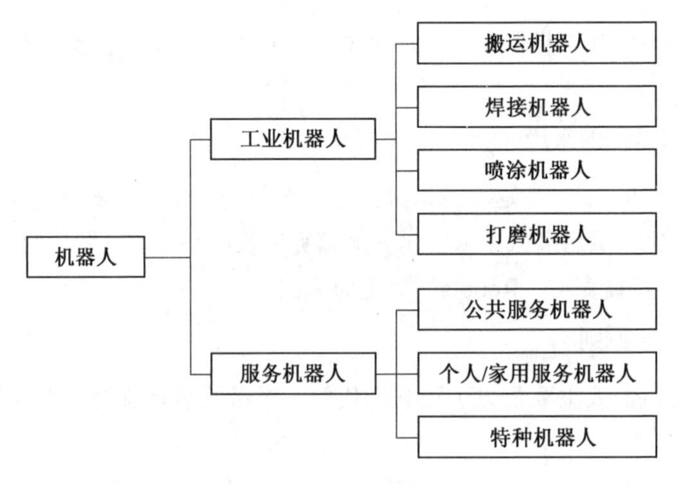

图 4.3　机器人分类

（1）公共服务机器人。

公共服务机器人是指面向公众或商业任务的服务机器人，包括迎宾机器人、餐厅服务机器人、酒店服务机器人、银行服务机器人、场馆服务机器人等，如图 4.4（a）所示。

（2）个人/家用服务机器人。

个人/家用服务机器人是指在家庭以及类似环境中由非专业人士使用的服务机器人，包括家政、教育娱乐、养老助残、家务、个人运输、安防监控等类型的机器人，如图 4.4（b）所示。

（a）迎宾机器人——Will

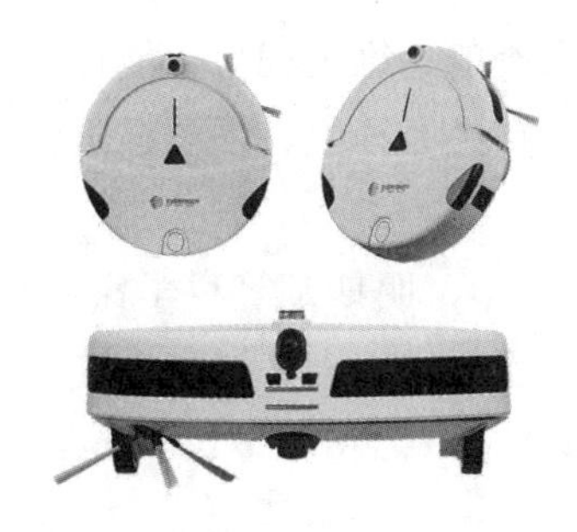

（b）家务扫地机器人——M1

图 4.4　个人/家用服务机器人示例

（3）特种机器人。

特种机器人是指由具有专业知识人士操纵的、面向国家、特种任务的服务机器人，包括国防/军事机器人、航空航天机器人、搜救救援机器人、医用机器人、水下作业机器人、空间探测机器人、农场作业机器人、排爆机器人、管道检测机器人、消防机器人等，如图 4.5 所示。

（a）“玉兔”号月球探测机器人

（b）潜龙二号水下机器人

图 4.5　特种机器人示例

4.2　人工智能技术

人工智能是计算机科学的一个分支，它试图了解智能的实质，并生产出一种新的能以与人类智能相似的方式做出反应的智能机器。随着人工智能的发展以及制造业的转型升级，人工智能在自动化与简化整个制造生态系统方面逐渐发挥了作用，体现出了巨大的潜力。

4.2.1　概念及特点

1. 概念

人工智能（Artificial Intelligence，AI）是人类设计和操作相应的程序，从而使计算机可以对人类的思维过程与智能行为进行模拟的一门技术。它是在计算机科学、控制论、信息学、神经心理学、哲学、语言学等多种学科基础上发展起来的一门综合性的边缘学科。

1956 年，明斯基等科学家在美国达特茅斯学院开会研讨“如何用机器模拟人的智能”，首次提出“人工智能”这一概念，标志着人工智能学科的诞生。人工智能发展历程见表 4.1。

表 4.1　人工智能发展历程

阶段	时间	特　　点
起步发展期	1956 年—20 世纪 60 年代初	达特茅斯会议标志着 AI 的诞生
反思发展期	20 世纪 60 年代—70 年代初	人们开始尝试更具挑战性的任务，但接二连三的失败使人工智能的发展走入低谷
应用发展期	20 世纪 70 年代初—80 年代中	专家系统的出现推动了人工智能从理论研究走向实际应用
低迷发展期	20 世纪 80 年代中—90 年代中	随着人工智能的应用规模不断扩大，专家系统存在的问题逐渐暴露出来
稳步发展期	20 世纪 90 年代中—2010 年	互联网技术的发展促使人工智能技术进一步走向实用化。代表事件：深蓝超级计算机战胜了国际象棋世界冠军（图 4.6）
蓬勃发展期	2011 年至今	以深度神经网络为代表的人工智能技术飞速发展

图 4.6　深蓝超级计算机

2. 特点

人工智能的革命就是从弱人工智能发展为强人工智能，最终达到超人工智能的过程。弱人工智能是指应用于特定领域的人工智能技术，如图像识别、语音识别；强人工智能是指多领域综合的人工智能，可以进行认知学习与决策执行，如自动驾驶；超人工智能是指超越人类的智能，具有独立意识，能够创新创造。

4.2.2 技术及应用

人工智能技术关系到人工智能产品是否可以顺利应用到生活场景中。在人工智能领域，普遍包含六个关键技术，如图 4.7 所示。

图 4.7 人工智能关键技术

1. 机器学习

机器学习（Machine Learning，ML）是一门涉及诸多领域的交叉学科。机器学习专门研究计算机怎样模拟或实现人类的学习行为，以获取新的知识或技能，重新组织已有的知识结构使之能不断改善自身的性能。

在计算机系统中，“经验”通常以“数据”形式存在，因此机器学习所研究的主要内容，是关于在计算机上从经验数据中产生“模型”的算法。有了模型，在面对新的情况时，模型会给我们提供相应的判断。

如果说计算机科学是研究关于“算法”的学问，那么类似地，可以说机器学习是研究关于“学习算法”的学问。机器学习和人类思考的过程对比如图 4.8 所示。

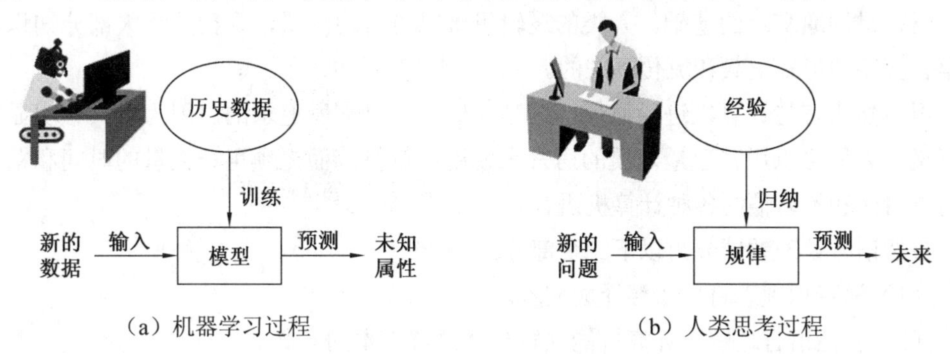

（a）机器学习过程　　（b）人类思考过程

图 4.8 机器学习与人类思考过程

2. 知识图谱

知识图谱（Knowledge Graph）是一种结构化的语义知识库，用于以符号的形式描述物理世界中的概念及其相互关系。

知识图谱的组成包括实体和关系两个部分。

（1）实体。

在知识图谱里，通常用“实体（Entity）”来表达图里的节点，实体指的是现实世界中的事物，如人、地名、概念、药物、公司等。图 4.9 展示了知识图谱的一个例子。

（2）关系。

在知识图谱中，用“关系（Relation）”来表达图里的“边”。关系用来表达不同实体之间的某种联系，例如在图 4.9 中，焊接机器人“之一”是激光焊接机器人。

通俗地讲，知识图谱就是把所有不同种类的信息连接在一起而得到的一个关系网络，提供了从“关系”的角度去分析问题的能力。

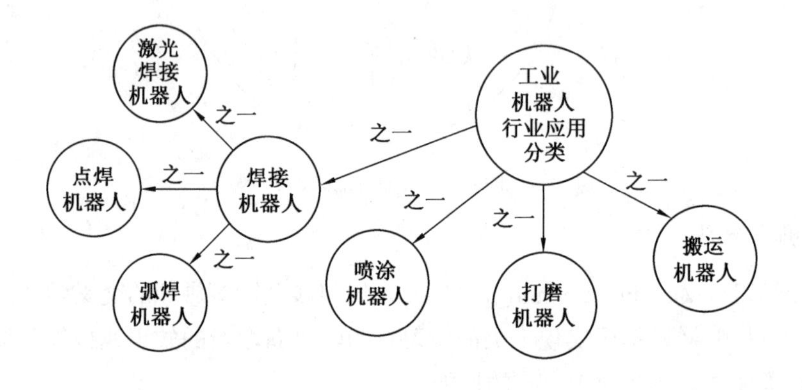

图 4.9　知识图谱示例

3. 自然语言处理

自然语言处理（Natural Language Processing，NLP）是计算机科学领域与人工智能领域中的一个重要方向，是计算机理解人类语言和从人类语言中获取意义的一种方式。

语言是沟通交流的基础。人类的逻辑思维以语言为形式，人类的绝大部分知识也是以语言文字的形式记载和流传下来的。

用自然语言与计算机进行通信，这是人们长期以来所追求的。因为它具有明显的实际意义：人们可以用自己最习惯的语言来使用计算机，而无须再花大量的时间和精力去学习不自然和不习惯的各种计算机语言。

自然语言处理领域分为以下三个部分。

（1）语音识别。将口语翻译成文本。

（2）自然语言理解。计算机能理解自然语言文本的意义。

（3）自然语言生成。计算机能以自然语言文本来表达给定的意图、思想等。

4. 人机交互

人机交互是研究人、机器以及它们间相互影响的技术。而人机界面是人与机器之间传递、交换信息的媒介和对话接口，是人机交互系统的重要组成部分。

如图 4.10 所示，人机交互模型描述了人与机器相互传递信息与控制信号的方式。

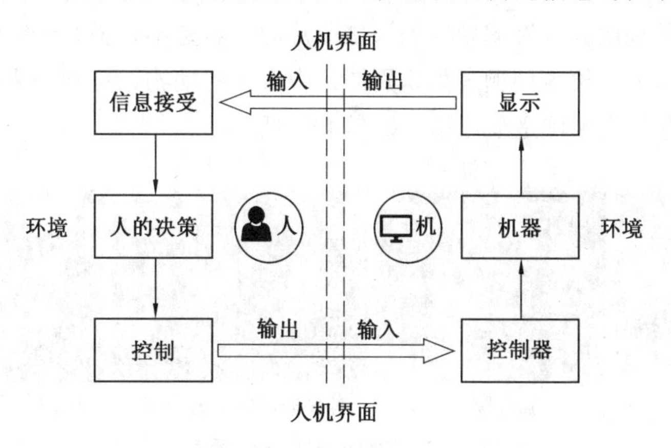

图 4.10　人机交互模型图

传统的人机交互设备主要包括键盘、鼠标、操纵杆等输入设备，以及打印机、绘图仪、显示器、音箱等输出设备。随着传感技术和计算机图形技术的发展，各类新的人机交互技术也在不断涌现。

（1）多通道交互。

多通道交互是一种使用多种通道与计算机通信的人机交互方式，如语言、眼神、脸部表情、唇动、手动、手势、头动、肢体姿势、触觉、嗅觉或味觉等。

（2）虚拟现实和三维交互。

为了达到三维效果和立体的沉浸感，人们先后发明了立体眼镜、头盔式显示器、双目全方位监视器、墙式显示屏的自动声像虚拟环境 CAVE（图 4.11）等。

图 4.11　虚拟环境 CAVE

5. 计算机视觉

计算机视觉是使用计算机模仿人类视觉系统的科学，让计算机拥有类似人类提取、处理、理解和分析图像及图像序列的能力。自动驾驶、机器人、智能医疗等领域均需要通过计算机视觉技术从视觉信号中提取并处理信息。

计算机视觉识别检测过程包括图像预处理、图像分割、特征提取和判断匹配。计算机视觉可以用来处理图像分类问题（如识别图片的内容是不是猫）、定位问题（如识别图片中的猫在哪里）、检测问题（如识别图片中有哪些动物、分别在哪里）、分割问题（如图片中的哪些像素区域是猫）等，如图 4.12 所示。

图 4.12 计算机视觉任务示例

6. 生物特征识别

生物特征识别技术是指通过个体生理特征或行为特征对个体身份进行识别认证的技术。生物特征识别技术涉及的内容十分广泛，包括指纹、掌纹、人脸、虹膜、指静脉、声纹、步态等多种生物特征，其识别过程涉及图像处理、计算机视觉、语音识别、机器学习等多项技术。

人脸识别技术是基于对人的脸部展开智能识别，对人的脸部不同结构特征进行科学合理检验，最终明确判断识别出检验者的实际身份的技术，如图 4.13 所示。目前生物特征识别作为重要的智能化身份认证技术，在金融、公共安全、教育、交通等领域得到广泛的应用。

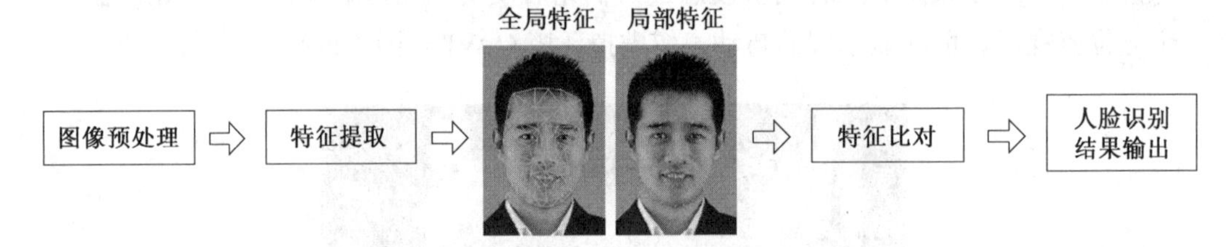

图 4.13 生物特征识别流程示例

4.3 物联网技术

物联网（Internet of Things，IOT）将地理分布的异构嵌入式设备通过高速稳定的网络连接起来，实现信息交互、资源共享和协同控制，是实现万物互联的一个重要前提和基础。

4.3.1 概念及特点

根据国际电信联盟（ITU）和美国总统科学技术顾问委员会（PCAST）的定义，物联网是通过信息传感设备，按照约定的协议，把任何物品与互联网相连接，进行信息交换和通信，以实现智能化识别、定位、跟踪、监控和管理的泛在网络。

物联网具有以下几个特点。

1. 全面感知

工业物联网利用射频识别技术、传感器技术、二维码技术，随时获取产品从生产过程到销售、直到终端用户所使用的各个阶段信息数据。

2. 互联传输

工业物联网通过专用网络和互联网相连的方式，实时将设备信息准确无误地传递出去。它对网络有极强的依赖性，且要比传统工业自动化、信息化系统都更注重数据交互。

3. 智能处理

工业物联网是利用云计算、云存储、模糊识别及神经网络等智能计算的技术，其对数据和信息进行分析并处理，结合大数据，深挖数据的价值。

4. 自组织与自维护

一个功能完善的工业物联网系统应具有自组织与自维护的功能。其每个节点都要为整个系统提供自身处理获得的信息及决策数据，一旦某个节点失效或数据发生异常或变化时，那么整个系统将会自动根据逻辑关系来做出相应的调整，整个系统是要全方位互相连通的。

4.3.2　技术及应用

1. 物联网体系架构

物联网自底向上可以分为三层，如图 4.14 所示。

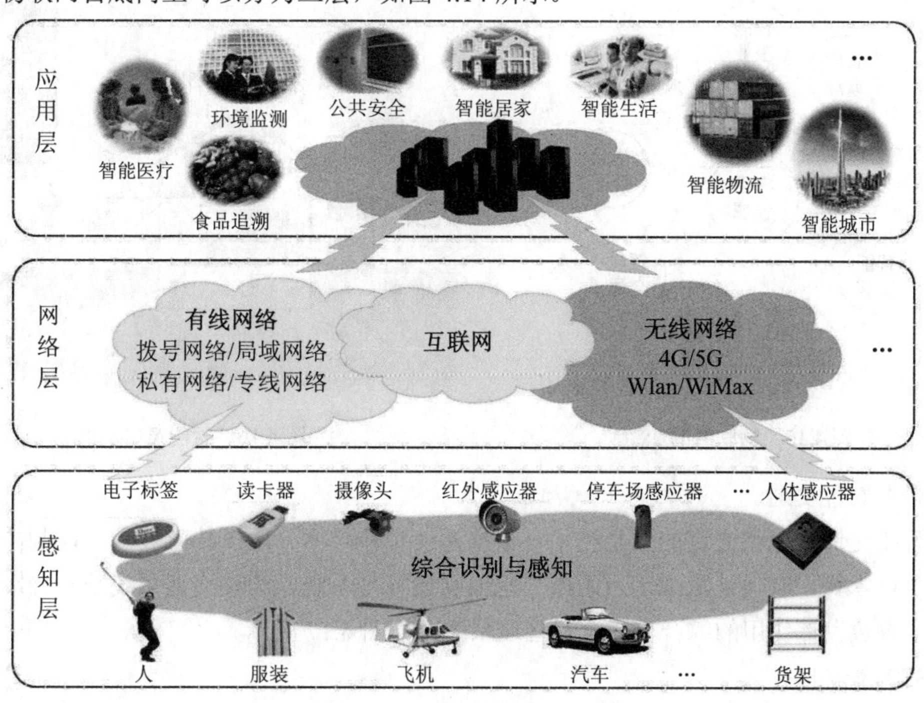

图 4.14　物联网体系架构

（1）感知层。

感知层的主要功能是通过各种类型的传感器对物质属性、环境状态、行为态势等静态/动态的信息进行大规模、分布式的信息获取与状态辨识。

（2）网络层。

网络层的主要功能是通过现有的移动通信网（如 GSM 网、TD-SCDMA 网）、无线接入网（如 WiMAX）、无线局域网（WiFi）、卫星网等基础设施，将来自感知层的信息传送到互联网中。

（3）应用层。

应用层的主要功能是集成系统底层的功能，构建起面向各类行业的实际应用。

2. 应用

物联网的用途广泛，遍及智能家居、智能交通、智能医疗等多个应用领域，如图 4.15 所示。互联网与物联网的结合，将会带来许多新的应用场景。

（1）智能家居。

智能家居是以住宅为基础，利用物联网技术、网络通信技术、安全防范手段、自动控制技术、语音视频技术将家居生活有关的设施进行高度信息化集成，构建高效的住宅设施与家庭日程事务的管理系统，提升家居安全性、便利性、舒适性和艺术性，并实现环保节能的居住环境，如图 4.16 所示。

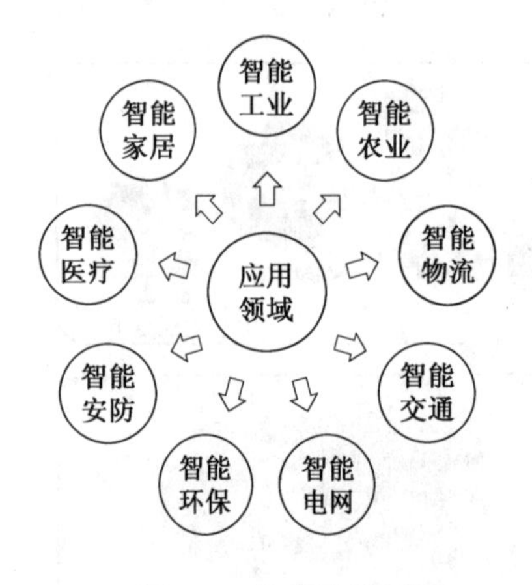

图 4.15　物联网的应用

图 4.16　智能家居示例

（2）智能交通。

智能交通系统将先进的信息技术、数据通信传输技术、电子传感技术、控制技术及计算机技术等，有效地集成运用于整个地面交通管理系统。智能交通系统是一种在大范围、全方位发挥作用的综合交通运输管理系统，如图 4.17 所示。

（3）智能医疗。

物联网技术在智能医疗领域的应用场景如图 4.18 所示，联网的便携式医疗设备可对病人进行远程监护，可实现对人体生理参数和生活环境的远程实时监测与详细记录，便于医务人员全面地了解病人的病历和生活习惯，提前发现并预防潜在疾病。

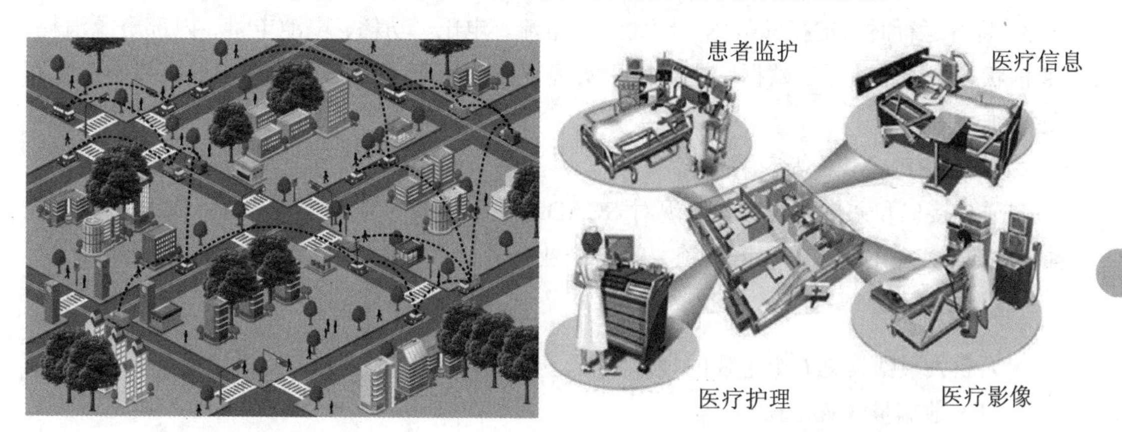

图 4.17　智能交通示例　　　　图 4.18　智能医疗示例

4.4　大数据技术

※ 智能制造关键技术（二）

随着智能技术以及现代化信息技术的不断发展，我国迎来了一个全新的智能时代，曾经仅存于幻想中的场景逐渐成为现实，比如工人只需要发出口头指令就可以指挥机器人完成相应的生产工序，从生产到检测再到市场投放全过程实现自动化。而这种自动化场景的实现，都离不开工业大数据的支持。在人与人、物与物、人与物的信息交流中逐步衍生出了工业大数据，并贯穿于产品的整个生命周期中。

4.4.1　概念及特点

1. 概念

大数据一般指体量特别大、数据类别特别多的数据集，无法用传统数据库工具对其内容进行抓取、管理和处理。

在工业生产和监控管理过程中无时无刻不在产生海量的数据，比如生产设备的运行环境、机械设备的运转状态、生产过程中的能源消耗、物料的损耗、物流车队的配置和分布等。而且随着传感器的推广普及，智能芯片会植入每个设备和产品中，如同飞机上的“黑匣子”，将自动记录整个生产流通过程中的一切数据。

工业大数据的主要来源，来自以下三个方面。

（1）工业现场设备。

工业现场设备指的是工厂内设备，主要分为三类：专用采集设备，比如传感器、变送器；通用控制设备，比如 PLC、嵌入式系统；专用智能设备/装备，比如机器人、数控机床、AGV 小车等。

（2）工厂外智能产品/装备。

通过工业物联网实现对工厂外智能产品/装备的远程接入和数据采集，主要采集智能产品/装备运行时关键指标数据，比如工作电流、电压、功耗、电池电量、内部资源消耗、通信状态、通信流量等数据，主要用于实现智能产品/装备的远程监控、健康状态监测和远程维护等。

（3）ERP、MES 等应用系统。

通过接口和系统集成方式实现对 SCADA 数据采集与监视控制系统、DCS 分布式控制系统、MES 生产过程数据系统、ERP 企业资源计划系统等应用系统的数据采集。

2. 特点

工业大数据具有五个主要的技术特征，如图 4.19 所示。

（1）数据量（Volumes）大。

工业大数据的计量单位从 TB 级别上升到 PB、EB、ZB、YB 及以上级别。

（2）数据类别（Variety）多。

数据来自多种数据源，数据种类和格式日渐丰富，既包含生产日志、图片、声音，又包含动画、视频、位置等信息，已冲破了以前所限定的结构化数据范畴，囊括了半结构化和非结构化数据。

（3）数据处理速度（Velocity）快。

在数据量非常庞大的情况下，也能够做到数据的实时处理。

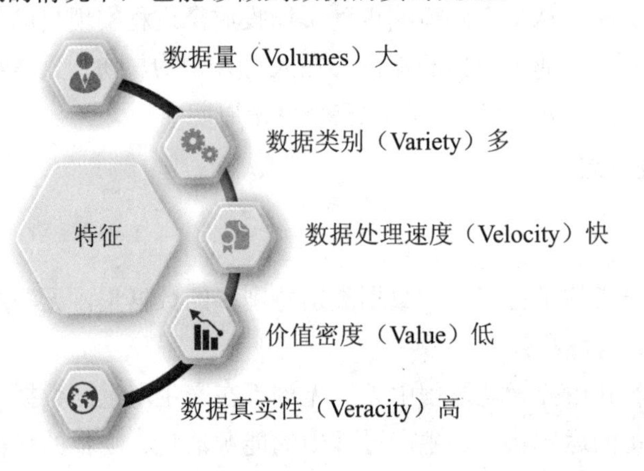

图 4.19　大数据的特征

（4）价值密度（Value）低。

随着物联网的广泛应用，信息感知无处不在，信息海量，但存在大量不相关信息，因此需要对未来趋势与模式做可预测分析，利用机器学习、人工智能等进行深度复杂分析。

（5）数据真实性（Veracity）高。

随着社交数据、企业内容、交易与应用数据等新数据源的兴起，传统数据源的局限被打破，企业愈发需要有效的信息，以确保其真实性及安全性。

4.4.2　技术及应用

1. 关键技术

工业大数据的关键技术包括大数据集成与清洗、存储与管理、分析挖掘、标准与质量体系、可视化，以及安全技术。

（1）大数据集成与清洗技术。

大数据集成是把不同来源、格式、特点性质的数据有机集中。大数据清洗是将在平台集中的数据进行重新审查和校验，发现和纠正可识别的错误，处理无效值和缺失值，从而得到干净、一致的数据。

（2）大数据存储与管理技术。

大数据存储与管理技术是指采用分布式存储、云存储等技术将数据进行经济、安全、可靠的存储管理，并采用高吞吐量数据库技术和非结构化访问技术支持云系统中数据的高效快速访问。

（3）大数据分析挖掘技术。

大数据分析挖掘技术是指从海量、不完全、有噪声、模糊及随机的大型数据库中发现隐含在其中有价值的、潜在有用的信息和知识。

（4）大数据标准与质量体系技术。

大数据标准与质量体系技术包括了工业大数据通用技术、平台、产品、行业、安全等方面的标准和规范。

（5）大数据可视化技术。

大数据可视化技术是指利用包括二维综合报表、VR/AR 等计算机图形图像处理技术和可视化展示技术，将数据转换成图形、图像并显示在屏幕上，使数据变得直观且易于理解，如图 4.20 所示。

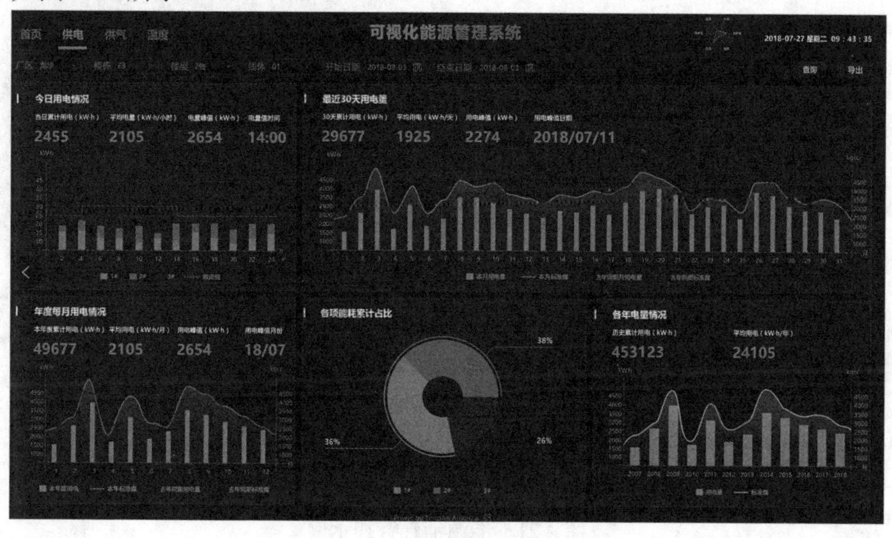

图 4.20　大数据可视化示例

（6）大数据安全技术。

工业大数据涉及大量重要的工业数据和用户隐私信息，在传输和存储时都会存在一定的数据安全隐患，也存在黑客窃取数据、攻击企业生产系统的风险，因此需要从采集、传输、存储、挖掘、发布及应用等多方面保障数据安全。

2. 应用

现代化工业制造生产线安装有数以千计的小型传感器，用来探测温度、压力、热能、振动和噪声。因为每隔几秒就收集一次数据，所以利用这些数据可以实现很多形式的分析，包括设备诊断、用电量分析、能耗分析、质量事故分析（包括违反生产规定、零部件故障）等。以下列举了工业大数据在智能制造生产系统中的应用。

（1）生产工艺改进。

在生产过程中使用工业大数据，就能分析整个生产流程，了解每个环节是如何执行的。一旦有某个流程偏离了标准工艺，就会产生一个报警信号，能快速地发现错误或者瓶颈所在，也就更容易解决问题。

（2）生产流程优化。

利用大数据技术，还可以对工业产品的生产过程建立虚拟模型，仿真并优化生产流程。当所有流程和绩效数据都能在系统中重建时，将有助于制造商改进其生产流程。

（3）能耗优化。

在能耗分析方面，在设备生产过程中利用传感器集中监控所有的生产流程，能够发现能耗的异常或峰值情形，由此便可在生产过程中优化能源的消耗，对所有流程进行分析将会大大降低能耗，如图 4.21 所示。

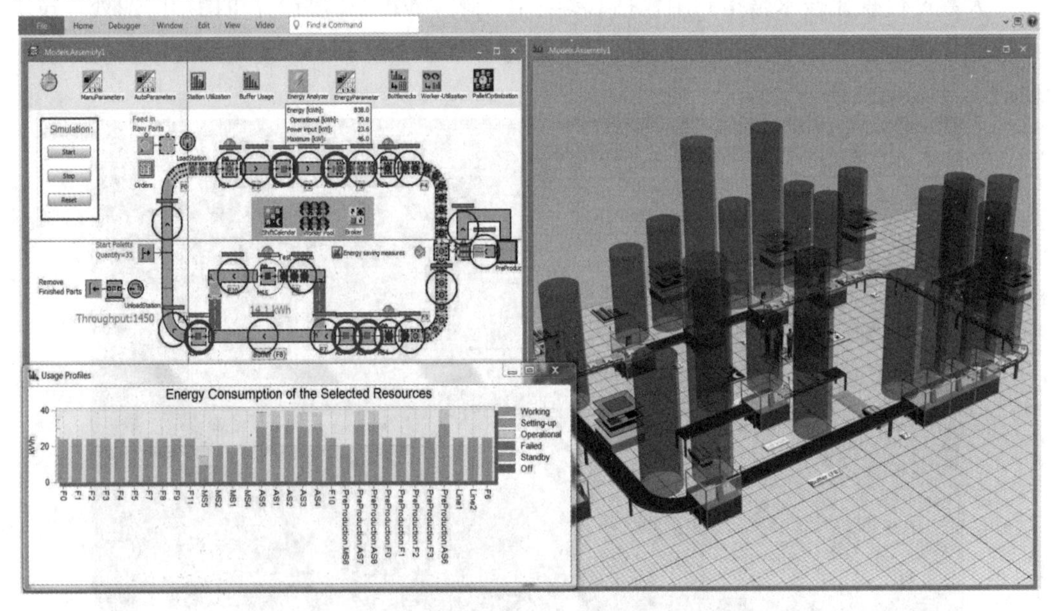

图 4.21　能源消耗管控示例

4.5　云计算技术

由于互联网技术的飞速发展,信息量与数据量快速增长，导致计算机的计算能力和数据的存储能力满足不了人们的需求。在这种情况下，云计算技术应运而生。云计算作为一种新型的计算模式，利用高速互联网的传输能力将数据的处理过程从个人计算机或服务器转移到互联网上的计算机集群中,带给用户前所未有的计算能力。

4.5.1　概念及特点

1. 概念

云计算（Cloud Computing）是一种无处不在、便捷且按需对一个共享的可配置计算资源（包括网络、服务器、存储、应用和服务）进行网络访问的模式，它能够通过最少量的管理以及与服务提供商的互动实现计算资源的迅速供给和释放。

云计算由分布式计算、并行处理、网格计算发展而来，是一种新兴的商业计算模型。它将计算任务分布在大量计算机构成的资源池上，使各种应用系统能够按需获取计算力、存储空间和信息服务。

云计算概念模型如图 4.22 所示。

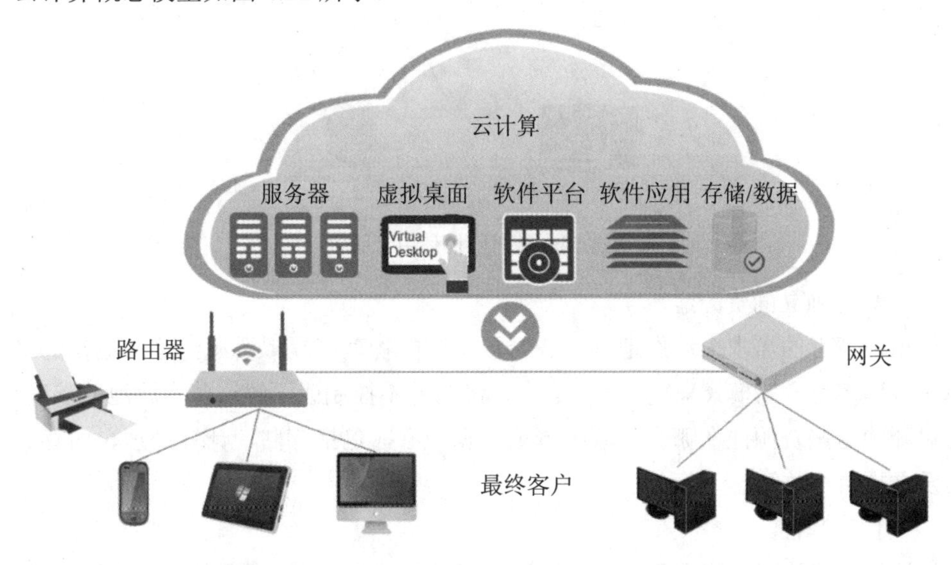

图 4.22　云计算概念模型

2. 特点

云计算将互联网上的应用服务以及在数据中心提供这些服务的软硬件设施进行统一的管理和协同合作。云计算将 IT 相关的能力以服务的方式提供给用户，允许用户在不了解提供服务的技术、没有相关知识及设备操作能力的情况下，通过互联网获取需要的服务，其特点如下。

（1）自助式服务。

消费者无需同服务提供商交互就可以得到自助的计算资源能力，如服务器的时间、网络存储等（资源的自助服务），如图 4.23 所示。

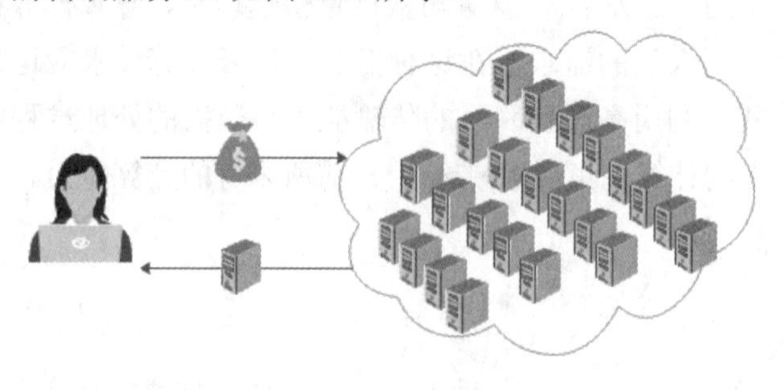

图 4.23 自助式服务

（2）无所不在的网络访问。

消费者可借助于不同的客户端并通过标准的应用实现对网络的访问，如图 4.24 所示。

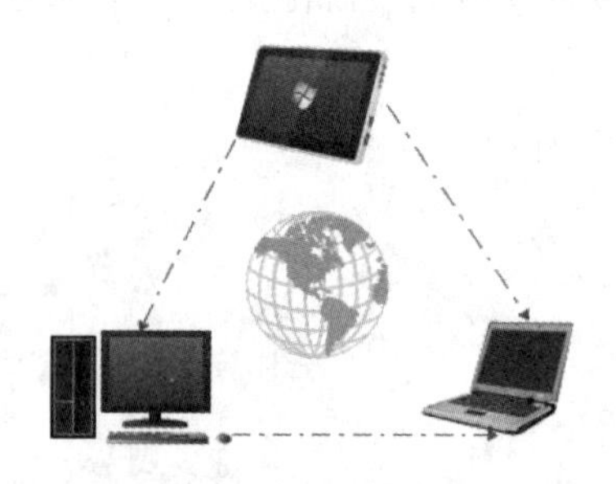

图 4.24 随时随地使用云服务

（3）划分独立的资源池。

根据消费者的需求来动态地划分或释放不同的物理和虚拟资源，这些池化的供应商计算资源以多租户的模式来提供服务。用户经常并不控制或了解这些资源池的准确划分，但可以知道这些资源池在哪个行政区域或数据中心，包括存储、计算处理、内存、网络宽带及虚拟机个数等。

（4）快速弹性。

云计算系统能够快速和弹性地提供资源并且快速和弹性地释放资源。对消费者来讲，所提供的这种能力是无限的（就像电力供应一样，对用户来说，是随需的、大规模计算机资源的供应），并且可在任何时间以任何量化方式进行购买。

（5）服务可计量。

云系统对服务类型通过计量的方法来自动控制和优化资源使用（如存储、处理、宽带及活动用户数）。资源的使用可被监测、控制及可对供应商和用户提供透明的报告（即付即用的模式）。

4.5.2　技术及应用

1. 服务模式

云计算是一种新的技术，也是一种新的服务模式。云计算服务提供方式包含软件即服务（Software as a Service，SaaS）、平台即服务（Platform as a Service，PaaS）、基础设施即服务（Infrastructure as a Service，IaaS）。

云计算服务提供商可以专注于自己所在的层次，无须拥有上述三个层次的服务能力，上层服务提供商可以利用下层的云计算服务来实现自己计划提供的云计算服务。

（1）SaaS。

SaaS 就是软件服务提供商为了满足用户的需求提供的软件计算能力。SaaS 云服务提供商负责维护和管理云中的软件以及支撑软件运行的硬件设施，同时免费为用户提供服务或者以按需使用的方式向用户收费，如图 4.25 所示。

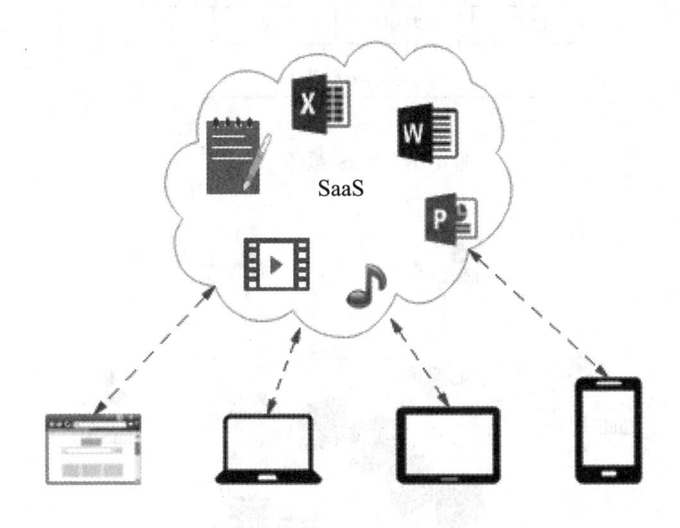

图 4.25　SaaS 服务示例图

（2）PaaS。

PaaS 是一种分布式平台服务，为用户提供一个包括应用设计、应用开发、应用测试及应用托管的完整计算机平台，如图 4.26 所示。

（3）IaaS。

IaaS 是把计算、存储、网络以及搭建应用环境所需的一些工具当成服务提供给用户，使得用户能够按需获取 IT 基础设施。IaaS 主要由计算机硬件、网络、存储设备、平台虚拟化环境、效用计费方法、服务级别协议等组成。IaaS 服务模式如图 4.27 所示。

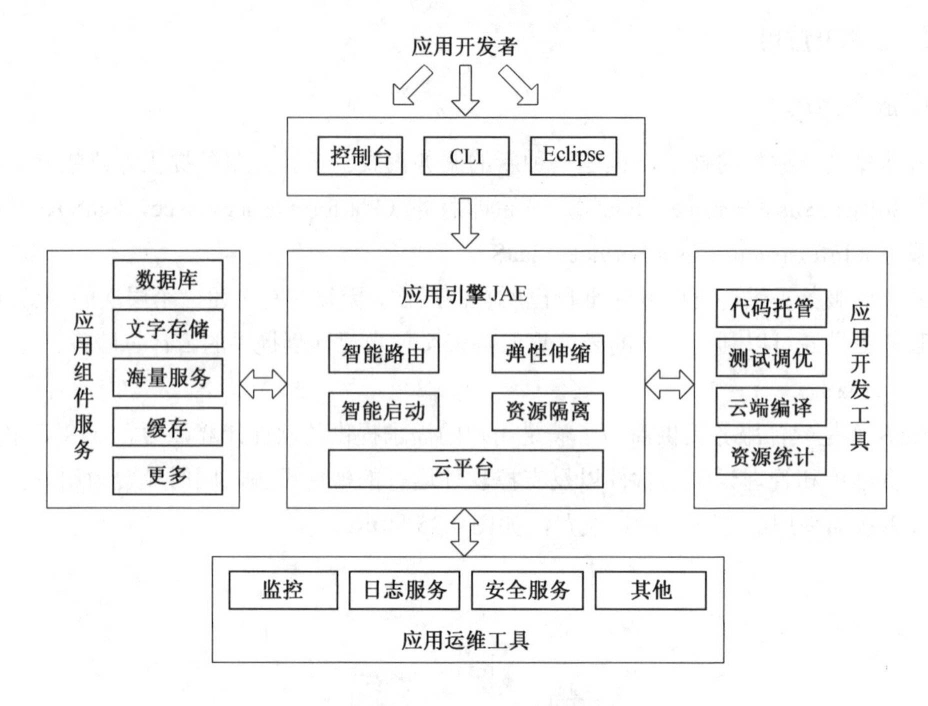

图 4.26　PaaS 服务示例图

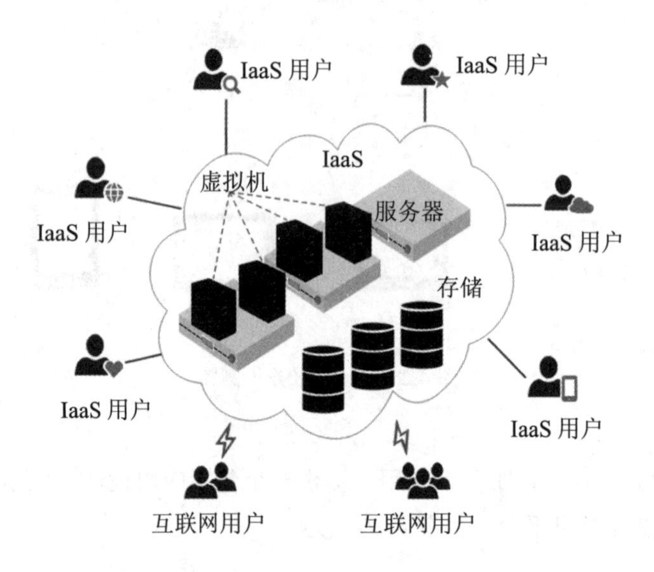

图 4.27　IaaS 服务示例图

2. 部署模式

云计算的部署模式分为四种：公有云、私有云、混合云和社区云，如图 4.28 所示。

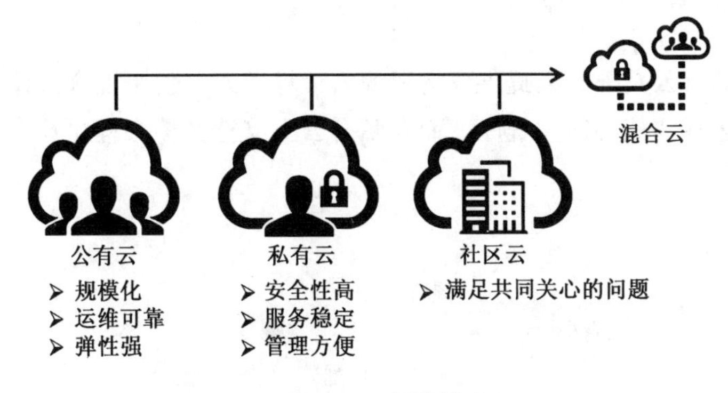

图 4.28　部署模式

（1）公有云。

公有云是一种对公众开放的云服务，由云服务提供商运营，为最终用户提供各种 IT 资源，可以支持大量用户的并发请求。公有云的示例如图 4.29 所示。

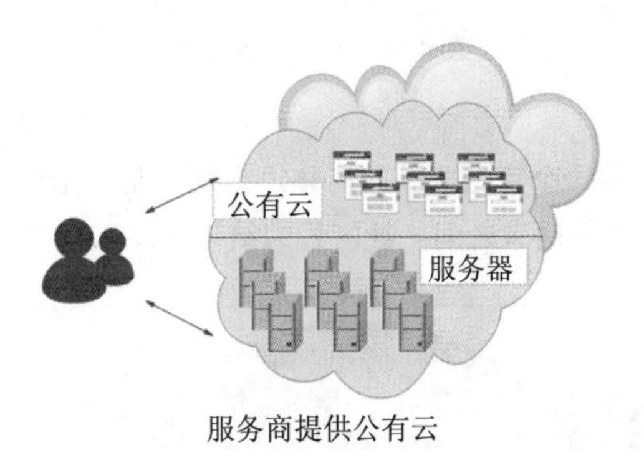

图 4.29　公有云示例

（2）私有云。

私有云指组织机构建设专供自己使用的云平台。私有云可部署在企业数据中心的防火墙内，也可以将它们部署在一个安全的主机托管场所，私有云的核心属性是专有资源。私有云的结构如图 4.30 所示。

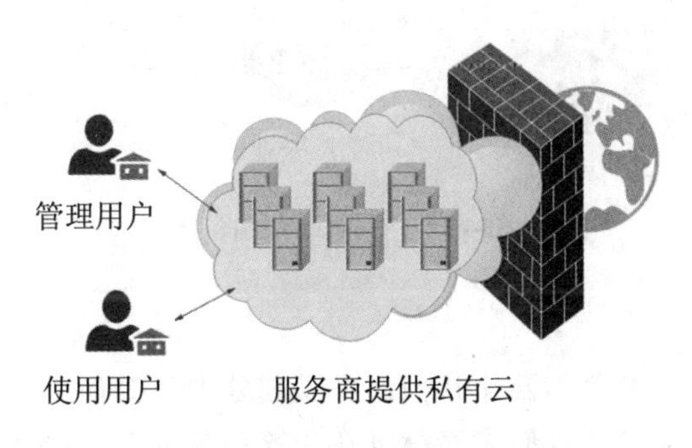

图 4.30　私有云结构图

（3）混合云。

混合云是由私有云及外部云提供商构建的云计算模式。使用混合云计算模式，机构可以在公有云上运行非核心应用程序，而在私有云上支持其核心程序及内部敏感数据，如图 4.31 所示。

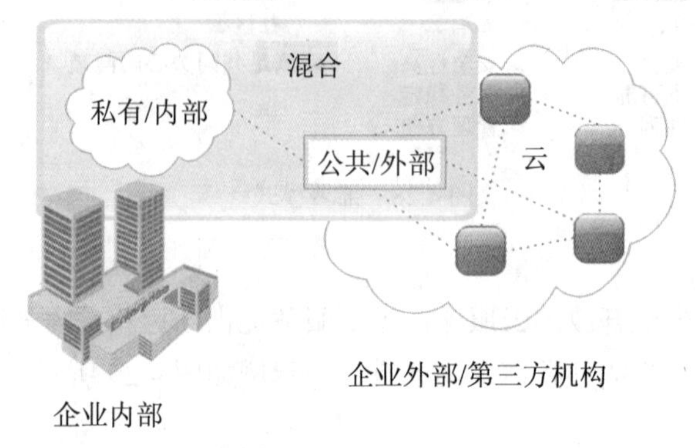

图 4.31　混合云结构图

（4）社区云。

社区云服务的用户是一个特定范围的群体，它既不是一个单位内部的，也不是一个完全公开的服务，而是介于两者之间。社区云的结构如图 4.32 所示。

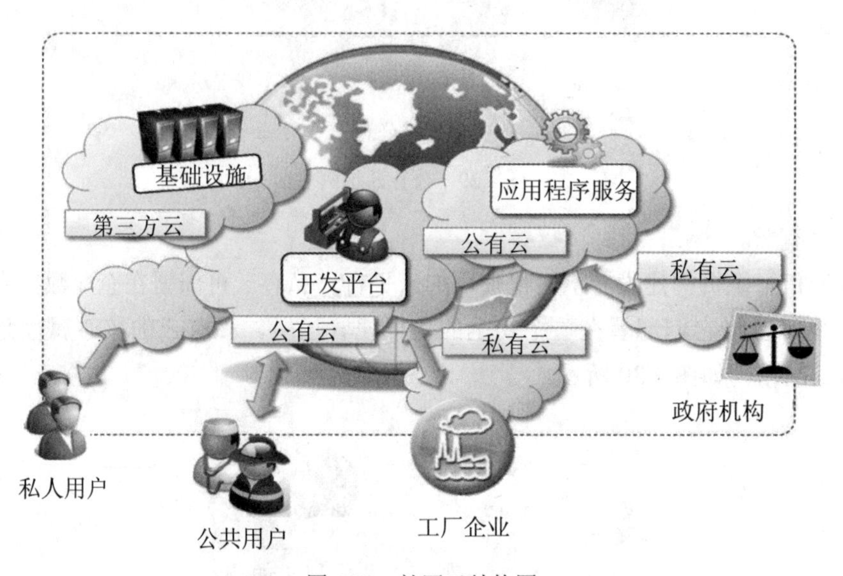

图 4.32　社区云结构图

3. 应用介绍

云计算平台也称为云平台。云计算平台可以划分为三类：以数据存储为主的存储型云平台，以数据处理为主的计算型云平台以及计算和数据存储处理兼顾的综合云计算平台。以下介绍几种面向工业应用的综合云平台产品。

（1）阿里巴巴-阿里云 ET 工业大脑平台。

阿里云 ET 工业大脑平台依托阿里云大数据平台，通过大数据技术、人工智能技术与工业领域知识的结合实现工业数据建模分析，有效改善生产良率、优化工艺参数、提高设备利用率、减少生产能耗，提升设备预测性维护能力。

阿里云 ET 工业大脑平台包含数据舱、应用舱和指挥舱 3 大模块，如图 4.33 所示，分别实现数据知识图谱、业务智能算法平台及生产可视化平台的构建。

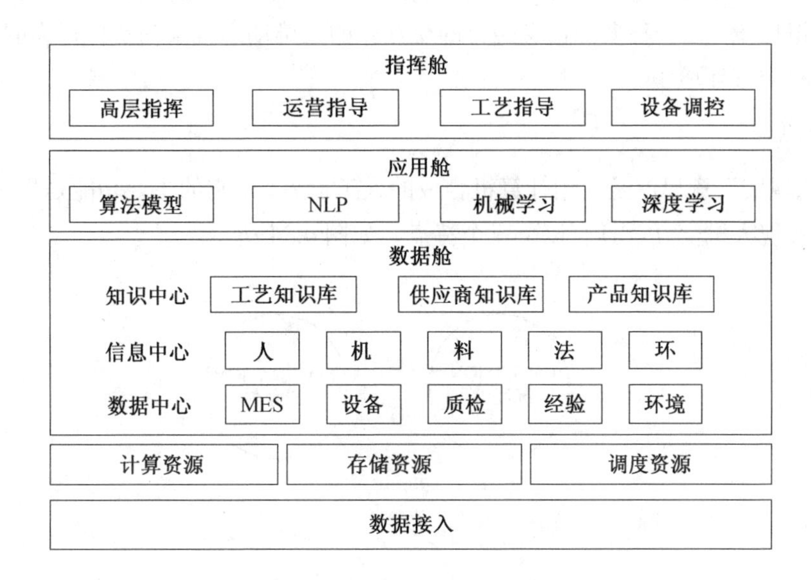

图 4.33　基于阿里云 ET 工业大脑的架构图

（2）航天云网-INDICS 平台。

INDICS 平台是由中国航天科工集团开发的云计算平台。INDICS 平台在 IaaS 层自建数据中心，并提供丰富的大数据存储和分析产品与服务，在 PaaS 层提供工业服务引擎、面向软件定义制造的流程引擎、大数据分析引擎、仿真引擎和人工智能引擎等工业 PaaS 服务，支持各类工业应用的快速开发与迭代。

（3）华为-OceanConnectIoT 平台。

华为推出的 OceanConnectIoT 平台在技术架构上分为三层，分别为连接管理层、设备管理层和应用使能层。其中，连接管理层主要提供计费、统计和企业接口等功能，设备管理层主要提供设备连接、设备数据采集与存储、设备维护等功能，应用使能层主要提供开放 API 能力。

4.6　虚拟现实技术

虚拟现实（Virtual Reality，VR）技术，是 20 世纪 80 年代末 90 年代初崛起的一种实用技术。它是由计算机硬件、软件及各种传感器构成的三维信息的人工环境——虚拟环境，可以真实地模拟现实世界可以实现的，或者是不可实现的、物理上的、功能上的实物和环境。VR 技术可以广泛地应用于建筑设计、工业设计、广告设计、游戏软件开发等领域。

4.6.1 概念及特点

1. 概念

虚拟现实技术是一种可以创建和体验虚拟世界的计算机仿真系统，它利用计算机生成一种模拟环境，是一种多源信息融合的交互式的三维动态视景和实体行为的系统仿真，使用户沉浸到该环境中。

2. 特点

“虚拟现实”意思就是“用计算机合成的人工世界”，它的主要功能是生成虚拟境界的图形，实现人机交互，具有以下三个特点，如图 4.34 所示。

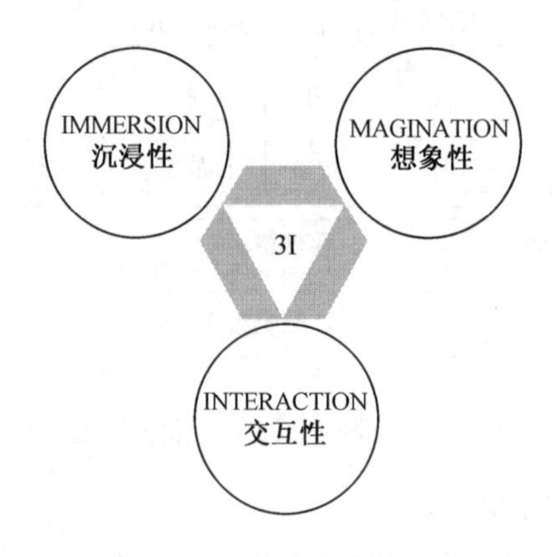

图 4.34 虚拟现实的特点

（1）沉浸性。指利用三维立体图像，给人一种身临其境的感觉。

（2）交互性。指利用一些传感设备进行交互，使用户感觉就像是在真实客观世界中一样。

（3）想象性。指使用户沉浸其中并提高感性和理性认识，进而产生认知上的新意和构想。

4.6.2 技术及应用

1. 系统组成

根据虚拟现实的基本概念及相关特征可知，虚拟现实技术是融合了计算机图形学、智能接口技术、传感器技术和网络技术的一门综合性技术。

一般的虚拟现实系统主要包括五个部分：专业图形处理计算机、应用软件系统、输入设备、输出设备和数据库，如图 4.35 所示。

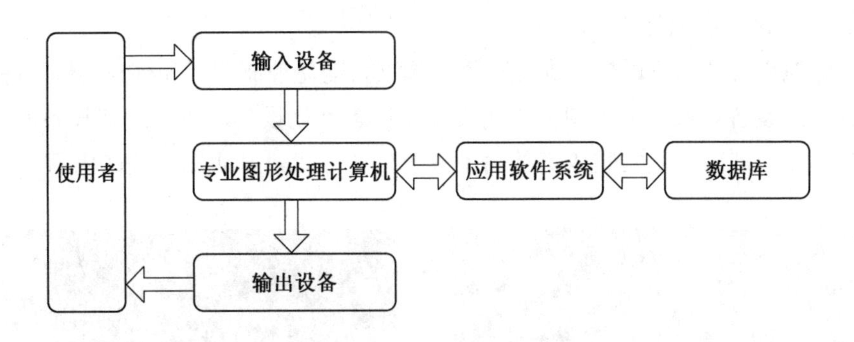

图 4.35　虚拟现实系统组成示例

（1）专业图形处理计算机。

计算机在虚拟现实系统中处于核心的地位，是系统的心脏，是 VR 的引擎，主要负责从输入设备中读取数据，访问与任务相关的数据库，执行任务要求的实时计算。

（2）应用软件系统。

虚拟现实的应用软件系统是实现 VR 技术应用的关键，其提供了工具包和场景图，主要完成虚拟世界中对象的几何模型、物理模型、行为模型的建立和管理；三维立体声的生成，三维场景的实时绘制；虚拟世界数据库的建立与管理等。

（3）数据库。

数据库用来存放整个虚拟世界中所有对象模型的相关信息。

（4）输入设备。

输入设备是虚拟现实系统的输入接口。输入设备除了包括传统的鼠标、键盘外，还包括用于手姿输入的数据手套、身体姿态的数据衣、语音交互的麦克风等，以解决多个感觉通道的交互。

（5）输出设备。

输出设备是虚拟现实系统的输出接口，是对输入的反馈。输出设备除了包括屏幕外，还包括声音反馈的立体声耳机、力反馈的数据手套及大屏幕立体显示系统等。

2. 应用分析

现在虚拟现实技术逐渐应用到智能制造领域，尤其是自动化系统的数字化设计领域和虚拟仿真开发领域。企业可以将虚拟现实技术应用到生产线设计、自动系统优化、生产过程仿真、机器人编程与仿真等场景中。

（1）生产线设计。

虚拟现实技术借助计算机技术和仿真技术，从产品设计初期就可实时、并行地对产品制造过程进行建模和仿真，以检查产品的可加工性和设计合理性，从而及时地修改设计，有效灵活地组织生产。将虚拟仿真技术用于生产线的设计过程，提出生产线虚拟设计的概念，能弥补传统设计方式的不足。借助虚拟现实技术的生产线设计示例如图 4.36 所示。

（2）自动化系统优化。

利用虚拟现实技术可以先在虚拟环境中调试自动化控制逻辑和 PLC 代码，然后再将其下载到真实设备。通过以虚拟方式仿真和验证自动化设备，可以验证设备的表现是否能够达到预期，削减系统安装成本并缩短系统启动时间。自动化系统优化示例如图 4.37 所示。

图 4.36　生产线设计示例

图 4.37　自动化系统优化示例

（3）生产过程仿真。

随着生产制造技术的不断发展，制造系统的自动化程度也越来越高，系统也越来越复杂。面向生产过程的仿真系统可以对产品加工处理的工艺流程进行仿真，从而降低制造系统的设计成本，规避设计风险，使企业能够在最短的时间内以较优的方案投产或改建一个制造系统。

（4）机器人编程与仿真。

在智能制造中，大量的工业机器人被采用，用来代替人类执行某些单调、频繁和重复的长时间作业。通过对机器人进行编程和虚拟仿真，如图 4.38 所示，可以使机器人能够执行精确、复杂的装配操作，从而提高车间的生产效率。

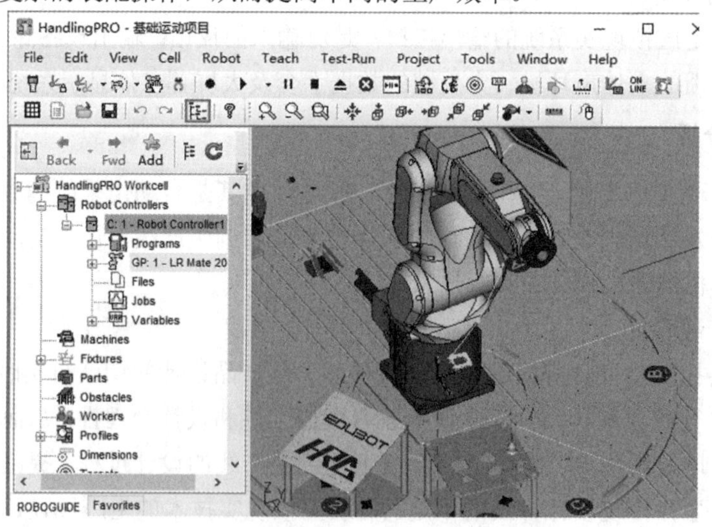

图 4.38　机器人编程与仿真示例

近年来，虚拟现实逐渐变成企业追求的技术手段，其缩短了企业的产品研发周期，完善了企业的工艺规划，加快了新品的上市步伐，为企业发展带来巨大帮助。

4.7　3D打印技术

※ 智能制造关键技术（三）

3D打印技术是一种从无到有的增材制造方法，将该技术引入到生产加工、建筑工程等领域，可以在不用任何加工模具和大型机械设备的情况下进行生产加工活动。3D打印技术将会改变社会未来的发展方向，并且将会大大丰富人类的生活方式。

4.7.1　概念及特点

1. 概念

3D打印技术（也称增材制造）是以数字三维CAD模型设计文件为基础，运用高能束源或其他方式，将液体、熔融体，粉末、丝、片、板、块等特殊材料进行逐层堆积黏结，叠加成型，直接构造出物体的技术。

3D打印技术的原理如图4.39所示，首先通过一组平行平面去截取零件的数字三维CAD模型，得到一系列足够薄的切片（一般为0.01～0.1 mm），然后按照一定规则堆积起来即可得到整个零件。

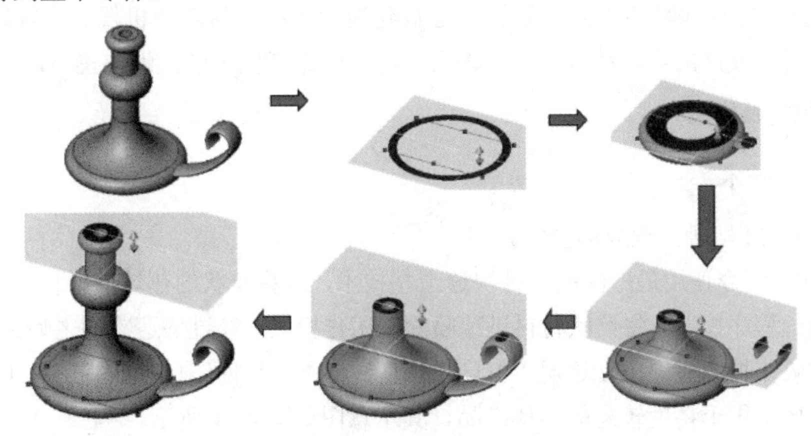

图4.39　3D打印技术原理示意图

根据3D打印技术的原理，在进行实物打印时需要以物体三维数字模型为基础，输出利用三角面模拟几何模型的STL格式几何文件给专业分层软件；利用软件将三维模型分层离散，根据实际层面信息进行工艺规划并生成供打印设备识别的驱动代码；根据代码命令利用不同技术方式的打印设备，再使用激光束、热熔喷嘴等方式，将金属、陶瓷等粉末材料或纸、聚丙烯等固体材料以及液体树脂、细胞组织等液态材料进行逐层堆积黏结成型；最后再根据打印设备技术特点进行固化、烧结、抛光等后处理。其工作流程如图4.40所示。

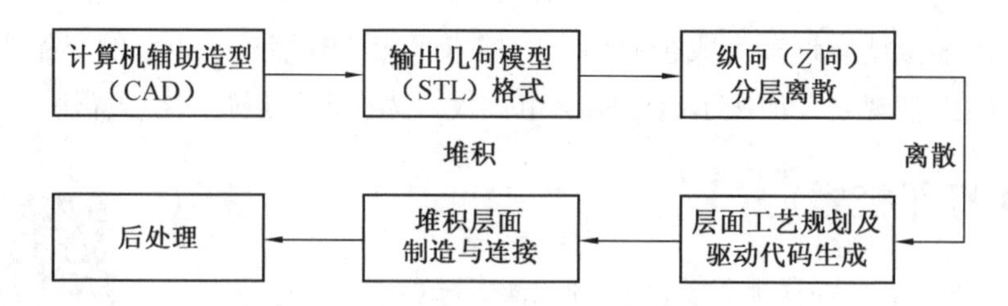

图 4.40　3D 打印技术工作流程图

2. 特点

3D 打印技术的特性主要体现在表 4.2 列示的四个方面。

表 4.2　3D 打印技术的特性

特性	说　明
形状复杂性	几乎可以制造任意复杂程度的形状和结构
材料复杂性	既可以制造单一材料的产品，又能够实现异质材料零件制造
层次复杂性	允许跨越多个尺度（从微观结构到零件级的宏观结构）设计并制造具有复杂形状的特征
功能复杂性	可以在一次加工过程中完成功能结构的制造，从而简化甚至省略装配过程

3D 打印的这些特性为其在设计、过程建模和控制、材料和机器、生物医学应用、能源和可持续发展应用、社区发展、教育方面均带来了巨大的机遇与挑战。

4.7.2　技术及应用

1. 关键技术

（1）FDM 熔融沉积成形技术。

FDM 是现今使用最广泛的一种快速造型技术，是将丝状的热熔性材料加热融化，机械喷头通过程序控制，将丝状材料迅速喷涂在工作板上，经过快速冷却之后形成熔融层。

机械喷头按照程序进行逐层“打印”，直到将所有数据信息打印完毕造出实物为止。该技术主要适用于精度较高的实体产品，其示意图如图 4.41 所示。

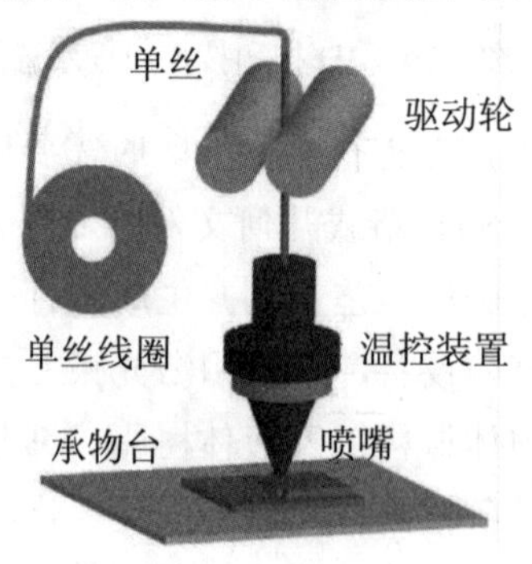

图 4.41　FDM 熔融沉积成形技术

（2）SLA 光固化立体成形技术。

SLA 是最早商用化的打印技术，按照照射方式的不同，可分为直接光刻和掩膜光刻法。

①直接光刻法。直接光刻法基于直接光固化技术，如图 4.42（a）所示。容器中存有液体树脂，这种树脂在一定波长和强度的紫外光（如波长 λ=325 nm）的照射下会迅速发生聚合反应，由液体转化为固体。

成型开始时，承物台位于液面以下一定距离，然后用激光在液体树脂表面逐行扫描，直至顶层需固化的液体树脂全部固化。将承物台下移一定距离，使液体树脂重新覆盖固化树脂表面以重复光固化过程。

②掩膜光刻法。掩膜光刻法与直接光刻法的不同之处在于激光路径和承物台的移动方向。如图 4.42（b）所示，承物台位于下液面上方一定距离，然后通过窗口引导激光以固化承物台和下液面之间的液体树脂。将承物台上移一定距离，重复光固化过程。

SLA 技术中，紫外光源和光敏树脂材料是两个重要的影响因素，而很大程度上，光敏树脂限制了可用的光源。目前，常用的树脂有环氧树脂、丙烯酸基树脂等。

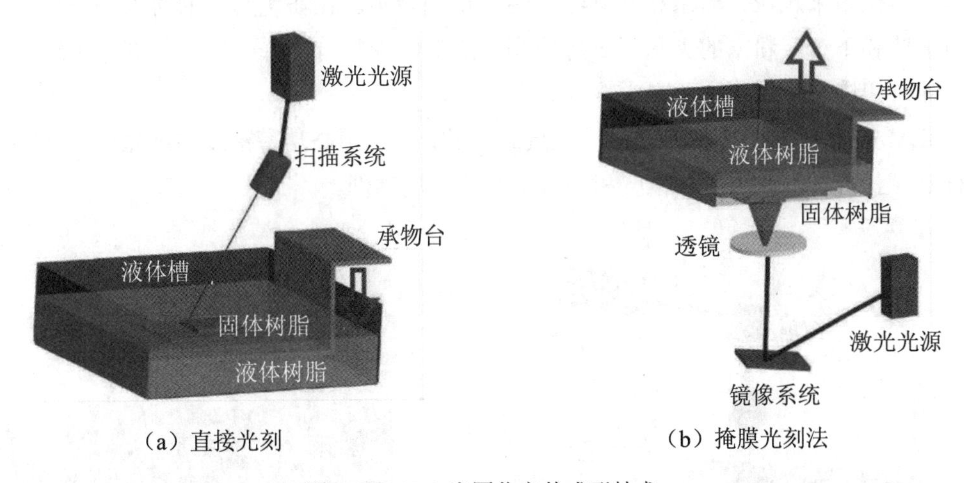

（a）直接光刻　　（b）掩膜光刻法

图 4.42　SLA 光固化立体成形技术

③叠层实体制造技术（LOM）。LOM 技术由 Helisys 开发，这项技术基于一层一层材料的叠加而成型，材料包括塑料、纸、金属等。

如图 4.43 所示，将第一层薄膜材料置于承物台上，然后按照物体横截面形状，使用激光扫描切割薄膜；接着承物台向下移动，同时转动滚轮移除多余薄膜材料，再将第二层薄膜覆盖在第一层上，重复激光的扫描切割动作完成第二层的造型。

根据建造材料的不同，层与层之间使用不同的方式结合。如对于纸，通常使用黏合剂；而对于金属材料，通常使用焊接。这一过程不停重复，最终形成 3D 打印的产品。

LOM 技术的优缺点如下。

➢ 优点：

a. LOM 技术获得的原型零件精度较高，通常小于 0.15 mm。

b. 制件能承受高达 200 ℃的温度，有较高的力学性能。

c. 制件尺寸大，可达 1 600 mm。

➢ 缺点：

a. 成型过程中需要对承物台和滚轮进行加热以确保层与层之间有良好的黏结性，加热不均或不充分会导致层与层之间黏连不牢而起皮或导致结构破坏。

b. 废料难以剥离，不能循环利用。

c. 所用材料必须能被制成薄膜。

选择性激光烧结/熔融（SLS /SLM）技术诞生于 20 世纪 80 年代，它仍然是基于固体粉末材料的一项技术。它与喷墨印刷技术相似，不同的是前者采用激光作为热能量，熔化高分子聚合物、陶瓷或金属与黏结剂的混合粉直接成型，而后者使用黏合剂成型。

如图 4.44 所示，首先在承物台上均匀覆盖一层粉末，再通过激光使粉末的局部温度升高以熔化粉末颗粒，粉末相互黏结，逐步得到轮廓。在非烧结区的粉末仍呈松散状，作为工件和下一层粉末的支承。一层成型完成后，承物台下降一层的高度，再进行下一层的铺料和烧结，如此循环完成整个三维原型。

SLM 技术是在 SLS 技术基础上发展起来的，它利用高功率密度的激光束直接熔化金属粉末，获得具有一定尺寸精度和高致密度的金属零件。

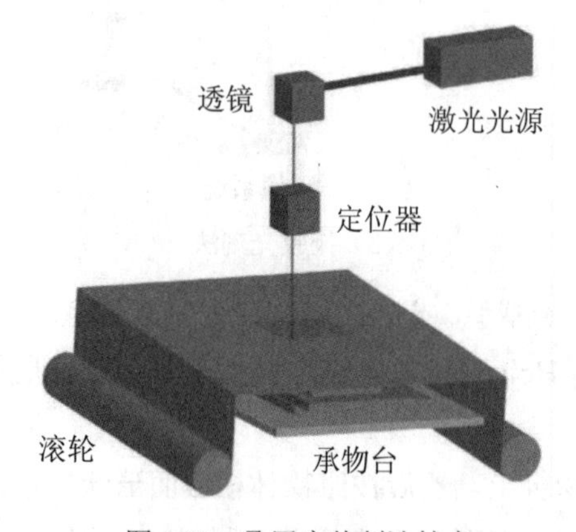

图 4.43　叠层实体制造技术

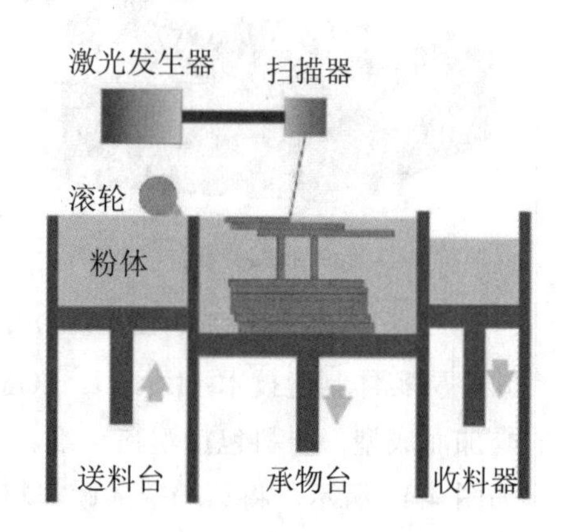

图 4.44　选择性激光烧结/熔融技术

2. 应用分析

目前，3D 打印技术已在工业造型、机械制造、航空航天、军事、建筑、影视、家电、轻工、医学、考古、文化艺术、雕刻、首饰等领域得到了广泛应用，并且随着这一技术本身的发展，其应用领域将不断拓展。

（1）汽车制造。

利用 3D 打印技术，可以在数小时或数天内制作出概念模型，由于 3D 打印的快速成型特性，汽车厂商可以应用于汽车外形设计的研发。相较传统的手工制作油泥模型，3D 打印能更精确地将 3D 设计图转换成实物，而且时间更短，可提高汽车设计层面的生产效率。3D 打印轮毂以及车身如图 4.45、图 4.46 所示。

图 4.45 3D 打印轮毂

图 4.46 世界上首部 3D 打印的汽车 Urbee 2

当前汽车种类越来越多，汽车型号更是不断更新，这就给汽车维修带来了很多问题，尤其是一些限量版的汽车零部件相当少，维修过程中难以找到同类型的零件进行代替。3D 打印技术为各种车型的零部件缺失问题提供了很好的解决方案。3D 打印汽车零部件如图 4.47、图 4.48 所示。

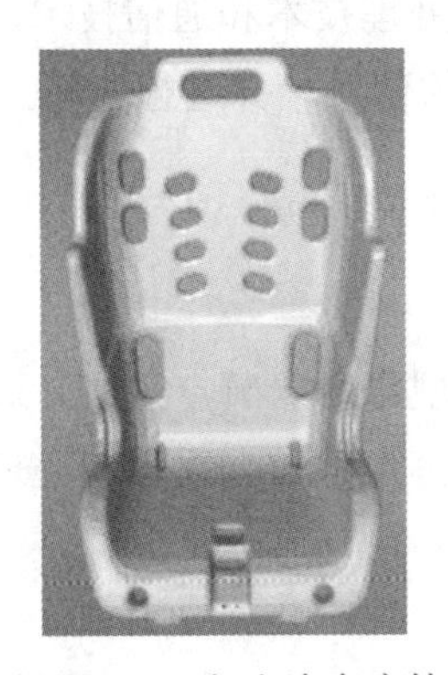

图 4.47 3D 打印汽车座椅

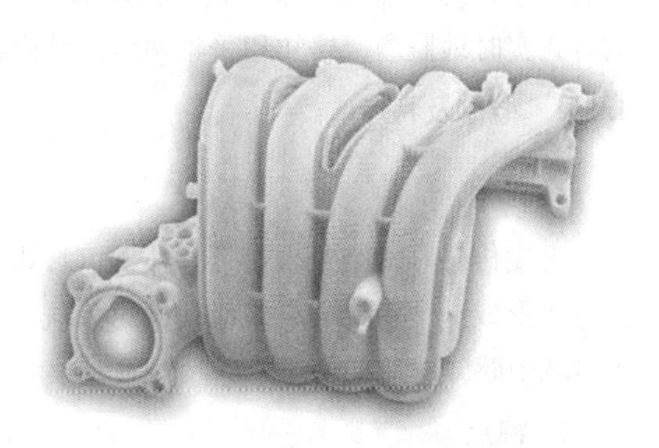

图 4.48 3D 打印汽车进气歧管

（2）食品加工。

随着人们对食品的要求越来越高，个性化的食品越来越受到人们的青睐。这种定制的食品通常为手工制作且只供应给少数人，生产效率低、成本较高。为解决需求、效率与成本的问题，人们正在研究利用 3D 打印技术来生产食品。

3D 打印食品可根据消费者不同的喜好对食品的颜色、形状、口味甚至营养元素进行调整，从而实现个性化定制生产。随着技术的发展，3D 打印机将走进普通人家的厨房，为人们提供高质量的、新鲜的和有营养的食品。

目前，运用于 3D 食品打印的材料通常是可流动的，包括液体和粉末材料。材料成分主要有蛋白质、碳水化合物和脂肪，而这三种成分的不同配比也将影响其溶化温度、流动性、塑化温度等。3D 打印食物应用场景如图 4.49 所示。

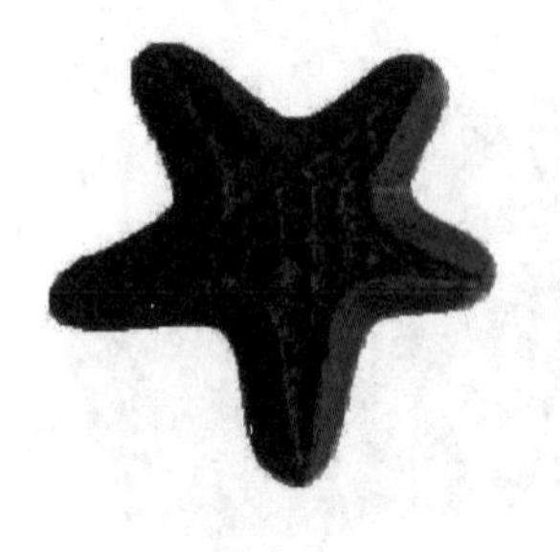

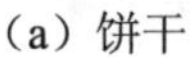

（a）饼干

（b）巧克力

（c）蛋糕

图 4.49　3D 打印食物

4.8　无线传感网络技术

在科学技术日新月异的今天，传感器技术作为信息获取的一项重要技术，得到了很大的发展，并从过去的单一化逐渐向集成化、微型化和网络化方向发展。无线传感器网络综合了传感器技术、嵌入式计算技术、分布式信息处理技术和通信技术，能够以协作的方式实时地监测、感知和采集网络区域内各种对象的信息，并进行处理。

4.8.1　概念及特点

1. 概念

无线传感器网络是由部署在监测区域内大量的微型传感器节点组成，通过无线通信的方式形成一个多跳的自组织的网络系统，其目的是协作感知、采集和处理网络覆盖地理区域中感知对象的信息，并反馈给观察者。

2. 特点

传感器网络可实现数据的采集量化、处理融合和传输应用，它是信息技术中的一个新的领域，在军事和民用领域均有着非常广阔的应用前景。它具有以下特点。

（1）大规模。

“大规模”包括两方面的含义：一是传感器节点分布在很大的地理区域内，如在原始大森林采用传感器网络进行森林防火和环境监测，需要部署大量的传感器节点；二是传感器节点部署很密集，在面积较小的空间内，密集部署了大量的传感器节点。

（2）自组织。

传感器节点的放置位置不能预先精确设定，如通过飞机播撒大量传感器节点到面积广阔的原始森林中，这样就要求传感器节点具有自组织的能力，能够自动进行配置和管理。

（3）可靠性。

无线传感器网络特别适合部署在恶劣环境或人类不宜到达的区域，节点可以工作在露天环境中，遭受日晒、风吹、雨淋，甚至遭到人或动物的破坏。

（4）集成化。

传感器节点的功耗低，体积小，价格便宜，实现了集成化。同时，微机电系统技术的快速发展会使传感器节点更加小型化。

4.8.2　技术及应用

1. 关键技术

无线传感器网络由无线传感器节点（监测节点）、网关节点（sink 节点）、传输网络和远程监控中心四个基本部分组成，其组成结构如图 4.50 所示。

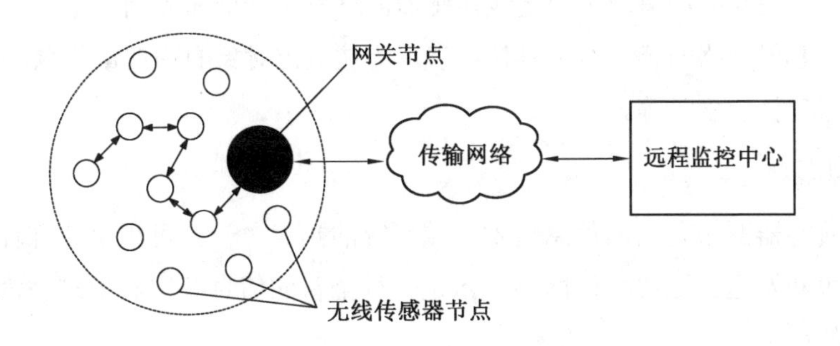

图 4.50　无线传感器网络的基本组成

（1）无线传感器节点。

传感器节点具有感知、计算和通信能力，它主要是由传感器模块、处理器模块、无线通信模块和电源组成，如图 4.51 所示，在完成对感知对象的信息采集、存储和简单的计算后，将数据通过传输网络传送给远端的监控中心。

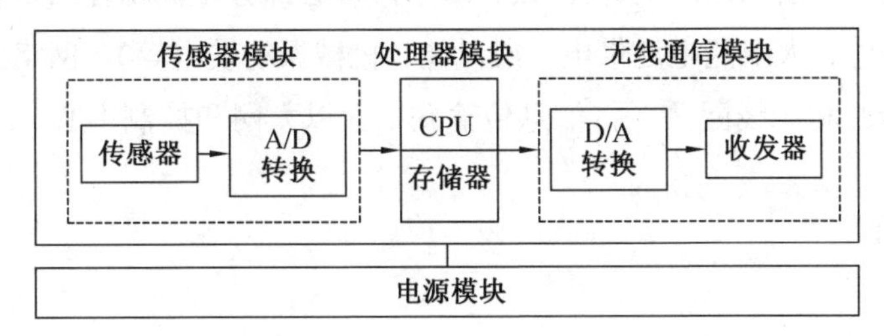

图 4.51　无线传感器节点的组成

（2）网关节点。

无线传感器节点分布在需要监测的区域，监测特定的信息、物理参量等；网关节点将监测现场中的许多传感器节点获得的被监测量数据收集汇聚后，通过传输网络传送到远端的监控中心。

（3）传输网络。

传输网络为传感器之间、传感器与监控中心之间提供通畅的通信，可以在传感器与监控终端之间建立通信路径。

无线传感器网络中的部分节点或者全部节点可以移动，但网络节点发生较大范围内的移动，势必会使网络拓扑结构发生动态变化。节点间以自组网方式进行通信，网络中每个节点既能够对现场环境进行特定物理量的监测，又能够接收从其他方向传感器送来的监测信息数据，并通过一定的路由选择算法和规则将信息数据转发给下一个接力节点。网络中每个节点还具备动态搜索、定位和恢复连接的能力。

（4）远程监控中心。

针对不同任务的具体内容，远程监控中心负责对无线传感器网络发送来的信息进行分析处理，并在需要的情况下向无线传感器网络发布查询和控制指令。

无线传感器网络的感知对象具体地表现为被监控对象的物理量信息，如温度、湿度、速度和有害气体的含量等。

2. 应用分析

无线传感器网络是当前信息技术领域研究的热点之一，可用于特殊环境实现信号的采集、处理和发送。无线传感网络技术是一种全新的信息获取和处理技术，在智能制造中有广泛的应用。

智能制造中的一个重要环节是工业过程的智能监测。将无线传感网络技术应用到智能监测中，将有助于工业生产过程工艺的优化，同时可以提高生产线过程检测、实时参数采集、生产设备监控、材料消耗监测的能力和水平，使得生产过程的智能监控、智能控制、智能诊断、智能决策、智能维护水平不断提高。

工业用无线传感器网络示例如图 4.52 所示，核心部分是低功耗的传感器节点（可以使用电池长期供电、太阳能电池供电，或风能、机械振动发电等）、网络路由器（具有网状网络路由功能）和无线网关（将信息传输到工业以太网和控制中心，或者通过互联网传输联网）。

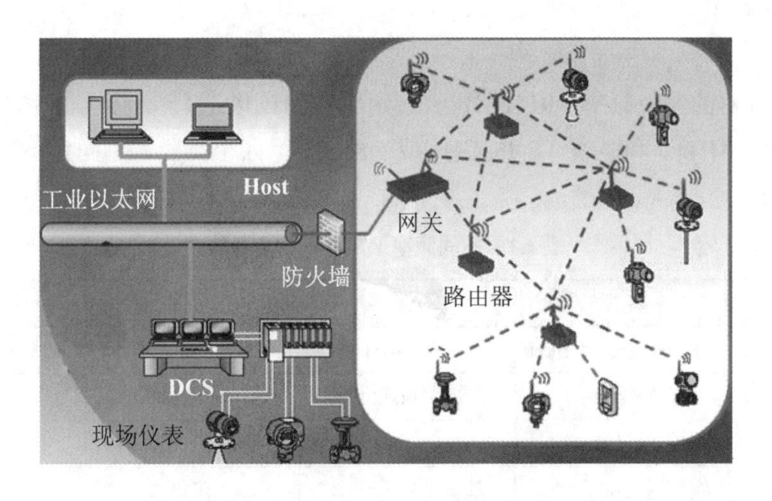

图 4.52　工业用无线传感器网络示例

4.9　射频识别技术

无线射频识别（Radio Frequency Identification，RFID）技术利用空间电磁波的耦合或传播进行通信，以达到自动识别被标识对象，获取标识对象相关信息的目的。RFID 的应用历史最早可以溯源到第二次世界大战期间，那时 RFID 就已被用于敌我军用飞行目标的识别。

4.9.1　概念及特点

1. 概念

无线射频识别 RFID 技术是从 20 世纪 90 年代兴起的一项非接触式自动识别技术。RFID 的系统组成如图 4.53 所示。它是利用射频方式进行非接触双向通信，以自动识别目标对象并获取相关数据，具有精度高、适应环境能力强、抗干扰强、操作快捷等许多优点。

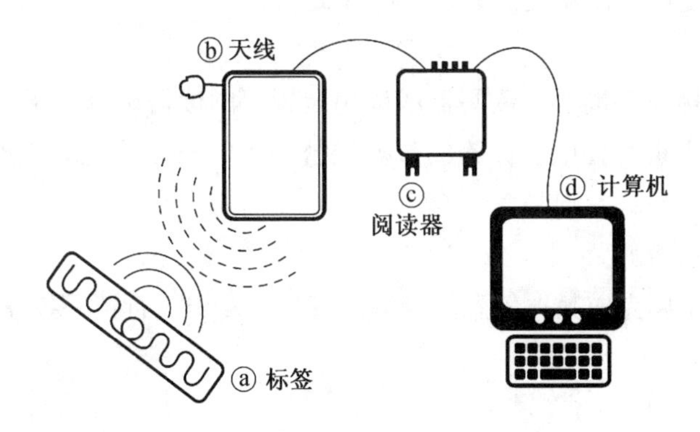

图 4.53　无线射频识别 RFID 的系统组成

2. 特点

根据阅读器的发射频率，RFID 分为低频（135 kHz 以下）、高频（13.56 MHz）、超高频（860～960 MHz）和微波（2.45 GHz 或 5.8 GHz）四个频段。不同频率 RFID 的特点比较见表 4.3。

表 4.3 不同频率 RFID 的特点比较

频率划分	低频	高频	超高频	微波
工作频率	125 kHz 或 134.2 kHz	13.56 MHz	860～960 MHz	2.45 GHz 或 5.86 GHz
数据速率	低（8 kbit/s）	较高（106 kbit/s）	高（640 kbit/s)	高（≥1 Mbit/s）
识别速度	低（≤1 m/s）	中（≤5 m/s）	高（≤50 m/s）	中（≤10 m/s）
穿透能力	能穿透大部分物体	基本能穿透液体	较弱	最弱
作用距离	≤60 cm	1 cm～1 m	1～10 m	25～50 cm
抗电磁干扰	弱	较弱	中	中
天线结构及尺寸	线圈，大	印刷线圈，较大	双极天线，较小	线圈，小
典型应用	身份识别、考勤系统、门禁系统、一卡通等	物流管理、公交卡、一卡通、安全门禁等	供应链物流管理、高速公路收费等	移动车辆识别、电子身份证、仓储物流应用等

4.9.2 技术及应用

1. 系统的组成及工作原理

RFID 系统因应用不同其组成会有所不同，但基本都由电子标签、阅读器和数据管理系统三大部分组成，如图 4.54 所示。

（1）电子标签。

电子标签具有智能读写和加密通信的功能，它是通过无线电波与读写设备进行数据交换，工作的能量是由阅读器发出的射频脉冲提供。

（2）阅读器。

阅读器有时也称为查询器、读写器或读出装置。阅读器可将主机的读写命令传送到电子标签，再把从主机发往电子标签的数据加密，将电子标签返回的数据解密后送到主机。

（3）数据管理系统。

数据管理系统主要完成数据信息的存储及管理，对卡进行读写控制等。

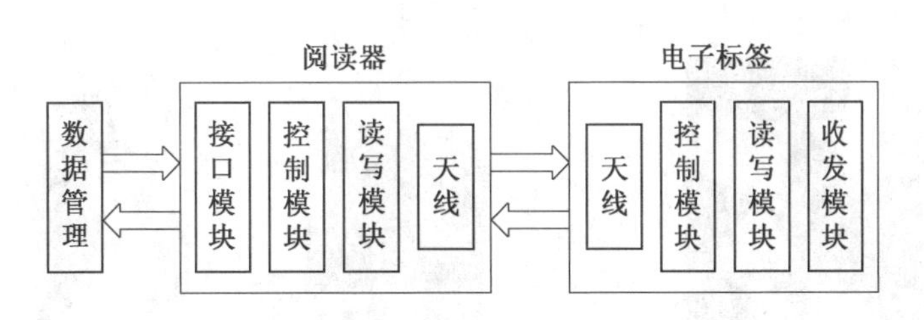

图 4.54　RFID 系统原理框图

2. 应用分析

下面主要具体分析研究射频识别在交通、门禁安保、零售和图书管理领域的应用。

（1）交通领域。

高速公路自动收费系统，也称为不停车收费系统（Electronic Toll Collection，ETC）。其工作流程大致为：车辆驶入自动收费车道的感应线圈，射频识别标签产生感应电流，向 ETC 系统发送信号，将车辆的信息传输到收费中心；收费中心把收集来的信息进行数据信息判断，并把计算出的结果通过网络传输到收费中心；收费中心处理传输过来的数据，将处理结果即收费标准等传输至收费站，然后收费站对用户自动扣除费用，其工作过程如图 4.55 所示。

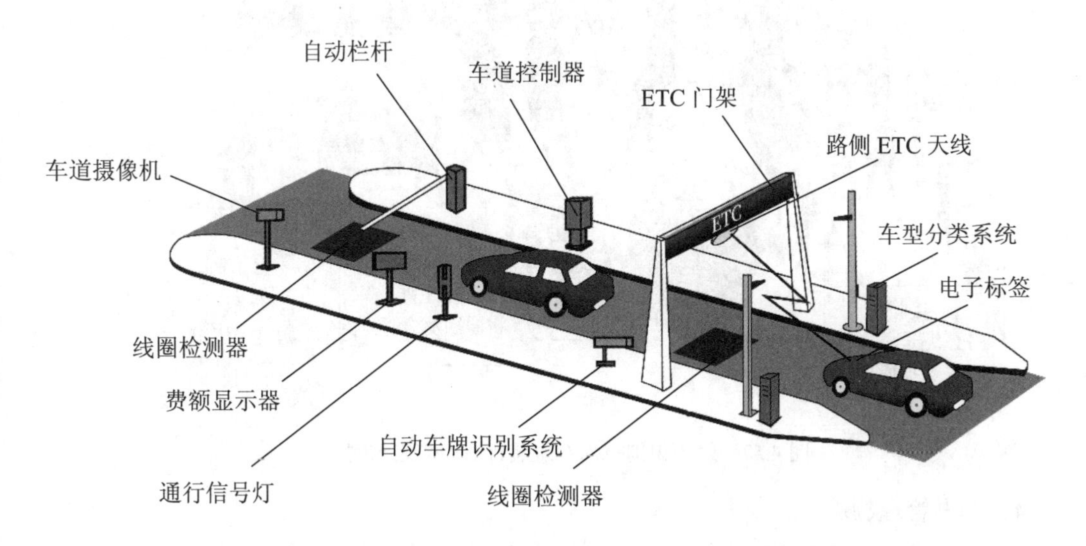

图 4.55　高速公路不停车收费系统工作示意图

（2）门禁安保领域。

将来的门禁安保系统也可应用射频卡作为身份识别载体，并能适用到多个场合，比如用作工作证、出入证、停车卡、饭店住宿卡甚至旅游护照等，以明确对象身份后，简化出入手续，提高工作效率。门禁安保领域应用示例如图 4.56 所示。

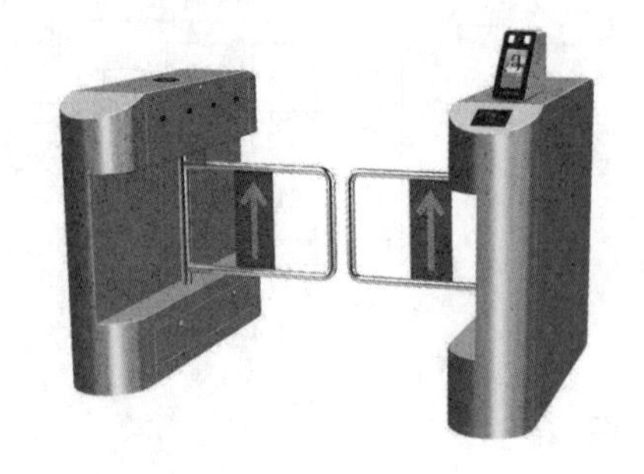

（a）门禁卡　　　　　　　　（b）智能通道闸系统

图 4.56　门禁安保领域应用示例

（3）零售领域。

射频识别技术在零售业有着广泛的应用空间，如商品库存、物流管理（根据 RFID 标签内容和应用系统信息及时跟踪商品的位置）、商品防伪（通过唯一性标识以及联网的数据查询系统鉴别物品真伪）、购物自动结算等，如图 4.57 所示。

图 4.57　射频识别技术在服装行业中应用示例

（4）图书管理领域。

图书馆应用射频识别可以取代所有条形码和防盗磁条的全部功能。RFID 技术可以用于实现文献信息采集、书籍的自助借还、图书统计补缺、门禁防盗、信息管理智能化等功能，如图 4.58 所示。

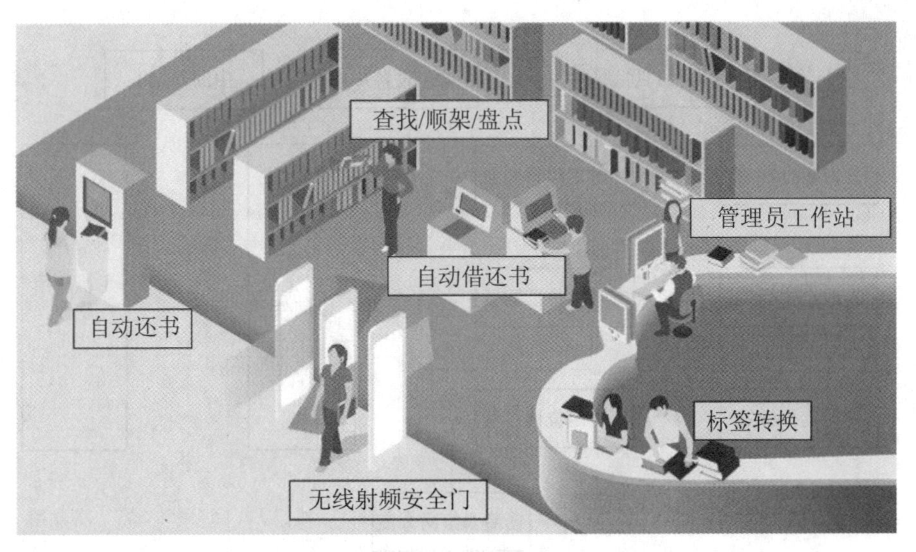

图 4.58　图书馆 RFID 管理系统示例

4.10　实时定位技术

随着物联网的发展和对目标物体定位需求的增加，催生了射频技术在实时定位领域的广泛应用。尽管目前 GPS/GPSOne、蓝牙定位技术、红外线定位技术、超声波定位技术以及超带宽技术等常见定位技术被广泛应用，但由于实时定位技术与其他定位技术相比具有非视距、非接触、定位精度高、无定位盲区、空间定位感强的优点，使得该技术在物料跟踪与定位、车辆的运输与调度以及仓储管理等领域发挥着越来越重要的作用。

4.10.1　概念及特点

1. 概念

实时定位系统（Real Time Locating Systems，RTLS）是一种特殊的局部定位系统，通过若干个信号接入点对区域内待识别标签进行数据交换并计算出标签位置。标签可以采用主动式或被动感应式。

（1）主动式。

主动式通过 AOA（基于到达角度定位）、TDOA（基于到达时间差定位）以及 RSSI（基于信号强弱定位）来实现，其特点是定位精度高，不易受干扰。

（2）被动感应式。

被动感应式采用基于信号强度的方法进行位置计算，这种定位方式容易受到金属物等障碍物的影响，从而易出现偏差。

实时定位系统的构架如图 4.59 所示。

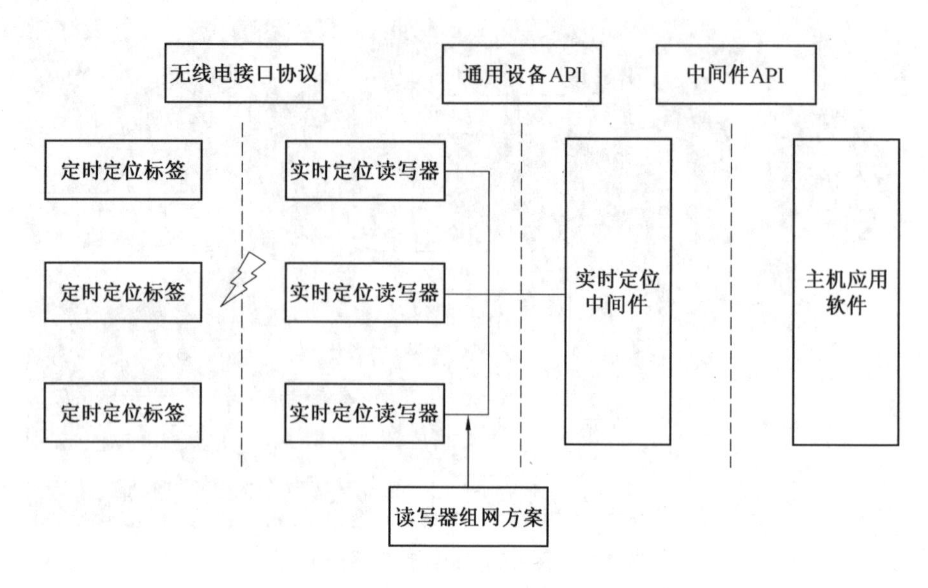

图 4.59　实时定位系统的构架

2. 特点

实时定位系统的主要特点如下。

（1）实现技术手段丰富，可以针对不同的应用环境择优选择。

（2）系统搭建复杂度较低，无须投入巨额成本。

（3）智能化水平高，可以与已有视频监控网络有效融合，提高安全控管层级。

（4）在非可视条件下，对于目标位置的定位和历史轨迹追踪具有明显优势。

4.10.2　技术及应用

1. 主要实现技术及对比

目前，室内实时定位系统通常采用超声、红外、超宽带（UWB）、窄频带等技术，在带宽、精度、墙体穿透性、抗干扰能力等方面存在各自的特点，几种室内实时定位技术性能比较见表 4.4。

表 4.4　几种室内实时定位技术性能比较

<table>
<tr><th colspan="5">分类</th><th>频率</th><th>带宽</th><th>精度</th><th>墙体穿透性</th><th>贴标签</th><th>抗回波干扰</th></tr>
<tr><td colspan="5">超声</td><td>非常高</td><td>非常高</td><td>非常高</td><td>不能</td><td>非常高</td><td>非常好</td></tr>
<tr><td rowspan="5">电磁</td><td colspan="4">红外</td><td>非常高</td><td>非常高</td><td>非常高</td><td>不能</td><td>非常高</td><td>非常好</td></tr>
<tr><td rowspan="4">射频</td><td colspan="3">超宽带</td><td>高</td><td>非常高</td><td>非常高</td><td>好</td><td>非常高</td><td>非常好</td></tr>
<tr><td rowspan="3">常规</td><td colspan="2">窄宽带</td><td>中</td><td>低</td><td>差</td><td>优异</td><td>低</td><td>差</td></tr>
<tr><td rowspan="2">扩展频谱</td><td>信号强度</td><td>中</td><td>中</td><td>差</td><td>优异</td><td>低</td><td>差</td></tr>
<tr><td>达到时间</td><td>中</td><td>中</td><td>中</td><td>非常好</td><td>中</td><td>中</td></tr>
</table>

由于超宽带的综合性能较好，因此目前大多数制造企业都采用了基于超宽带的实时定位系统。

2. 工作模式

目前的实时定位系统有两种模式：一部分采用专用的 RFID 标签与读写器搭建实时定位系统；另一部分则使用现成的 WiFi，并将网络技术运用于实时定位系统中。

（1）基于 RFID 的实时定位系统。

基于 RFID 的实时定位系统是一种特殊的 RFID 系统，它的电子标签信号被系统中至少 3 个天线接收，并利用信号数据计算出标签的具体位置。

普通 RFID 和实时定位系统之间的差别是 RFID 标签是在移动经过固定的某点时被读出，而实时定位系统标签被自动连续不断地读出，不论标签是否移动，连续读取的间隔时间由用户确定，使用实时定位系统确定货物的位置时，不需要进行干涉或处理。

①系统组成。

基于 RFID 的实时定位系统由电子标签、读写器、中间件、应用系统四部分组成。系统模型如图 4.60 所示。

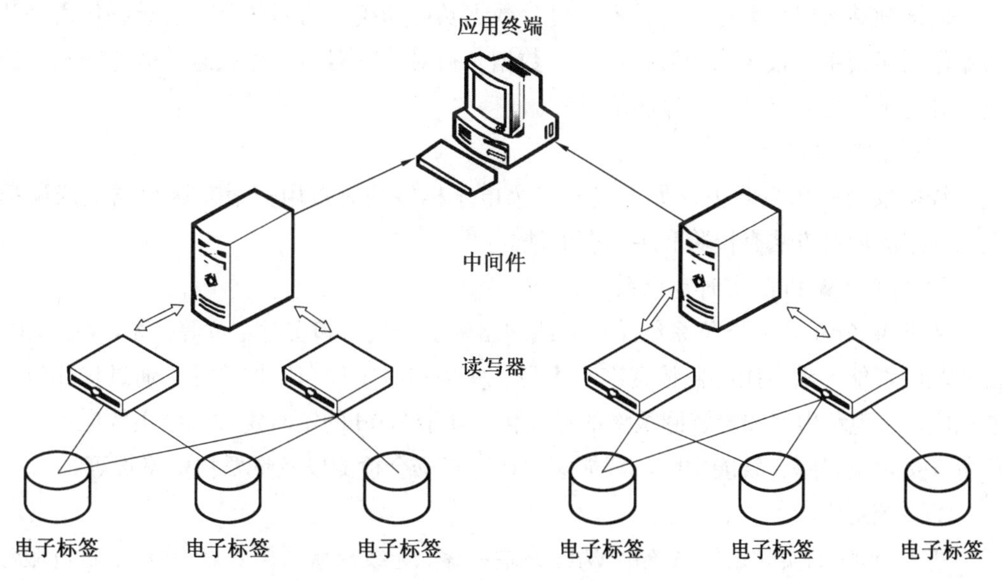

图 4.60　基于 RFID 的实时定位系统模型

a. 电子标签。

电子标签在实际应用中附着在待识别物体的表面，具有唯一的电子编码及相关信息。

b. 读写器。

读写器是数据采集终端，可无接触地读取并识别电子标签中所保存的电子数据。

c. 中间件。

中间件是实时定位系统的核心设备，提供适合的接口使应用环境与 RFID 前端设备能够进行数据交换。

d. 应用系统。

应用系统正常运行时读写器将接收到的电子标签信息通过中间件传递给服务器，服务器进行一系列处理之后，再将信息传回读写器，从而完成产品的确认。

②通信机制。

基于 RFID 的实时定位系统中读写器与电子标签之间的通信机制需要兼顾空中协议、通信模式、数据帧结构以及数据传输安全四个方面的问题。

a. 空中协议。

空中协议指读写器与电子标签间的通信协议，采用开发商自定义的私有协议能有效避免信息非法截获、冒名顶替。

b. 通信模式。

处于主动发送态的电子标签按照预约数据帧格式向外发送数据信息，当检测到有效信号，响应该命令，并与读写器进入通信状态；若未与其他电子标签发生信息碰撞，则进入监听状态。通信模式要求误差率在极小范围内。

c. 数据帧结构。

数据帧结构包括前导码、数据长度、数据负荷和校验码四部分。前导码作用是让读写器作同步使用，接下来为数据部分，数据负荷对读写器而言是状态、命令和相应的参数，对电子标签而言是其存储的信息

d. 数据传输安全。

数据安全隐患主要由外界干扰和多个电子标签同时占用信道发送数据造成碰撞引起，常用的应对方法有校验和多路存取法。

（2）基于 WiFi 的实时定位系统。

基于 WiFi 的实时定位系统结合无线网络、射频技术和实时定位等技术，在 WiFi 覆盖的范围，能够随时跟踪监控资产和人员，实现实时定位和监控管理，通过优化资产的能见度，实现利用率和投资回报率的最大化。基于 WiFi 的实时定位系统主要应用在公共场所人员定位跟踪、智能安防，智能家居、环境安全检测以及重要物资监管等。

①系统组成。

基于 WiFi 的实时定位系统由 WiFi 终端程序、无线局域网接入点（AP）、定位服务器（Locating server）组成。基于 WiFi 的实时定位系统网络拓扑结构如图 4.61 所示。

终端包括移动智能设备、PC 或 WiFi 定位标签，要求有 WiFi 发射器并能安装软件或配置有浏览器的设备。WiFi 接入点提供地址码信息，对传输数据进行加密。

定位服务器保存无线局域网接入点注册的数据，各个移动终端的接入位置信息要实时更新，定位计算在服务器上进行。

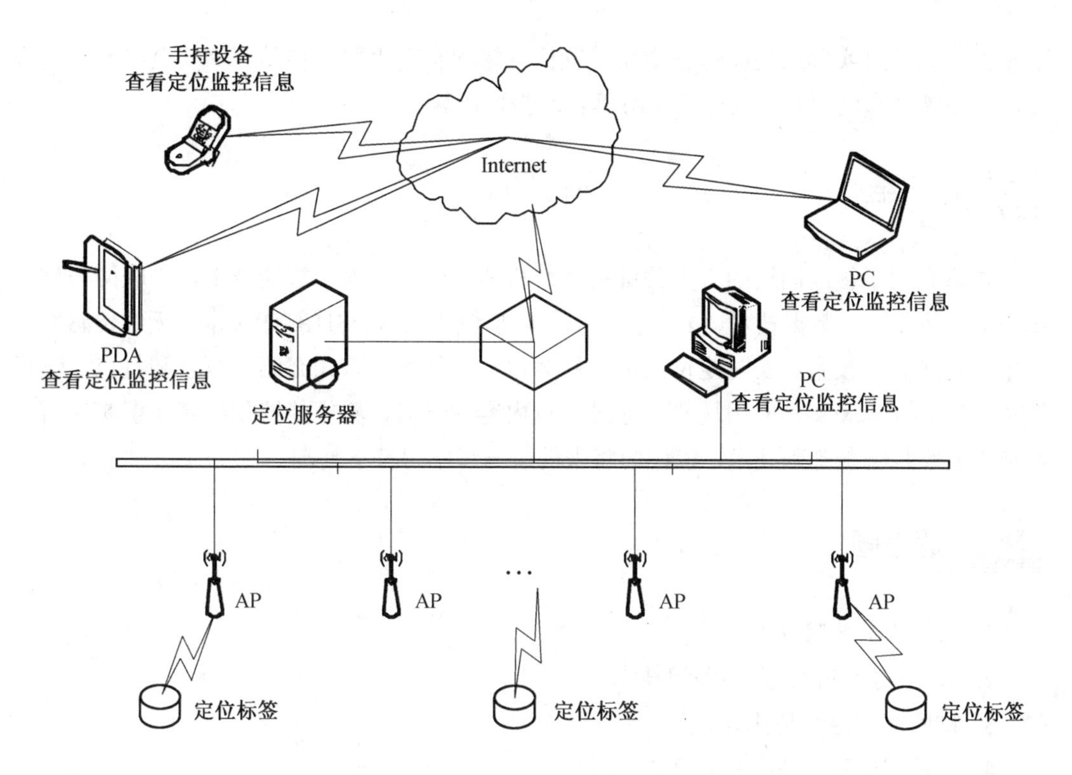

图 4.61　基于 WiFi 的实时定位系统网络拓扑结构图

②工作原理。

在 WiFi 覆盖区，标签在工作时发出周期性信号，发射周期可由用户根据实际需要自行设置，每个定位标签具有与相应人员和物品信息相关联的电子编码。无线局域网接入点接收到信号后，将信号传送至定位服务器。服务器识别 RSSI 值，根据信号的强弱或到达时差计算出定位标签的位置，并在二维电子地图上显示位置信息。定位标签可以佩戴在人员身上或安装在物品、车辆上。通常基于 WiFi 的实时定位系统对资产和人员定位的精度最高可达 1 m，视现场环境一般可达 3 m 左右。

3. 应用分析

（1）外来人员、车辆管理。

智能化楼宇（社区）一般均由无线局域网覆盖，因此实时定位系统不需要重新搭建无线局域网，利用已有无线局域网即可。实时定位系统利用 WiFi 定位电子标签与服务器，可实现的管理功能包括长时间静止自动报警，进入或者走出禁止区域自动报警，外来人员在监控区域内消失自动报警等。

（2）重要资产追踪、防盗报警。

在需要监控的区域搭建无线局域网，根据监控物品的大小以及定位精度，确定无线局域网接入点的铺设。然后在物品上绑定电子标签，就可以实现对重要资产的追踪和防盗报警，具体可实现的功能包括物品放置位置错误自动报警，物品存储安全状态自动报警，物品被盗自动报警，仓库物品滑落自动报警等。

小 结

本章介绍了智能制造的十大关键技术：机器人技术、人工智能技术、物联网与信息物理融合系统、大数据技术、云计算技术、虚拟现实技术、3D 打印技术、无线传感网络技术、射频识别技术、实时定位技术。针对每一项技术，首先介绍了概念和特点，然后介绍了核心技术和实际应用场景。通过本章内容的学习，希望能够使读者了解实现智能制造需要掌握哪些基础技术，以便为将来的进一步学习打下基础。

思考题

1. 机器人分为哪几类？
2. 人工智能包含哪几项关键技术？
3. 物联网的定义是什么？
4. 大数据的基本特征是什么？
5. 云计算有哪几种服务模式？
6. 虚拟现实系统包括哪些组成部分？
7. 请简述 3D 打印技术的基本原理。
8. 无线传感网络有哪些基本组成要素？
9. 射频识别技术的系统组成包括哪些部分？
10. 实时定位技术有哪两种工作模式？

第二部分　项目应用

第 5 章　智能制造生产线项目规划

※ 智能制造生产线项目分析

5.1　项目概况

5.1.1　项目背景

为了推动智能制造产业发展，构建智能制造生态圈正在加紧落实，围绕工业 4.0 与中国智能制造 2025 先进理念，国内涌现了一批自主研发的无人智能制造生产线，包含多种不同应用服务的机器人、多套自主研发的实时视觉和在线检测系统，以及 MES 系统和工业互联网，可实现全智能无人生产和个性化柔性定制，具备加工周期短、节拍快、定制化的特点。智能制造生产线应用场景如图 5.1 所示。

图 5.1　智能制造生产线应用场景

通过智能制造生态圈的构建，首先解决了传统制造企业人工成本高、劳动力短缺等问题；其次在使用大量国产机器人的同时，促进了国内机器人行业的发展及知名度；最终为我国智能制造行业的相关企业培养人才，赋能中国“智造”。

五金炊具随处可见，它与人们的生活息息相关，也可以说人们的生活是离不开炊具的，如厨房里的锅、铲、刀等。随着社会的发展，人们的生活水平在不断地提高，因此对炊具的要求也在不断地提高。传统的炊具制造业对人工较依赖，对生产工艺的严苛要求给生产带来了相当大的难度，随着人工成本的快速上升，传统落后的轻工行业初级生产模式，给企业带来了巨大的生存压力，企业竞争力与美国、德国、日本等国家相比具有一定差距。

针对个性化、定制化、高端化的产品需求，现代工厂需要打通炊具产品研、试、产环节，集成各个环节的智能化管控平台，实施客户需求的定制化管理、原材料选型的柔性管理、库存的柔性管理、生产工艺路线选择的柔性管理、生产装备的柔性管理，以及与柔性管理相匹配的计划、生产、物流、交付等信息化系统模块，实现对客户个性化产品需求从研发到交付的全过程柔性化管控和最敏捷反应。

爱仕达创建于 1978 年，凭借强大的研发和制造能力，爱仕达已经成为世界炊具行业最大的生产基地之一，产品品质得到世界炊具行业的一致认可，并与 50 多家世界知名炊具品牌建立了长期的战略合作关系。经过最近几年的转型升级，已打造成一家经营智能炊具、智能家电、智慧家居和工业机器人及智能制造产业的、国际化的科技公司，拥有多个知名国际品牌。因看到传统制造模式的不足，同时因自身产业升级对机器人和智能制造有着实实在在的需要，爱仕达打造了智能工厂，如图 5.2 所示，对质量提升、成本下降、库存周转、效率提升等有着显著效果，并运用工业互联网、云计算、大数据分析对企业经营绩效进行持续性的改善。

图 5.2　爱仕达智能工厂

近几年，爱仕达同时构建和提高了机器人研发、制造和应用的核心竞争能力，布局了爱仕达智能制造生态圈。爱仕达炊具行业智能制造生态圈是一个开放的体系。

5.1.2　项目意义

目前，智能制造的主要重点在智能制造技术及智能制造装备产业发展方面，应将智能制造技术贯穿于产品的工业设计、生产、管理和服务的制造活动全过程，不仅包括智能制造装备，还要包括智能制造服务。制造业实现制造生产的智能化，不仅加快企业升级改革，实现数字化工厂，同时还能结合现有的科技，不断地应用到企业的生产制造中，实现智能生产制造，加强企业的市场竞争力。

智能制造为企业带来的价值，主要体现在以下几个方面，如图 5.3 所示。

（1）提高产品质量。智能制造通过生产前预防、生产中监控和生产后分析等质量管控方法，从而提高产品质量水平。

（2）实现精益生产。智能制造通过触发式自动数据采集，减少录入环节，为各级生产管理人员提供所需的实时生产数据。

（3）实现生产透明化。智能制造通过实时采集生产信息，全面了解生产进度，消除生产管理“黑箱”，智能实现生产的全透明化管理。

（4）提高生产执行能力。智能制造采用先进的制造物联技术，规范管理，为制造企业提供核心竞争力。

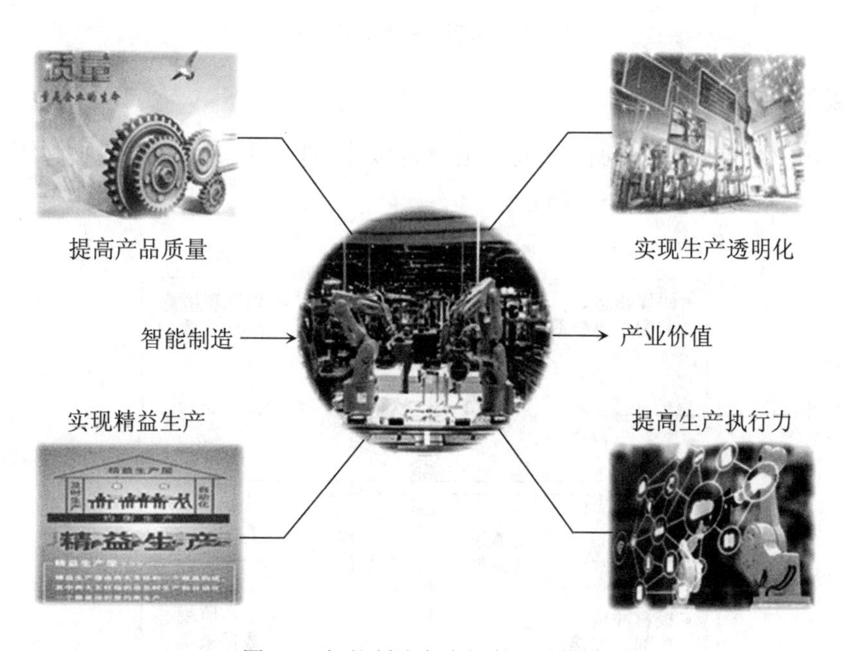

图 5.3　智能制造产线与产业的价值

5.2 项目需求

5.2.1 项目任务

在本书中，智能制造生产线的项目任务旨在加强读者对智能制造产线的了解，以及熟练掌握智能制造产线的原理及应用。具体任务如图 5.4 所示。

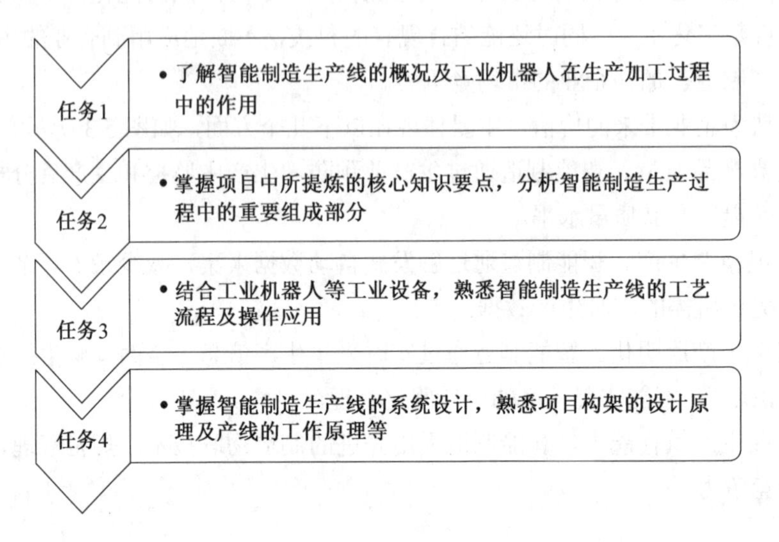

图 5.4　智能制造产线项目任务

5.2.2 项目要求

智能制造生产线的生产加工过程，要具备多种工艺流程、多项先进技术等，本项目设计的生产线系统要求如图 5.5 所示。

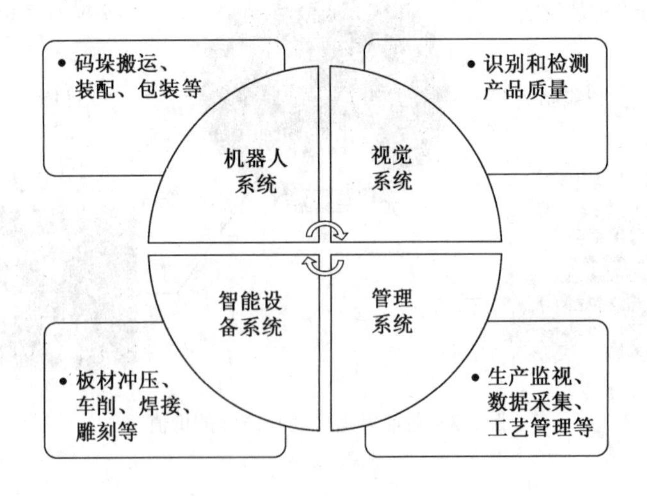

图 5.5　生产线系统要求

5.3　项目分析

5.3.1　加工对象

本智能制造生产线的加工对象为不锈钢片（含有特殊涂料），最终产品是不同颜色的定制化不粘锅，如图 5.6 所示。不粘锅主要由涂层、内锅和外锅、手柄等组成，其中手柄与锅体使用螺丝紧固，可方便携带和更换。

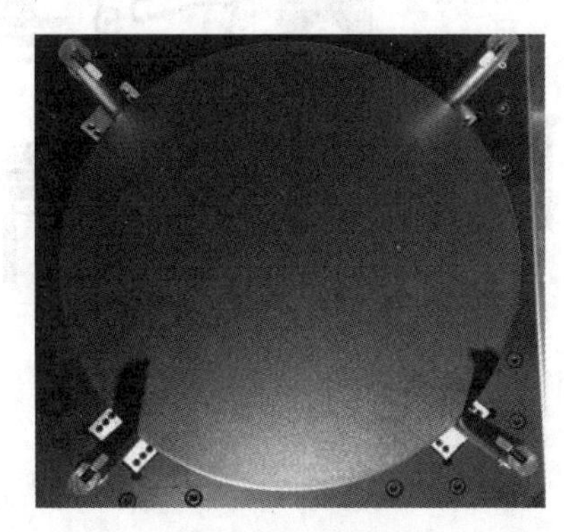

（a）加工前正面图

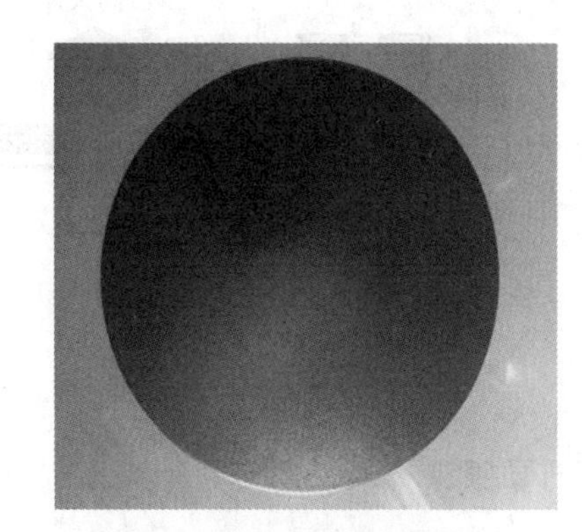

（b）加工前背面图

（c）不粘锅正面图

（d）不粘锅背面图

图 5.6　智能制造生产线加工产品对象

5.3.2　生产流程

本智能制造生产线项目中，整个生产流程通过钱江机器人与智能设备相结合，完成机器人上下料、机床冲压、机床车削、视觉检测、激光清洗、螺柱焊接、扭力检测、装配定位、激光打标、自动包装、智能仓储等生产过程。每个加工单元和工艺流程都至关重要，每一个加工单元的质量直接影响整个生产过程的进度，因此生产线的工序与工艺是保障产品质量的基础。

在实际生产过程中，往往涉及一些除工艺外的操作环节或操作步骤，生产流程的总体示意图如图 5.7 所示。

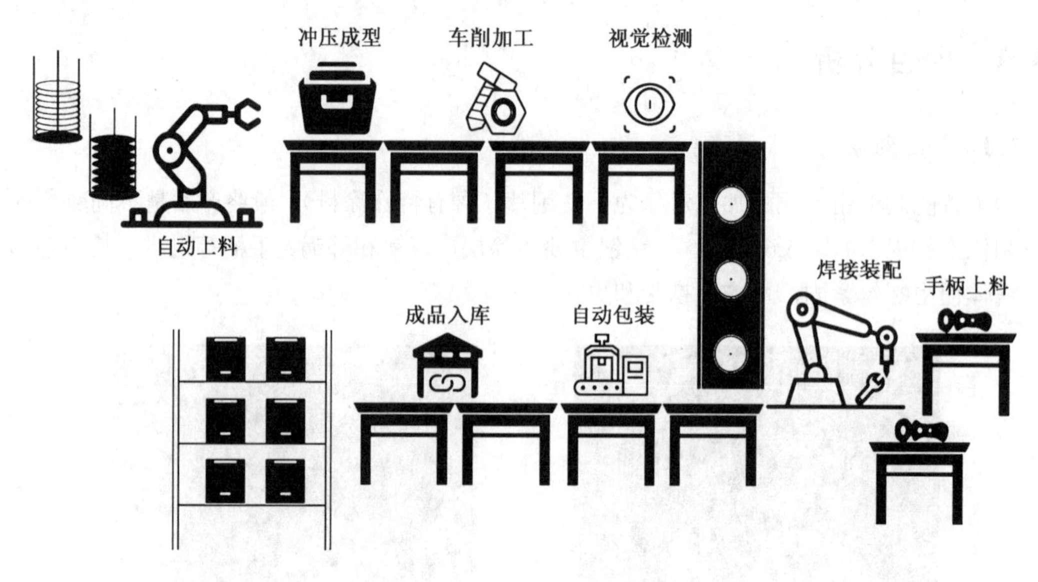

图 5.7　生产流程总体示意图

5.3.3　订单跟踪

实际上，智能制造生产线“智能化”的特点，也体现在用户的需求方面，如个性化定制产品、了解产品加工的过程、查看产品的质量及交期等，智能制造生产线是如何实现这些功能的呢？

在智能制造生产过程中，用户通过互联网下单，个性化定制所需产品，如本产线的不粘锅颜色选择“红色”，打标“润品”字样等。用户在下单时，通过云端将数据传送给 MES 系统，MES 系统根据客户需求转化为生产订单，智能产线便按照订单加工生产。在生产活动中，由 MES 系统进行管理，具有透明化、可视化等特点，智能化生产结束后，交付用户，便可放心使用。订单跟踪流程图如图 5.8 所示。

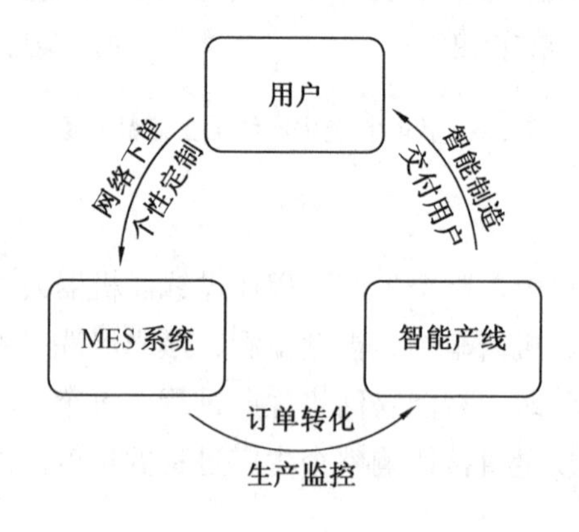

图 5.8　订单跟踪流程图

5.4　项目要点

5.4.1　智能产线的元素

制造系统的核心要素可以用 5 个 M 来表述，即材料（Material）、装备（Machine）、工艺（Methods）、测量（Measurement）和维护（Maintenance），过去的三次工业革命都是围绕着这 5 个要素进行的技术升级。智能制造最重要的要素在于第 6 个 M，也就是建模（Modelling），即通过建模来解决和避免制造系统的问题。

智能制造的关键技术有四大部分：识别技术、实时定位系统、信息物理融合系统及系统协同技术。从广泛的概念上讲，智能制造又包含五个方面：产品智能化、生产方式智能化、装备智能化、管理智能化、服务智能化。

结合润品智能制造生产线的构成，本产线基本满足于智能制造的核心要素及关键技术等部分。以本项目为例，项目要点主要是从典型的代表元素，如工业机器人、生产管理系统（MES）、生产工艺流程、智能设备等方面进行介绍。在本书的后续章节中，也将重点围绕这几个方面进行详细介绍。智能制造生产线项目典型元素如图 5.9 所示。

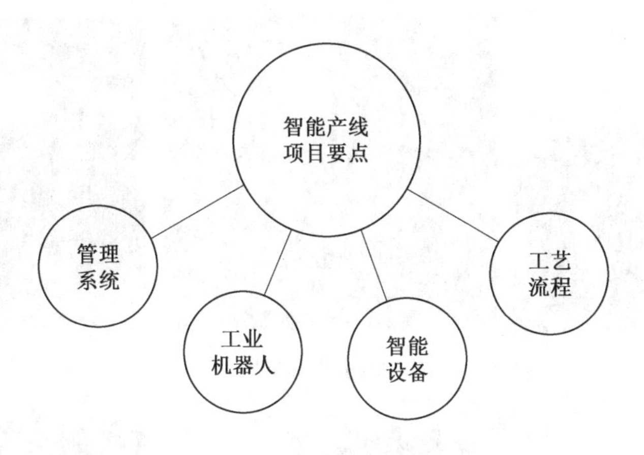

图 5.9　智能制造生产线项目典型元素

5.4.2　工业机器人概述

机器人是先进制造业的重要支撑装备，也是未来智能制造业的关键切入点，工业机器人作为机器人家族中重要一员，是目前技术最成熟、应用最广泛的一类机器人。工业机器人的研发和产业化应用是衡量科技创新和高端制造发展水平的重要标志。在汽车、电子电器、工程机械等众多行业大量使用工业机器人自动化生产线，在保证产品质量的同时，改善了工作环境，提高了社会生产效率，有力地推动了企业和社会生产力的发展。本书将从如图 5.10 所示的几个方面对工业机器人的基础知识进行概述。

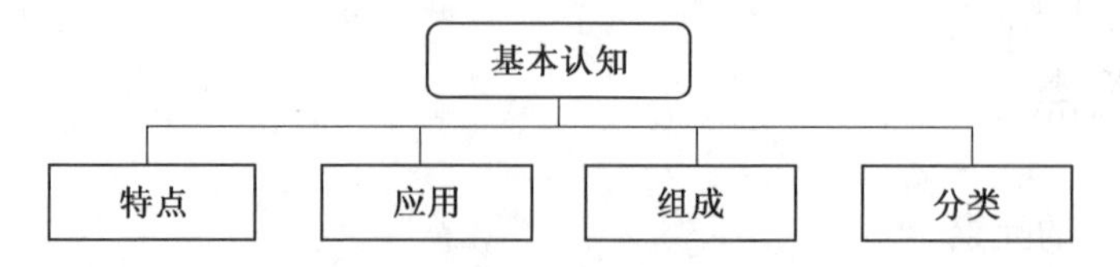

图 5.10　工业机器人基础知识

1. 工业机器人特点

工业机器人通常具有以下几个特点：

➢ 通用性：可执行不同的作业任务，动作程序可按需求改变。

➢ 独立性：完整的机器人系统在工作中可以不依赖于人的干预。

➢ 智能性：具有不同程度的智能功能，如感知系统、记忆等提高了工业机器人对周围环境的自适应能力。

2. 工业机器人分类

工业机器人按结构运动形式分为：直角坐标机器人、柱面坐标机器人、球面坐标机器人、多关节型机器人、并联型机器人等，如图 5.11 所示。

注：图中标注箭头均表示转动的方向，标注字母均表示自由度。

（a）直角坐标机器人

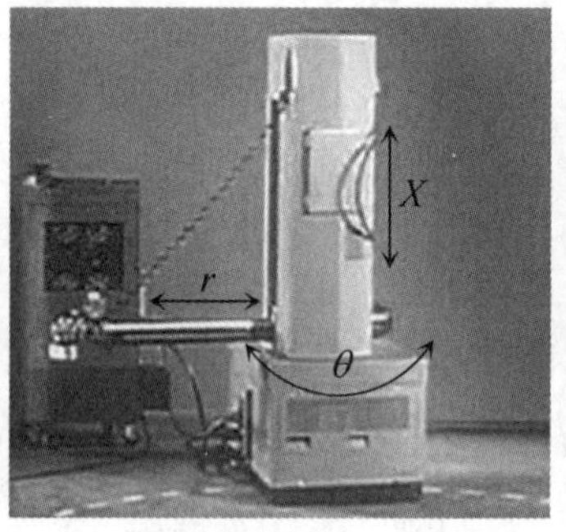

（b）柱面坐标机器人

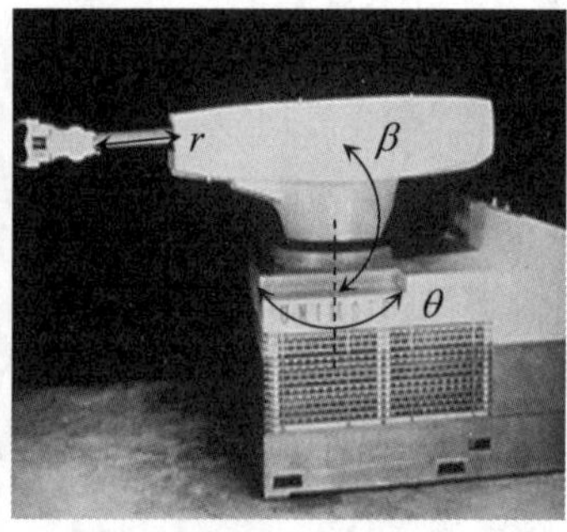

（c）球面坐标机器人

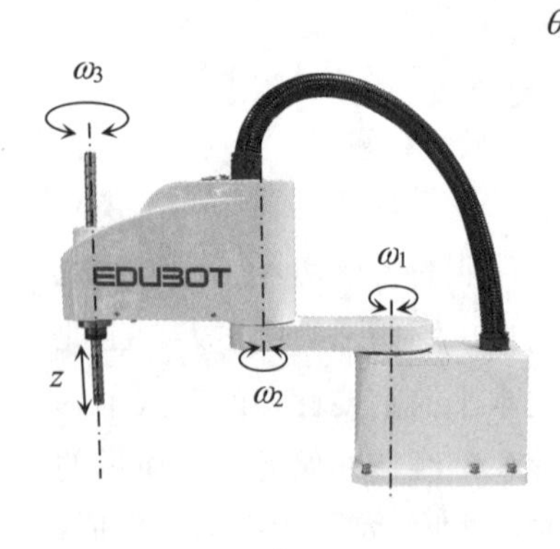

（d）水平多关节型机器人

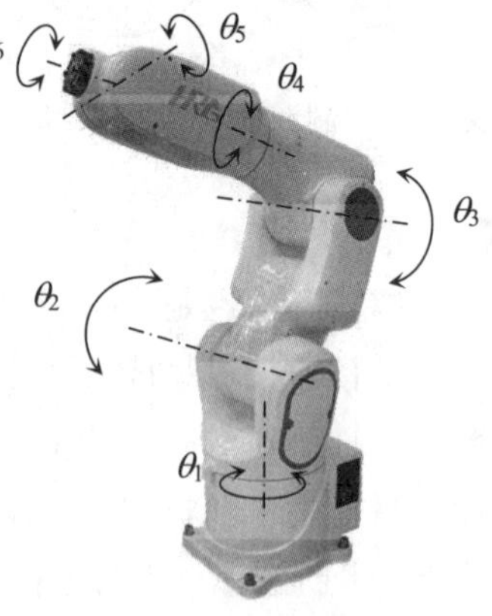

（e）垂直多关节型机器人

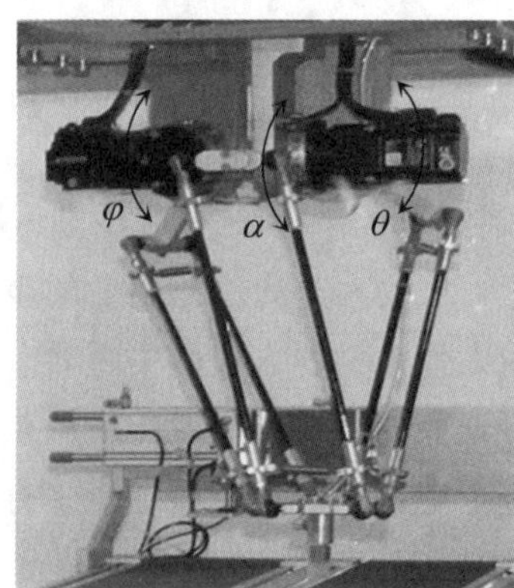

（f）DELTA 并联机器人

图 5.11　工业机器人分类

3. 工业机器人主要技术参数

机器人的技术参数反映了机器人的适用范围和工作性能，主要包括自由度、额定负载、工作空间、最大工作速度、分辨率和工作精度，其他参数还有控制方式、驱动方式、安装方式、动力源容量、本体质量、环境参数等，如图 5.12 所示。

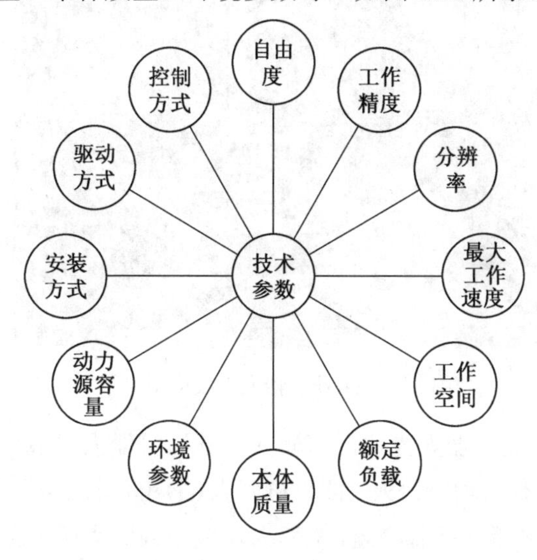

图 5.12　工业机器人技术参数

4. 工业机器人组成

工业机器人一般由 3 部分组成：操作机、控制器和示教器，如图 5.13 所示。

其中，操作机又称机器人本体，是工业机器人的机械主体，是用来完成规定任务的执行机构；控制器又称电控柜，可根据机器人的作业指令程序以及传感器反馈回来的信号，控制执行机构完成规定的运动和功能；示教器也称示教盒，可用来点动操作工业机器人，编写、测试和运行机器人程序，设定、查阅机器人状态和位置等。

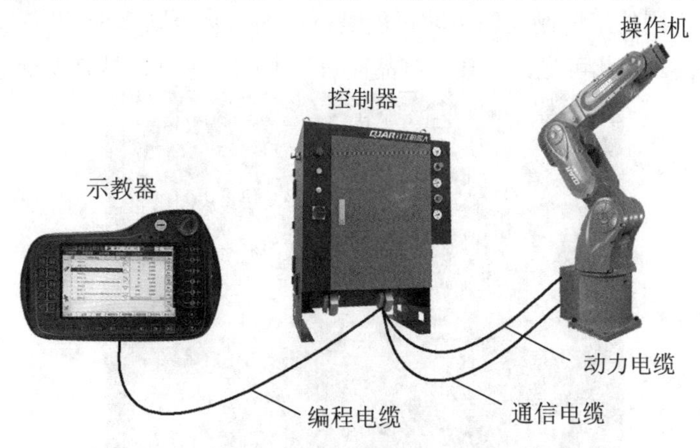

图 5.13　工业机器人组成及电气连接

5. 工业机器人应用

工业机器人主要用于汽车、3C产品、医疗、食品、通用机械制造、金属加工、船舶等领域，用来完成搬运、焊接、喷涂、装配、码垛和打磨等复杂作业，如图5.14所示。

图5.14 工业机器人产线应用场景

本产线所使用的工业机器人为钱江机器人，钱江机器人已成为国产高品质工业机器人品牌。钱江机器人拥有六轴机器人、四轴机器人、Delta并联机器人等机器人构型产品，负载能力从3～800 kg不等。目前，钱江机器人在多个领域实现了突破，可熟练实施焊接、切割、喷涂、打磨抛光、分拣、装配、上下料、搬运码垛等多种工艺，广泛应用于汽摩配、3C、五金、食品饮料、金属加工等行业。

5.4.3 生产工艺的流程

生产工艺流程，是指在生产过程中，劳动者利用生产工具将各种原材料、半成品通过一定的设备、按照一定的顺序连续进行加工，最终使之成为成品的方法与过程。汽车生产工艺流程场景如图5.15所示。制定生产工艺流程的原则是技术先进和经济上的合理。由于不同工厂的设备生产能力、精度以及工人熟练程度等因素都大不相同，所以对于同一种产品而言，不同的工厂制定的工艺可能是不同的，甚至同一个工厂在不同时期制定的工艺也可能不同。由此可见，就某一产品而言，生产工艺流程具有不确定性和多样性。

图5.15 汽车生产工艺流程场景

工艺流程设计由专业的工艺人员完成，设计过程中要考虑流程的合理性、经济性、可操作性、可控制等各个方面。生产工艺流程设计的主要内容有：组织和分析、流程图绘制。

流程的组织包括以下几个基本要求：能满足产品的质量和数量指标、具有经济性、具有合理性、符合环保要求、过程可操作、过程可控制。

工艺流程的设计也注重以下几个方面：采用成熟、先进的技术和设备；减少三废排放量，有完善的三废治理措施，减少或消除对环境的污染，并做好三废的回收和综合利用；确保安全生产，以保证人身和设备的安全；采用机械化和自动化，实现稳产、高产。

生产工艺流程图分为各个层级，不同层级有着不同的受众，关注的重点不同，要求各异。基础流程图要求表明主要物料的来龙去脉，描述从原材料至成品所经过的加工环节和设备等；更细化的流程图则须用符号标明各个环节的关键控制点，甚至具体到产品的工艺参数等，这类流程图是施工的依据，也是操作、运行和维修的指南。

本智能制造生产线在生产过程中涉及的主要工艺流程如图 5.16 所示，其中冲压成型、车削加工、压力焊接、装配定位、自动包装、智能仓储等为本项目提炼的六个典型工艺项目。

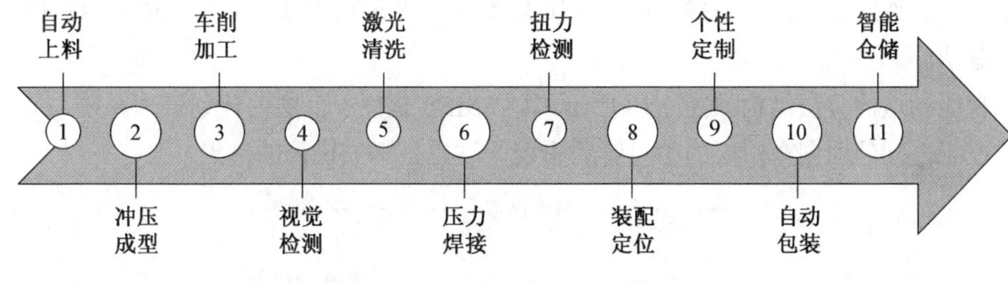

图 5.16　生产工艺流程示意图

结合以上的工艺流程设计要点，本产线基本满足于设计时的需求。每一种工艺过程都有一个典型的智能设备作为生产的主要硬件构成，用于与前后两个工艺流程的交接和信号的交互。

5.4.4　管理系统的功能

生产管理系统是指对企业生产结构进行优化管理的信息化手段，可实现生产资产、资源上的有效整合，从而实现企业生产管理信息化、智能化，有助于企业创造更大的生产价值。在企业信息化组成的建设上，信息系统范围广泛且交错复杂，从工业控制的角度出发，其组成结构如图 5.17 所示。

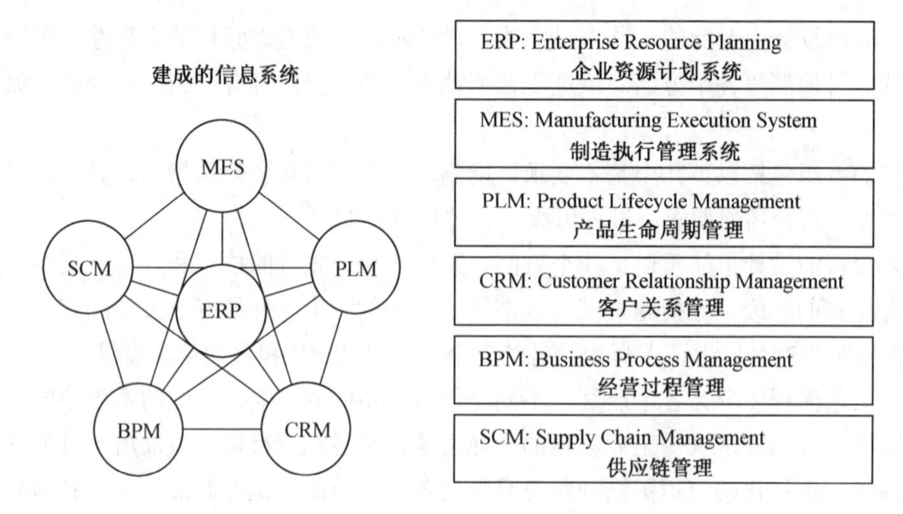

图 5.17　信息系统组成结构

根据 CIM 公共信息管理模型，以面向对象的分析和设计方法，建立通用的信息模型，统一的数据结构，模块化、标准化功能或组件等是建立企业信息化及生产过程自动化最有效的思路。

信息模型应定义三个层面的内容：要描述哪些对象和数据，如何组织对象和数据，规定智能制造装备信息模型描述格式（如 XML）以及通信方式，即信息模型+描述格式+通信驱动。

智能制造的分层结构如图 5.18 所示，其中 MES 是位于上层的计划管理系统与底层的工业控制之间的面向车间层的信息管理系统，这也是本书讨论的重点。

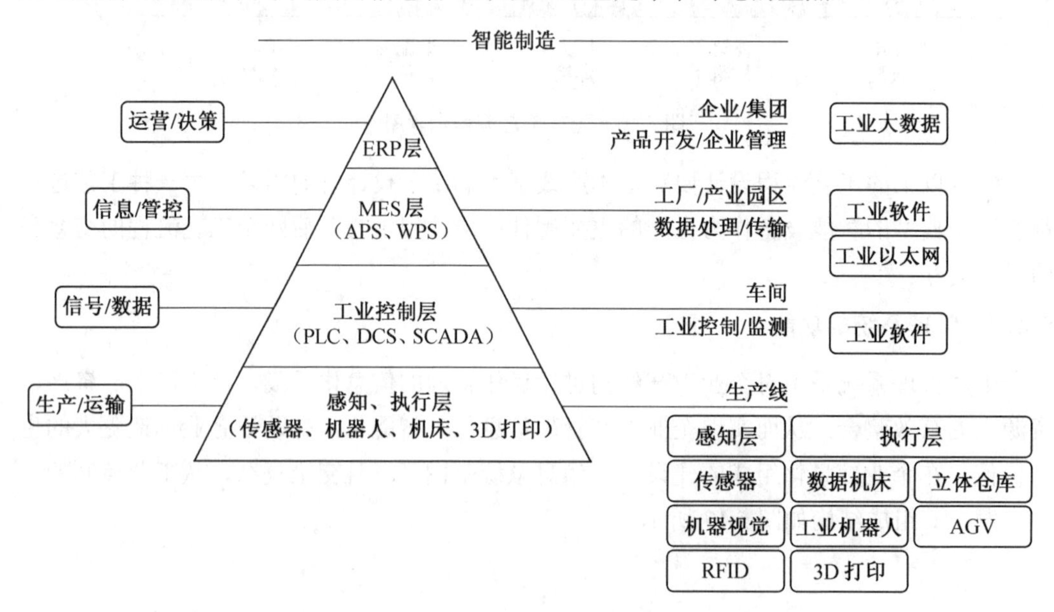

图 5.18　智能制造分层结构图

结合以上的管理系统及互联网应用，把数控自动化设备（生产设备、检测设备、运输设备，机器人等）互联互通，达到感知状态（客户需求、生产状况、原材料、人员、设备、生产工艺、环境安全等信息）、实时数据分析，从而实现自动决策和精确执行命令的自组织生产的精益管理车间。智能制造云平台的应用构想如图 5.19 所示。

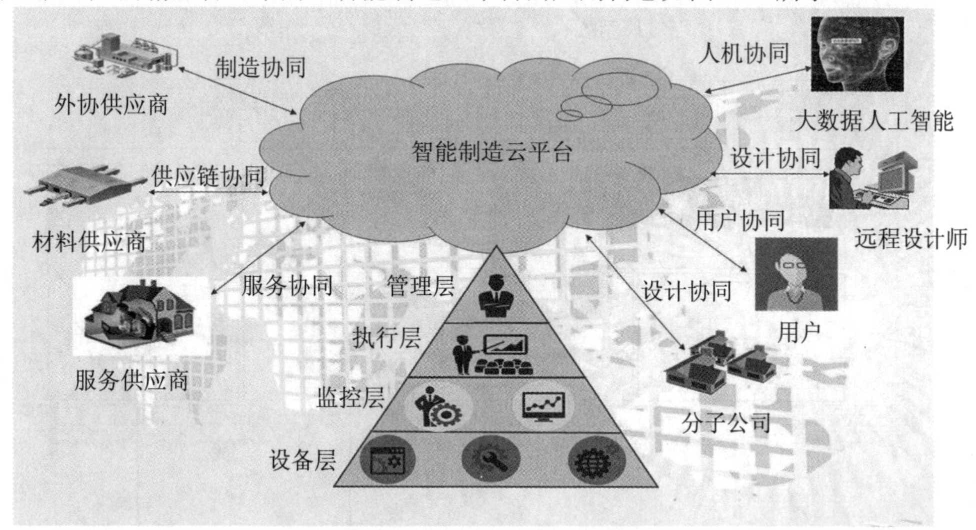

图 5.19　智能制造云平台的应用构想

5.5　项目步骤

※ 智能制造生产线项目步骤

5.5.1　项目组成结构

本智能制造生产线（润品智能制造生产线）的总体项目结构相对比较复杂，如果单纯地在项目总体上着手实施，则项目不能有序地进行。因此，按照生产工艺流程和智能管理控制要求，在项目构成上可以提炼为六个典型项目，每个独立的子项目又有具体的实施计划，如图 5.20 所示。将项目拆分的形式，有助于分析项目的设计原理及结构，以及对子项目的组装调试，从而对整体项目的调试运行带来更大的效率和便利。

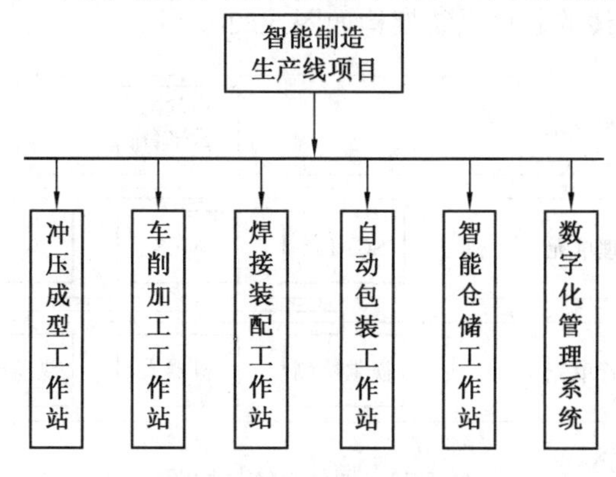

图 5.20　项目组成结构

结合智能制造生产线项目组成结构中所提炼的六个典型项目，基本上每个项目都由工业机器人作为工作站的典型代表，配合智能设备完成生产加工任务。本产线的项目整体效果图如图 5.21 所示。

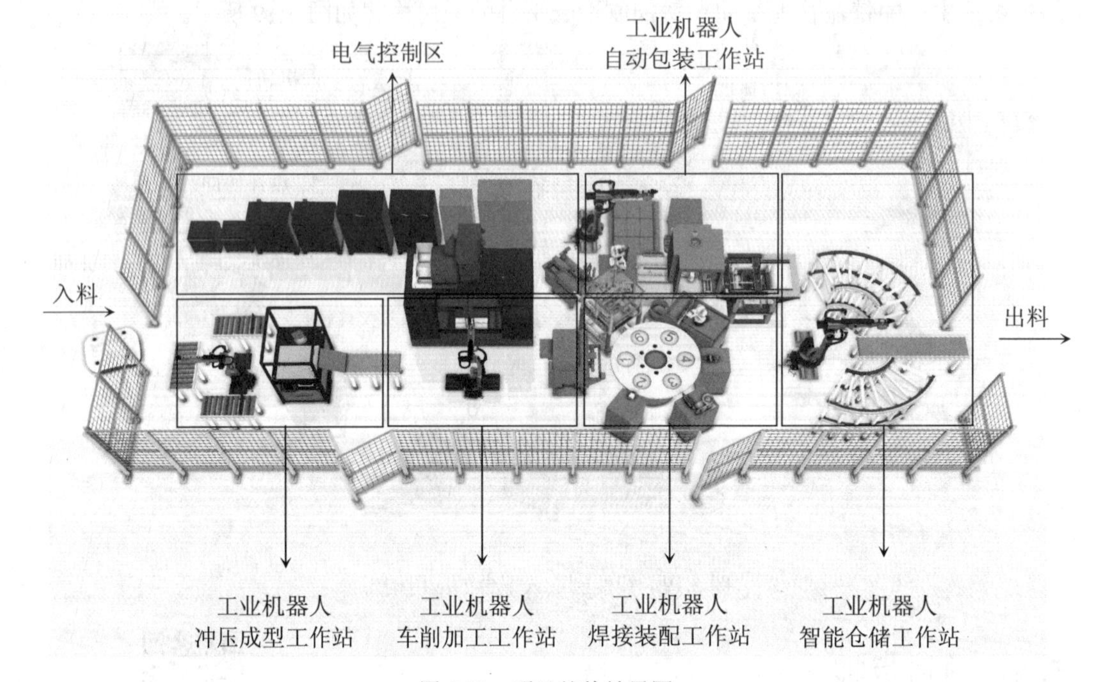

图 5.21　项目整体效果图

以上就是智能制造生产线项目提炼的六个典型项目，在后续章节中将详细介绍这六个典型项目。

5.5.2　硬件系统组成

本智能制造生产线由 6 套钱江工业机器人，4 套数字化智能装备及自主研发的物联网平台（ARX+机器人云平台），1 套视觉检测系统（ARHawkVision）、MES（ARiMES）系统、SCADA（爱仕达 ARMI 数据采集）系统、WMS（ARiWMS）系统等组成。

润品智能制造生产线的硬件系统架构如图 5.22 所示。

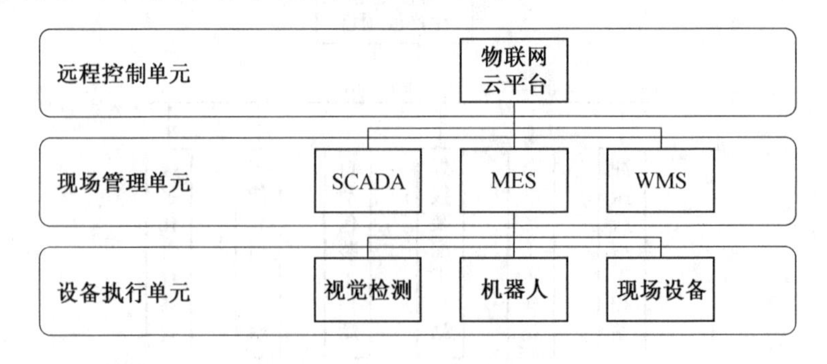

图 5.22　硬件系统架构图

5.5.3　控制系统架构

生产线控制系统的核心是 MES 系统，由集成的 MES 系统统一管理和协调机器人控制系统、PLC 控制系统、数控机床控制系统、视觉系统以及其余外围设备等。为了满足柔性化生产以及个性化定制，每个独立的控制系统都要协同生产，并最终由 MES 系统进行实时管理。在本智能制造生产线中，控制系统的架构主要分为三个部分：数字管理单元、控制系统单元、现场设备单元，如图 5.23 所示。在以下的工作站介绍中，主要围绕这三部分重点讲解。

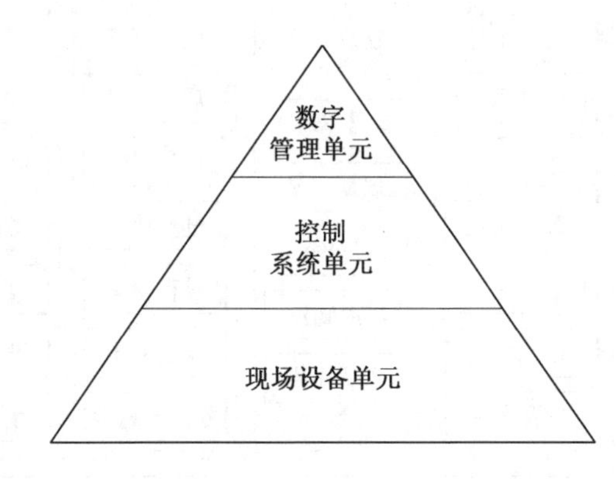

图 5.23　控制系统架构图

1. MES 系统

MES 系统具有以下特点。

①采用强大数据采集引擎、整合数据采集渠道（RFID、条码设备、PLC、传感器、IPC、PC 等）覆盖整个工厂制造现场，保证海量现场数据的实时、准确、全面的采集。②打造工厂生产管理系统数据采集基础平台，具备良好的扩展性。③采用先进的 RFID、条码与移动计算技术，打造从原材料供应、生产、销售物流闭环的条码系统。④全面完整的产品追踪追溯功能。⑤生产 WIP 状况监视。⑥Just-In-Time 库存管理与看板管理。⑦实时、全面、准确的性能与品质分析 SPC。⑧基于 Microsoft.NET 平台开发，支持 Oracle/SQL Sever 等主流数据库。⑨系统是 C/S 结构和 B/S 结构的结合，安装简便，升级容易。⑩个性化的工厂信息门户（Portal），通过 WEB 浏览器，随时随地都能掌握生产现场实时信息。⑪强大的 MES 技术队伍，保证快速实施、降低项目风险。⑫不下车间掌控生产现场状况，工艺参数监测、实录、受控。⑬制程品质管理，问题追溯分析。⑭物料损耗、配给跟踪，库存管理。⑮生产排程管理，合理安排工单。⑯客户订单跟踪管理，如期出货。⑰生产异常，及时报警提示。⑱设备维护管理，自动提示保养。⑲OEE 指标分析，提升设备效率。⑳自动数据采集，实时准确客观。㉑报表自动及时生成，无纸化。㉒员工生产跟踪，考核依据客观。㉓成本快速核算，订单报价决策。㉔细化成本管理，预算执行分析。

MES 系统是一套面向制造企业车间执行层的生产信息化管理系统。MES 系统可以为企业提供包括制造数据管理、计划排程管理、生产调度管理、库存管理、质量管理、人力资源管理、工作中心/设备管理、工具工装管理、采购管理、成本管理、项目看板管理、生产过程控制、底层数据集成分析、上层数据集成分解等管理模块，为企业打造一个扎实、可靠、全面、可行的制造协同管理平台，如图 5.24 所示。

图 5.24　MES 系统功能模块

MES 系统具有以下功能。

（1）平台化：成熟的软件平台，专业的产品团队持续对产品平台进行升级完善；客户与 IT 人员可以轻松地基于成熟平台定制、扩展业务；组件化：对常用功能进行了组件化封装（MES Manager：系统管理组件；MES HandsOn：手持设备组件；MES Mobile：移动应用组件；MES Reporter：报表组件；MES Monitor：系统监控组件；Equipment Connector：设备监控组件；……）；缩短项目实施周期、降低项目实施风险。

（2）开放式：基于 SOA 的开放式架构，可以灵活适应企业流程的动态调整；其他系统的集成难度小、风险低。

（3）虚实结合的现场展示：借助 3D 技术，可以动态地对现场业务场景进行实时展现。

（4）互联网移动化应用：只要轻动指尖，就可以随时、随地获取自己需要的数据和指标强大的设备监控分析；实时根据加工产品需要向设备传递加工指令，达到智能制造；实时获取设备的加工数据，分析、监控设备的加工状态。

基于大数据的爱仕达管理云平台如图 5.25 所示。

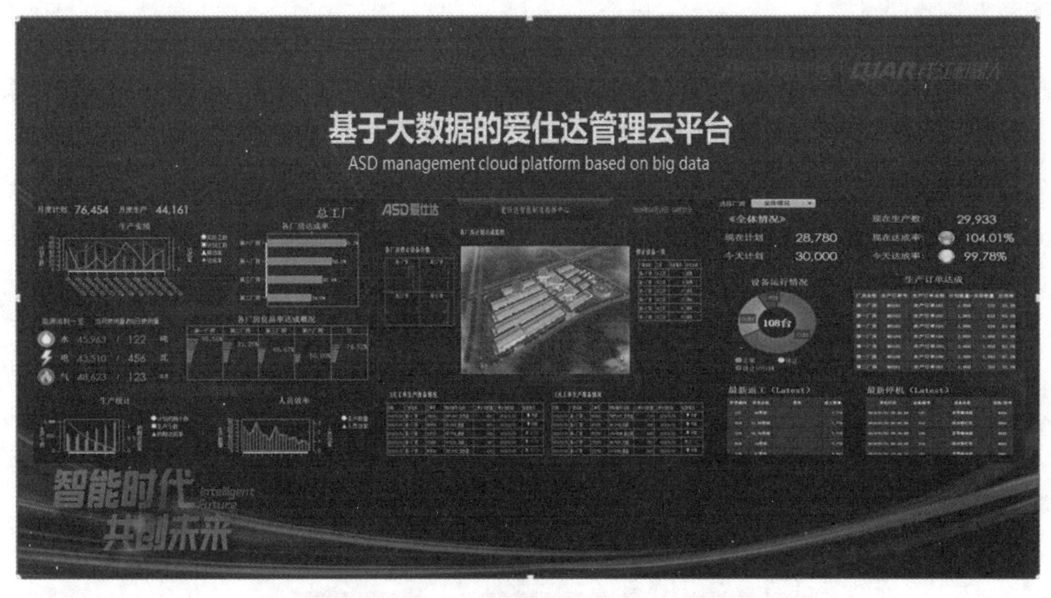

图 5.25　基于大数据的爱仕达管理云平台

2. 柔性制造

柔性制造是指在设计和生产计划执行的过程中，通过工控云服务平台及时将生产进度反馈给客户，客户也可以通过云服务平台与企业交流，提出自己的建议，云服务平台可根据客户的建议对生产计划进行一定的调整。

钱江机器人与爱仕达集团共同为炊具行业大规模个性化定制新模式打开新的领域。在爱仕达智能工厂中，有多条以钱江机器人为本体应用的、各种规格的大规模个性化定制产线。在众多的产线中，其中不粘锅的 C2M 线是大规模个性化定制新模式产线的代表，适用于学校旅游区、大型商场等各种场合的应用和个性化定制销售，如图 5.26 所示。

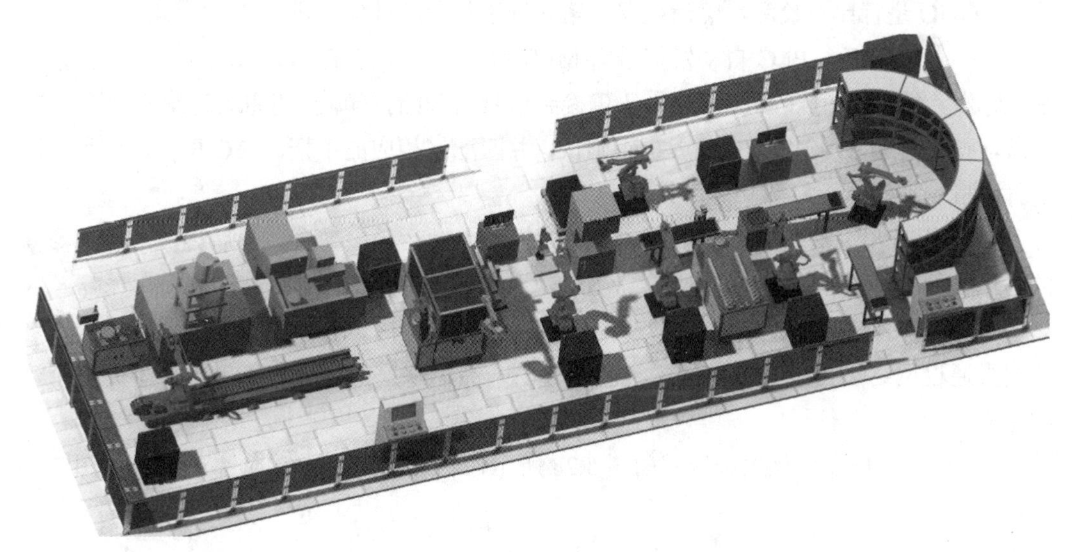

图 5.26　不粘锅个性化定制智能产线 C2M

爱仕达不粘锅 C2M 大规模个性化定制柔性生产线，采用了 7 台钱江机器人，3 套自主研发的视觉系统，2 套具有自主知识产权的免胎具冲孔系统及全自动手柄锅身铆合系统，2 台激光打标系统，可实现全智能无人化生产和定制化柔性定制，整个生产过程如下。

（1）客人扫描，登录 APP 界面，输入自己需要的颜色、定制化的字符，确认后下单（也可以在淘宝或者其他电商平台定制化下单），并选定自取地点或者快递到家，如图 5.27 所示。

图 5.27 客户个性化定制下单流程

（2）爱仕达电商后台系统接到客人下单，生成订单，并传达生产命令（自动传达到相应的产线）。

（3）机器人根据客人下单选择的颜色，通过机器人上片→双张检测→拉伸成型油压机等工序，完成圆片到成型的工艺过程。

（4）接下来经过车床车边、外底部凹度检测，到达冲孔工序，此时视觉系统对锅底部 LOGO 进行比对检测，然后机器人第 6 轴进行角度补偿，进行冲孔。

（5）冲完孔后，PLC 自动发信号给 MES 系统，请求打印字段，MES 系统接到请求后，发送字符给激光打码机，激光打码机接到信号后开始打印，打印完成后发信息给 MES 系统，同时发送 IO 给 PLC，完成扫码确认，并匹配好相应的手柄，PLC 再发送信号给彩盒打码机，在彩盒上打印相应字符。

（6）锅身和手柄完成铆合动作，并通过机器人搬运至中转台。随后完成成品入彩盒的动作并入库，通过 AGV 自动进入 WMS 立体仓储系统。

（7）客人到指定地方，扫描取产品，机器人完成出库，客人带走自己的商品，或者快递员通过网络平台发送过来的二维码，取出产品，将产品送至客人手上，至此整个流程完成。

炊具行业客户个性化生产流程如图 5.28 所示，不粘锅个性化 C2M 系统流程如图 5.29 所示。

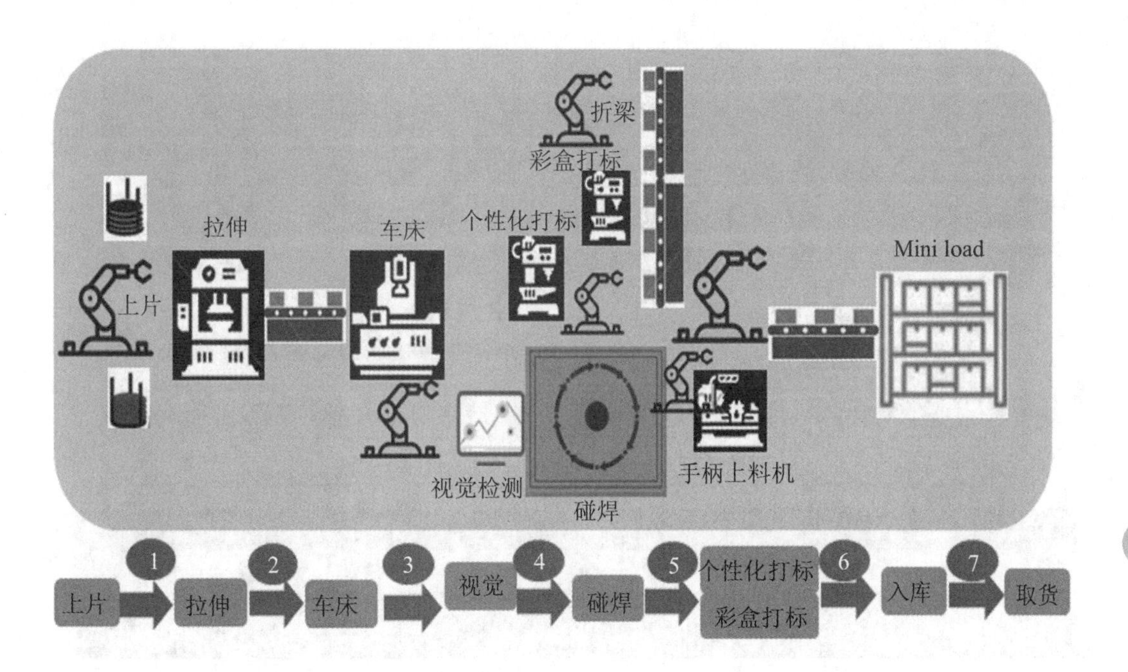

图 5.28　炊具行业客户个性化生产流程

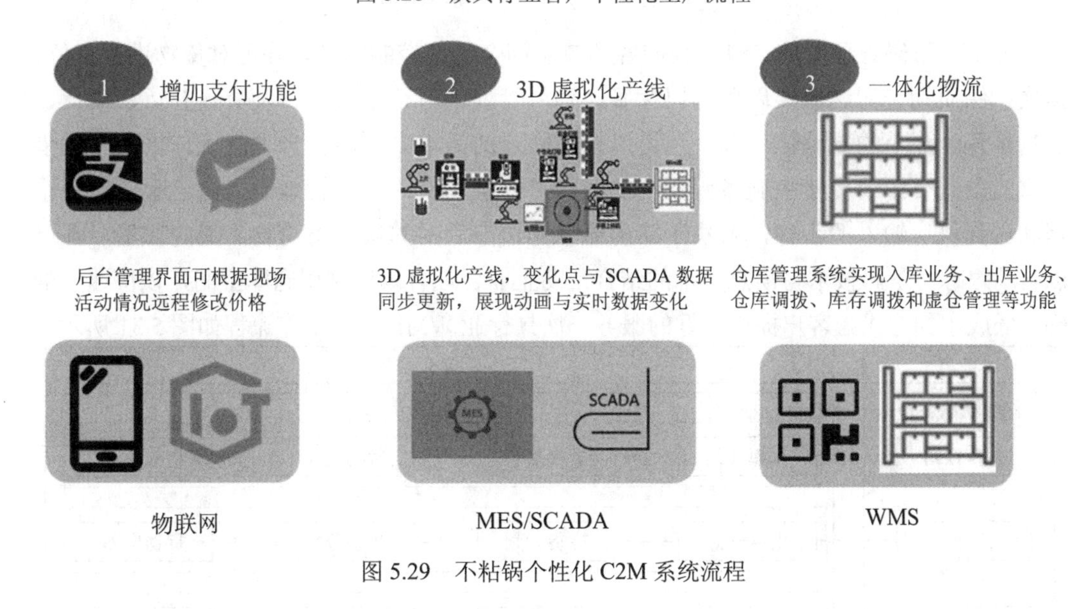

图 5.29　不粘锅个性化 C2M 系统流程

3. 物流配送

仓储在企业的整个供应链中起着至关重要的作用，如果不能保证正确的进货和库存控制及发货，将会导致管理费用的增加，服务质量难以得到保证，从而影响企业的竞争力。传统简单、静态的仓储管理已无法保证企业各种资源的高效利用。如今的仓库作业和库存控制作业已十分复杂、多样化，仅靠人工记忆和手工录入，不但费时费力，而且容易出错，将给企业带来巨大损失。炊具行业 WMS 系统架构如图 5.30 所示。

图 5.30　炊具行业 WMS 系统架构

使用条形码管理系统，可对仓储各环节实施全过程控制管理，并可对货物进行货位、批次、保质期、配送等实现条形码标签序列号管理，对整个收货、发货、补货、集货、送货等各个环节的规范化作业，还可以根据客户的需求制作多种合理的统计报表。凭借丰富的条码资源及多年实施条码系统的经验，将条码引入仓库管理，去掉了手工书写票据和送到机房输入的步骤，解决了库房信息陈旧滞后的弊病。不论物品流向哪里，都可以自动跟踪。条码技术与信息技术的结合帮助企业合理有效地利用仓库空间，以快速、准确、低成本的方式为客户提供最好的服务。炊具行业 WMS 主要工作流程如图 5.31 所示。

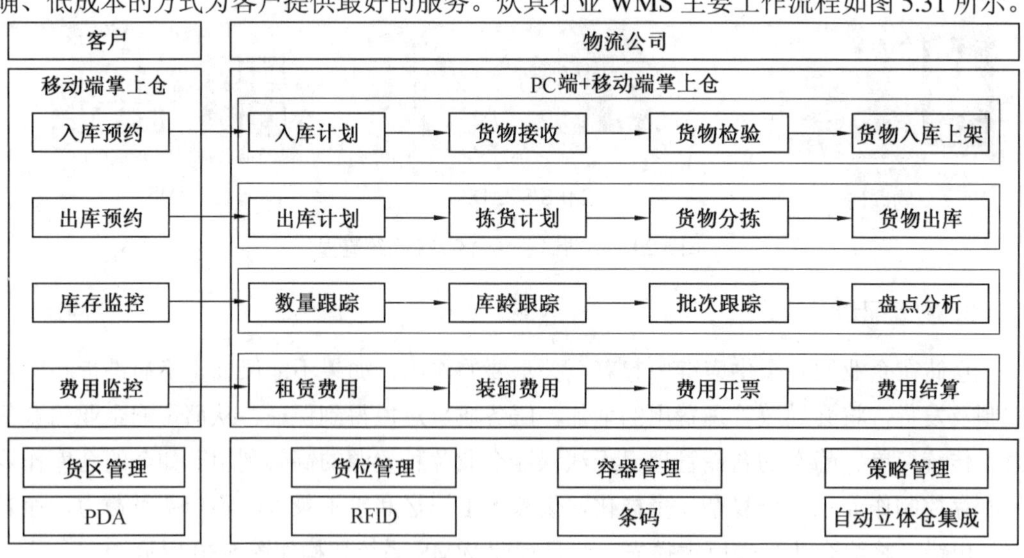

图 5.31　炊具行业 WMS 主要工作流程

仓库管理系统是通过入库业务、出库业务、仓库调拨、库存调拨和虚仓管理等功能，综合批次管理、物料对应、库存盘点、质检管理、虚仓管理和即时库存管理等功能综合运用的管理系统，可有效控制并跟踪仓库业务的物流和成本管理全过程，实现完善的企业仓储信息管理。炊具行业 WMS 出入库管理系统如图 5.32 所示。该系统可以独立执行库存操作，与其他系统的单据和凭证等结合使用，可提供更为完整全面的企业业务流程和财务管理信息。

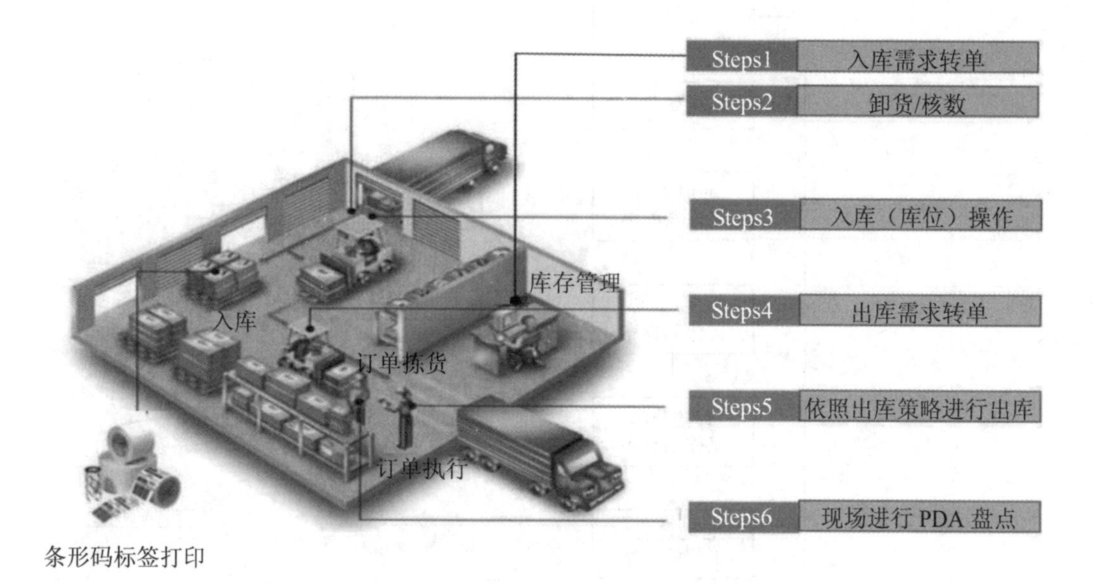

图 5.32　炊具行业 WMS 出入库管理系统

4. 售后服务

在用户使用产品过程中，通过电话、邮件回访、线上线下技术服务支持等方式收集用户使用数据和需求，可驱动产品的迭代。通过爱仕达炊具行业物联网系统可以完成这些售后服务活动。物联网（Internet of things，IoT）即“万物相连的互联网”，是互联网基础上的延伸和扩展的网络，其将各种信息传感设备与互联网结合起来而形成的一个巨大网络，实现在任何时间、任何地点，人、机、物的互联互通 。物联网的核心和基础仍然是互联网，是在互联网基础上的延伸和扩展的网络；物联网用户端延伸和扩展到了任何物品与物品之间，并进行信息交换和通信。因此，物联网的定义是通过射频识别、红外感应器、全球定位系统、激光扫描器等信息传感设备，按约定的协议，把任何物品与互联网相连接，进行信息交换和通信，以实现对物品的智能化识别、定位、跟踪、监控和管理的一种网络，爱仕达集团为了适应炊具行业大规模个性化定制的要求，拥有自己的工业互联网平台，以满足不同客户，不同人群的个性化定制要求。

5.5.4 总体程序设计

智能制造生产线总体程序按照生产流程逻辑进行设计，由主程序依次调用各子程序，每个子程序分别由典型的六个工作站项目组成。智能制造生产线总体程序的设计流程如图 5.33 所示。

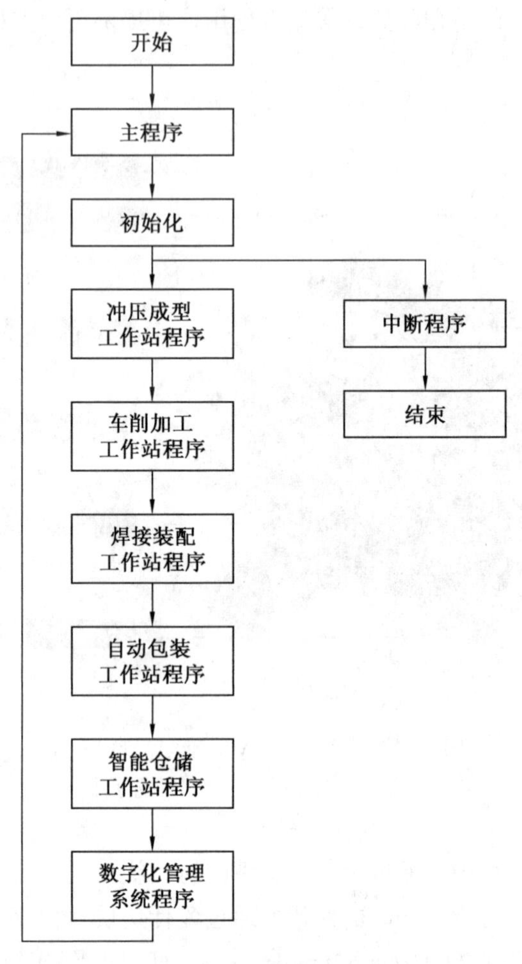

图 5.33　总体程序设计流程图

5.6 项目总结

通过以润品智能制造生产线为例的智能制造生产线，充分展示了不同应用服务的工业机器人在智能制造生产中的作用。在本智能制造生产线项目中，以“智慧炊具促升级，智能制造促转型”的思路得到验证。实际上，依托工业机器人产业的优势，产品制造过程更加的自动化、智能化，进一步提升了生产效率并推动企业升级。在未来，将打造智能制造生态圈，向着中国领先的智能制造方向发展，不断开发应用大规模定制柔性生产线，为中国进入工业 4.0 时代贡献力量，为中国家电业转型升级提供全新思路。

第 6 章　工业机器人冲压成型工作站

6.1　项目目的

6.1.1　项目背景

工业机器人的应用领域有很大的拓展，除传统的焊接应用外，机器人在机床上下料、物料搬运码垛、打磨、喷涂、装配等领域也得到了广泛应用，如图 6.1 所示。

❋ 冲压成型工作站项目分析

图 6.1　工业机器人与成型机床应用场景

金属成型机床是机床工具的重要组成部分。成型加工通常与高劳动强度、噪声污染、金属粉尘等联系在一起，有时处于高温高湿甚至有污染的环境中，工作简单枯燥，企业招人困难。工业机器人与成型机床集成，不仅可以解决企业用人问题，同时也能提高加工效率和安全性，提升加工精度，具有很大的发展空间。

6.1.2　项目目的

（1）初步了解工业机器人在冲压成型工作站中所发挥的作用。

（2）熟悉冲压成型的工艺流程，以及本项目控制系统之间的原理。

（3）全面分析冲压成型工作站和设计要点，熟悉项目内容并形成总结。

6.2 项目分析

6.2.1 项目构架

冲压成型在本智能制造生产线上属于工艺流程的第一个环节，也是产品形状的雏形加工阶段，更是保证产品质量的首要环节。工业机器人冲压成型工作站平面布局图如图 6.2 所示，现场加工图如图 6.3 所示。

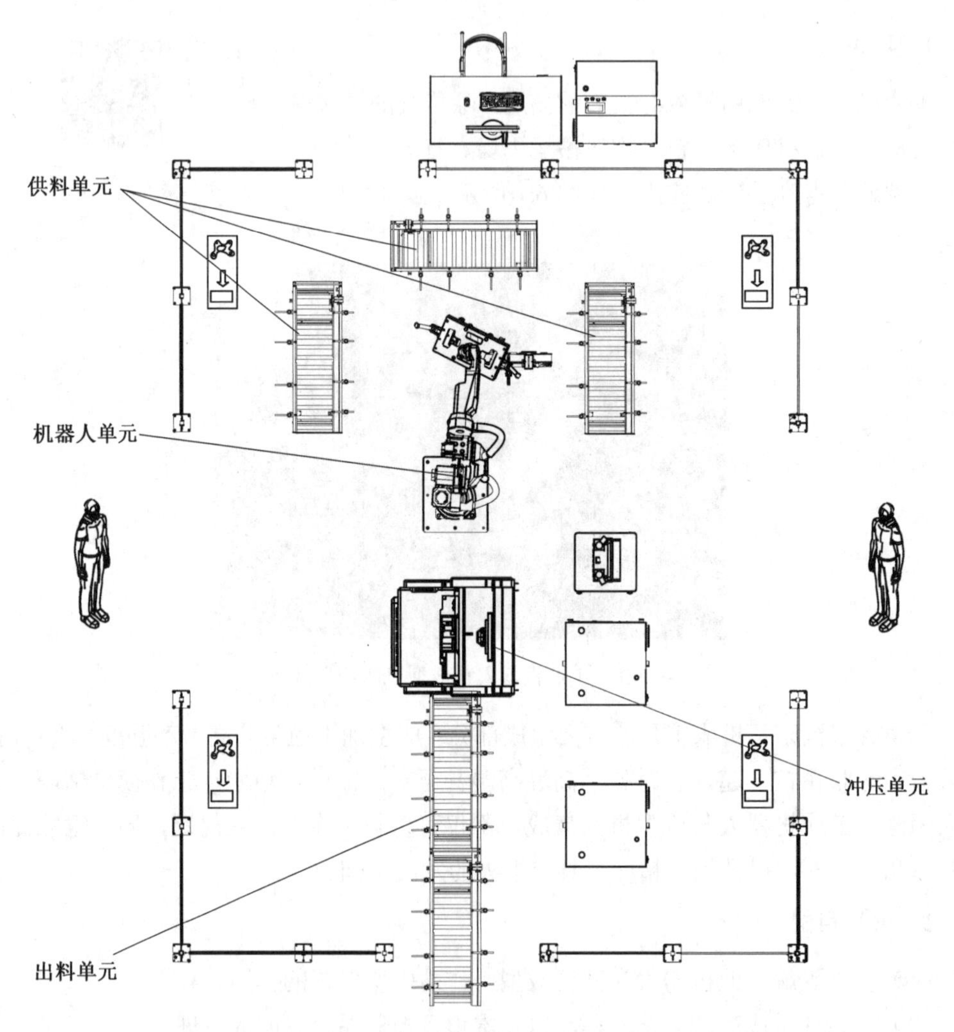

图 6.2 冲压成型工作站平面布局图

图 6.3　冲压成型工作站现场加工图

本工作站在组成结构上主要由供料单元、钱江机器人单元、冲压单元、出料单元组成，如图 6.4 所示。

其中供料单元主要由输送辊、供料盘、废料盘、物料（不同颜色）等组成；钱江机器人单元主要由机器人本体、控制器、示教器、末端夹具等组成；冲压单元比较复杂，包括多种结构，如冲压机床、模具，就冲压模具的构造来说又分模架部分、刀口部分、卸料部分、固定部分、定位部分等组成；出料单元主要由滑道、输送线等组成。

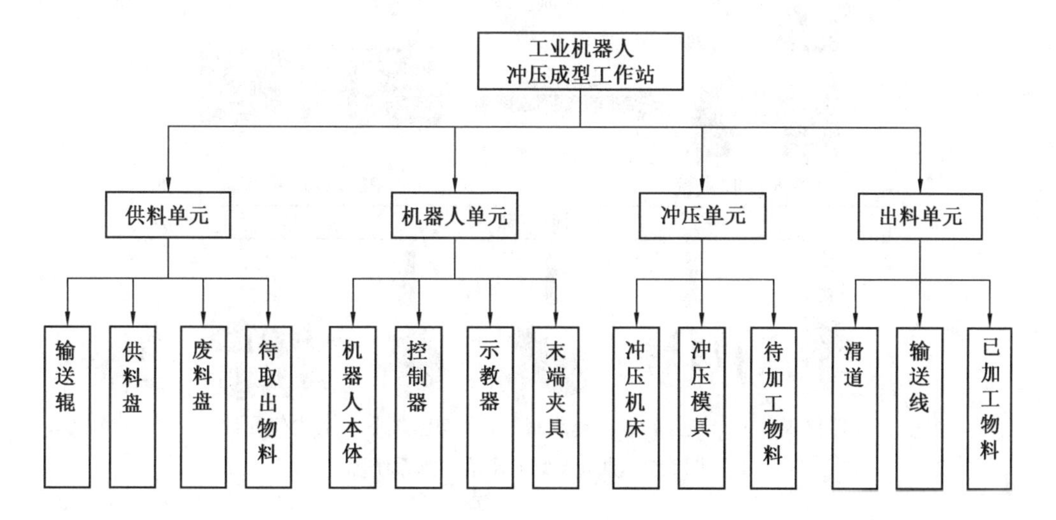

图 6.4　冲压成型工作站结构组成图

在控制系统架构上主要由云管理系统、MES 系统、机器人控制系统、冲压机床控制系统、PLC 控制系统、检测系统等组成，如图 6.5 所示。

其中，MES 系统作为管理层，实时监控冲压机床控制系统、机器人控制系统、PLC 控制系统的状态信息。冲压机床控制系统、机器人控制系统、PLC 控制系统作为控制层，用于控制现场各类设备和仪表；检测系统与外围设备系统作为设备层，直接采集传感器或执行机构的信号。

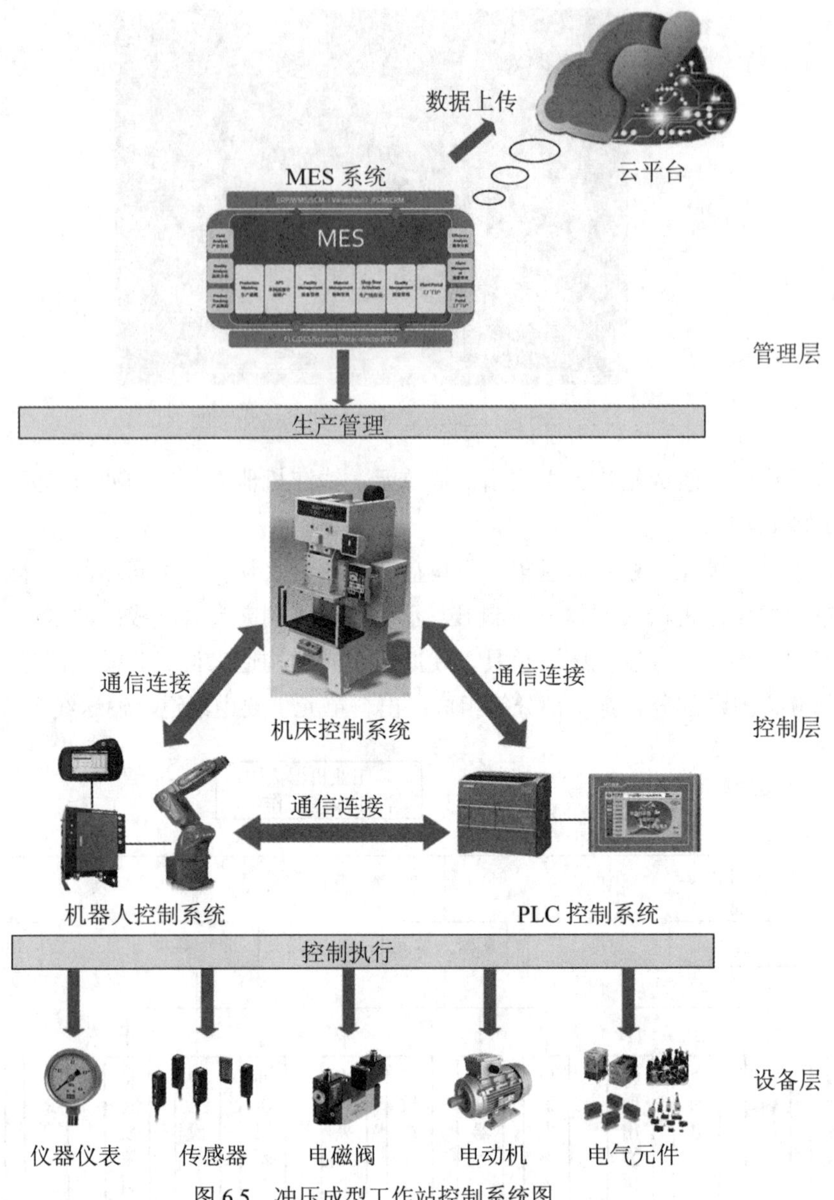

图 6.5　冲压成型工作站控制系统图

6.2.2　项目流程

工业机器人冲压成型工作站项目流程如下：首先要明确项目目的，了解工业机器人冲压成型工作站的背景及学习目的；其次分析项目构架，对工业机器人冲压成型工作站中硬件组成、系统构架、工艺流程等进行剖析；再次掌握项目要点，理解工业机器人冲压成型工作站中的必要知识点；然后实现项目步骤，逐步掌握工业机器人冲压成型工作站的流程；接下来验证项目结果，比较项目设计预期效果与调试运行的结果；最后总结项目学习心得，对此次项目进行梳理，以及拓展本项目相关应用等。冲压成型工作站项目流程图如图 6.6 所示。

相比而言，冲压成型工作站在整个生产项目流程中，工艺流程相对比较简单。从制作工艺上来看，冲压机床是本工作站的核心设备；但从运作流程上来看，工业机器人又是本项目的重要组成部分。因此，在生产工艺流程上，从不同的角度出发，每个环节和机构都至关重要。

工业机器人冲压成型工作站的工作流程主要包括：原料储存—机器人上料—物料检测—冲压成型—机器人下料—加工完成，如图 6.7 所示。

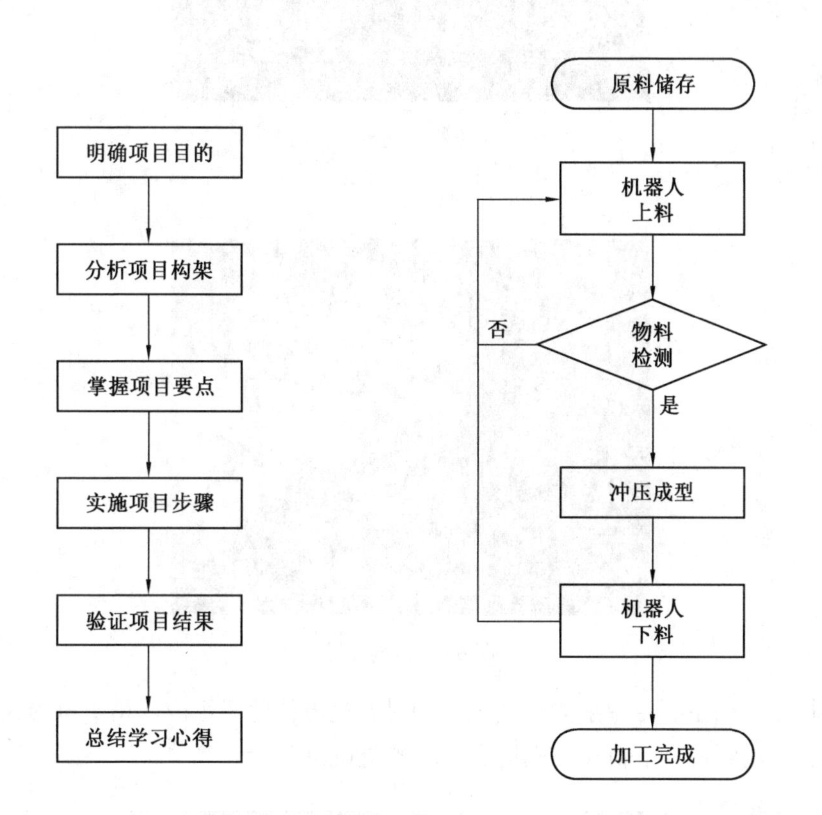

图 6.6　冲压成型工作站项目流程图　　图 6.7　冲压成型工作站工作流程图

6.3　项目要点

6.3.1　物料检测

工业机器人冲压成型工作站的检测机构主要分为两部分：上料检测机构、下料检测机构。

上料检测机构（单张检测）主要由分张的机械机构及对射传感器组成，用于防止工业机器人在吸取物料时出现物料重叠现象，底部的对射传感器用于监控储料的用量等。上料检测机构实物图如图 6.8 所示，上料检测机构的检测效果如图 6.9 所示。

图 6.8　上料检测机构实物图

图 6.9　检测效果

下料检测机构主要由单射光电传感器和对射光电传感器组成，用于机器人下料时检测物料是否传送到位。下料检测机构实物图如图 6.10 所示。

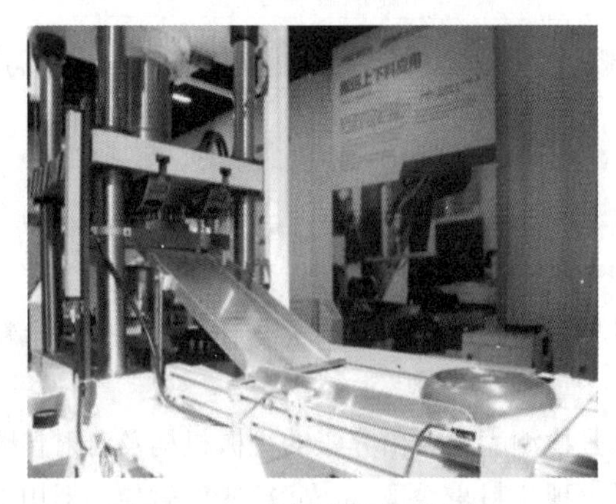

图 6.10　下料检测机构实物图

6.3.2　冲压流程

本项目中锅体生产由冲压成型实现，冲压过程中利用冲模在压力机上对金属板料施加压力，使其产生变形，从而得到具有一定形状、尺寸和性能的零件。冲压加工示意图如图 6.11 所示。

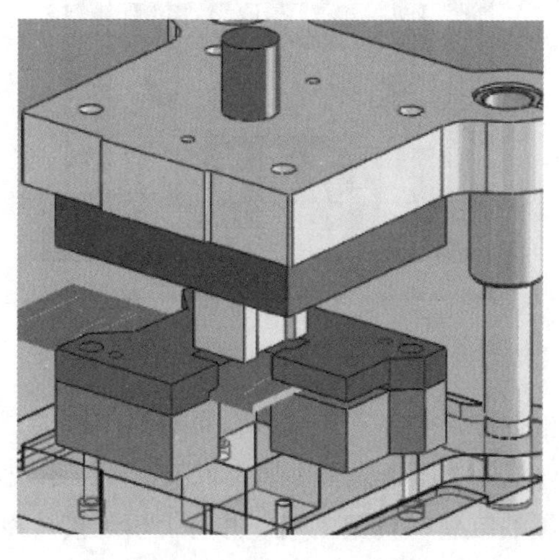

图 6.11　冲压加工示意图

冲压主要是按工艺分类，可分为分离工序和成型工序两大类。本工作站的冲压工艺为成型工序，成型工序的目的是使板料在不破坏的条件下发生塑性变形，制成所需形状和尺寸的工件。如图 6.12 所示，本工作站所使用的板料是带有特殊涂层的不锈钢片，经过冲压成型工艺后，成为不粘锅的锥形。

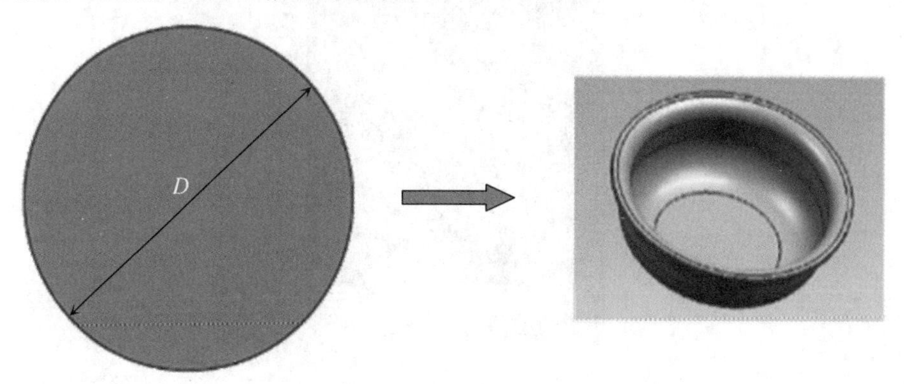

图 6.12　冲压成型效果图

在实际生产中，常常是多种工序综合应用于一个工件。冲裁、弯曲、剪切、拉伸、胀形、旋压、矫正是几种主要的冲压工艺。在冲压加工中，将材料（金属或非金属）加工成零件（或半成品）的一种特殊工艺装备，称为冲压模具（俗称冲模）。冲模是实现冲压加工必不可少的工艺装备，没有先进的模具技术，先进的冲压工艺就无法实现。冲压模具的构造如图 6.13 所示。

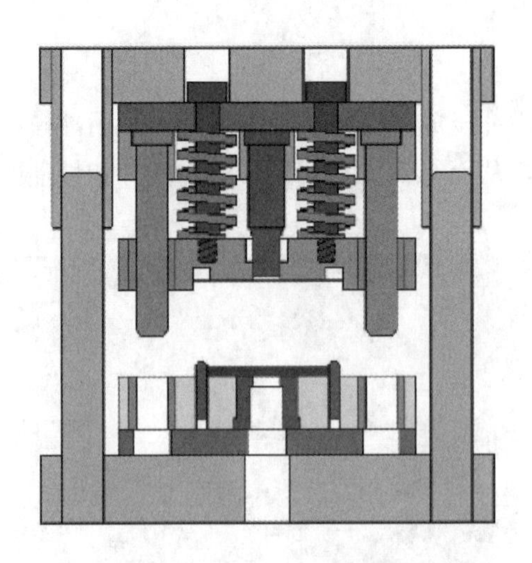

图 6.13　冲压模具构造图

在冷冲压生产中，根据冲压件生产的需要，可选用不同类型的冲压设备。本工作站的冲压设备属于液压压力机。液压压力机主要由机架、液压系统、冷却系统、加压油缸、上模及下模等组成。加压油缸装在机架上端，并与上模连接，冷却系统与上模、下模连接。液压压力机的特征在于机架下端装有移动工作台及与移动工作台连接的移动油缸，下模安放在移动工作台的上面。冲压设备实物图如图 6.14 所示。

图 6.14　冲压设备实物图

由此可见，冲压集优质、高效、低能耗、低成本于一身，因此冲压的应用十分广泛，如汽车、五金行业。

6.3.3　工装夹具

夹具又称卡具，是加工时用来迅速紧固工件，使机床、刀具、工件保持正确相对位置的工艺装置。

从广义上说，在工艺过程中的任何工序，用来迅速、方便、安全地安装工件的装置都可称为夹具，如焊接夹具、检验夹具、装配夹具、机床夹具等。其中，机床夹具最为常见。工装夹具按使用特点分类如图 6.15 所示。

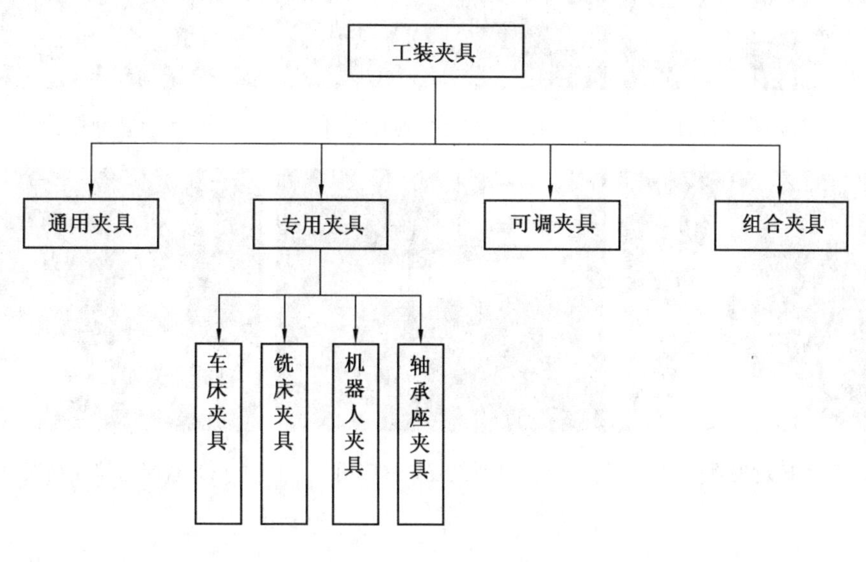

图 6.15　工装夹具分类图

夹具通常由定位元件（确定工件在夹具中的正确位置）、夹紧装置、对刀引导元件(确定刀具与工件的相对位置或导引刀具方向)、分度装置（使工件在一次安装中能完成数个工位的加工，有回转分度装置和直线移动分度装置两类）、连接元件以及夹具体（夹具底座）等组成。

大多数工装夹具是为某种组合件的装配焊接等工艺而专门设计的，属于非标准装置，往往需要根据产品结构特点、生产条件和实际需要自行设计制造，是机械加工不可缺少的部件。

在机床技术向高速、高效、精密、复合、智能、环保方向发展的带动下，夹具技术正朝着高精、高效、模块、组合、通用、经济方向发展。应用机床夹具，有利于保证工件的加工精度，稳定产品质量；有利于提高劳动生产率和降低成本；有利于改善工人劳动条件，保证安全生产；有利于扩大机床工艺范围，实现“一机多用”。

在工业机器人冲压成型工作站中，工业机器人的夹具主要完成两个功能：其一是采用真空吸盘的方式抓取物料；其二是使用橡胶推杆传送物料。在本智能制造生产线中，工业机器人工装夹具的设计，能够有效避免产品在上下料时造成的损坏，同时也提高了产品生产加工的效率。同样地，在其他工作站及生产线中，不同的生产加工将应用不同的工装夹具，如图 6.16 所示。

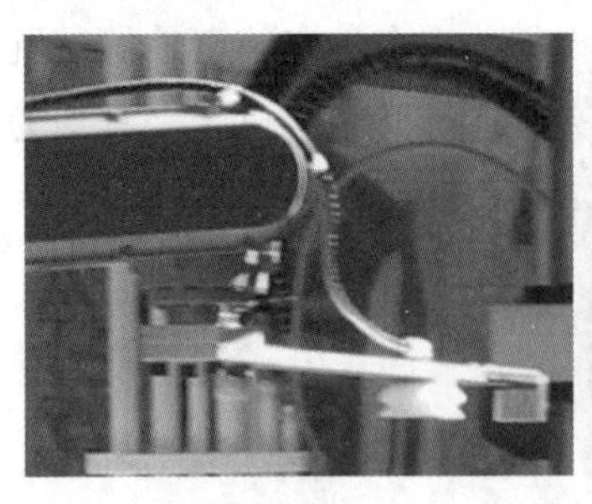
（a）冲压成型夹具应用

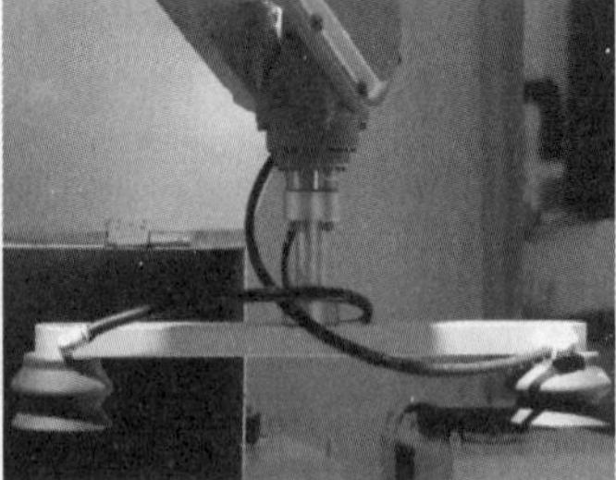
（b）车削加工夹具应用

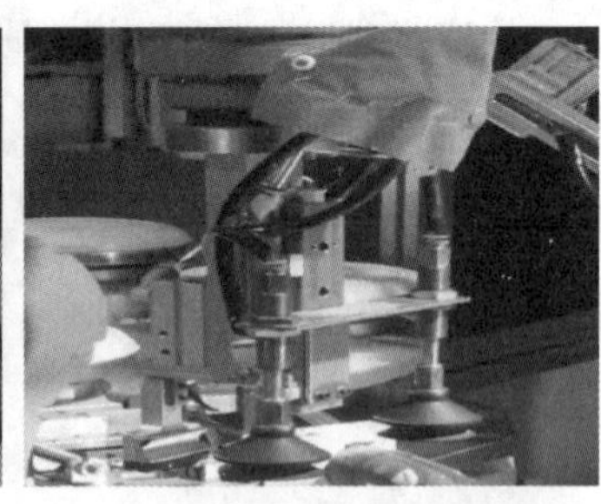
（c）焊接装配夹具应用

（d）码垛搬运夹具应用

（e）自动包装夹具应用

（f）智能仓储夹具应用

图 6.16　工业机器人工装夹具的应用

6.3.4　工业机器人应用

工业机器人与压力机冲压的集成应用主要有以下两种方式。

（1）单台机器人冲压上下料。

通过机器人将板料从拆垛台移送到定位台，定位后再移送到压力机模具中实施冲压，冲压结束后，通过机器人取料放入堆垛台，实现单台压力机机器人自动上下料，如图 6.17 所示。

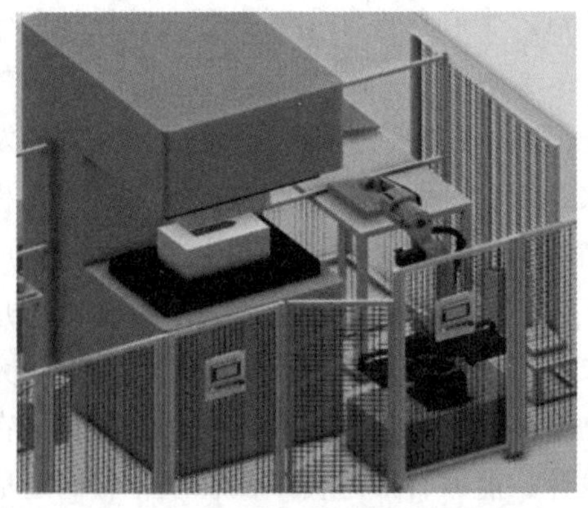

图 6.17　单台机器人冲压上下料

（2）机器人冲压连线。

通过多台机器人在多台压力机之间建立冲压连线。根据加工工件成型工艺要求，需要多台压力机配合加工，整条生产线由拆垛机器人、上料机器人、压力机之间的传输搬运机器人、尾线机器人组成。与直线坐标的机械手相比，采用多关节型工业机器人更有柔性，对模具没有等高要求，容易集成。工业机器人冲压连线如图 6.18 所示。

图 6.18　工业机器人冲压连线

在本项目生产过程中，采用机器人冲压连线的方式。本工作站所使用的工业机器人型号为钱江机器人 QJR10-1，如图 6.19 所示，在工作站中主要用于机器人上下料等搬运工作。

以下介绍钱江机器人 QJR10-1 型号的组成。

1. 操作机

钱江机器人（型号 QJR10-1）有效负荷为 10 kg，臂展为 1.67 m；设计结构紧凑，可灵活选择地面安装或倒置安装；工作空间大，运行速度快，重复定位精度高，适用于焊接、喷涂、上下料、搬运、分拣、装配等应用，适用范围广。

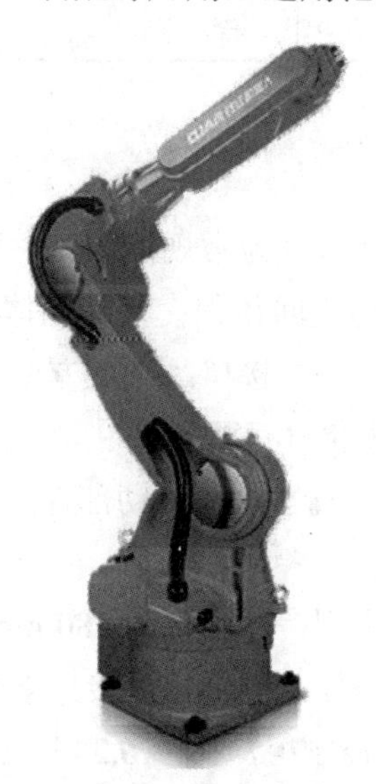

图 6.19　QJR10-1 钱江机器人

钱江机器人型号 QJR10-1 基本规格见表 6.1。

表 6.1　QJR10-1 基本规格表

<table>
<tr><th colspan="6">机器人基本规格表</th></tr>
<tr><td>机构形态</td><td colspan="2">垂直多关节</td><td rowspan="3">允许扭矩</td><td>J4</td><td>24.6 N·m</td></tr>
<tr><td>轴数</td><td colspan="2">6</td><td>J5</td><td>24.6 N·m</td></tr>
<tr><td>有效载荷</td><td colspan="2">10 kg</td><td>J6</td><td>9.8 N·m</td></tr>
<tr><td rowspan="2">重复定位精度</td><td colspan="2" rowspan="2">±0.05 mm</td><td rowspan="3">惯性力矩</td><td>J4</td><td>0.63 kg·m^2</td></tr>
<tr><td>J5</td><td>0.63 kg·m^2</td></tr>
<tr><td>最大臂展</td><td colspan="2">1 671 mm</td><td>J6</td><td>0.1 kg·m^2</td></tr>
<tr><td>防护等级</td><td colspan="2">IP30</td><td rowspan="9">安装环境</td><td>温度</td><td>0～45 ℃</td></tr>
<tr><td>本体质量</td><td colspan="2">250 kg</td><td>湿度</td><td>20%～80% RH</td></tr>
<tr><td rowspan="6">机械限位范围</td><td>J1</td><td>±172°</td><td>振动</td><td>＜4.9 m/s^2（0.5 g）</td></tr>
<tr><td>J2</td><td>+166°，−107°</td><td rowspan="6">其他</td><td rowspan="6">避免易燃、腐蚀性气体和液体，避免接触水、油、粉尘等。勿接近电器噪声源</td></tr>
<tr><td>J3</td><td>+83°，−92°</td></tr>
<tr><td>J4</td><td>±170°</td></tr>
<tr><td>J5</td><td>±125°</td></tr>
<tr><td>J6</td><td>±360°</td></tr>
<tr><td rowspan="6">最大速度</td><td>J1</td><td>172°/s</td></tr>
<tr><td>J2</td><td>172°/s</td><td>电源容量</td><td colspan="2">3.3 kVA</td></tr>
<tr><td>J3</td><td>183°/s</td><td>电控柜尺寸</td><td colspan="2">580 mm×600 mm×960 mm</td></tr>
<tr><td>J4</td><td>430°/s</td><td>电控柜质量</td><td colspan="2">130 kg</td></tr>
<tr><td>J5</td><td>430°/s</td><td>电源</td><td colspan="2">三相四线 380 V（±10%）</td></tr>
<tr><td>J6</td><td>584°/s</td><td>安装方式</td><td colspan="2">地面、吊顶</td></tr>
</table>

2. 控制柜

钱江机器人控制柜按柜体尺寸可分为常规柜体、大型柜体、紧凑型柜体等。

常规柜体具有以下特点：节约空间体积；常规柜体在基本六轴驱动器基础上，可扩展至 8 轴；散热效率高；预留多种外扩接口，扩展方便。

大型柜体具有以下特点：大型柜体可扩展至 9 轴；散热效率高；预留多种外扩接口，扩展方便。大型柜体可内嵌防爆型机器人的气动部件，将防爆工艺直接安装至柜内，节约空间体积。

紧凑型柜体具有以下特点：小型，体积仅为 380 mm×368 mm×200 mm；轻量，环保，可靠性高，保养方便，接插方便，外部扩展接口丰富。

本工作站采用的是 QJRC-10 控制柜，如图 6.20 所示。

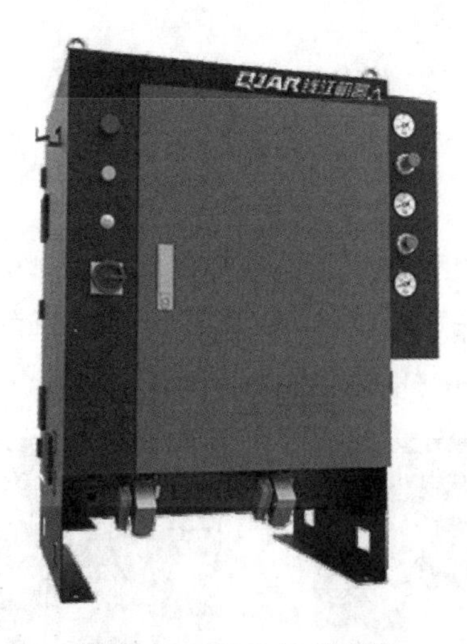

图 6.20　QJRC-10 控制柜

3. 示教器

钱江机器人系统示教器根据分布网络的设计理念，采用服务端+多客户端的通信构架方式，能够支持单示教盒适配多个机器人控制单元，便于多机器人管理。示教盒采用嵌入式+实时系统的系统架构方式，除了具备实时响应能力以及高性价比以外，还可以集成 3D 动画引擎，支持在线显示虚拟仿真动画，另外，还可以扩展多种人机交互方式。网络型示教器如图 6.21 所示。

图 6.21　网络型示教器

4. 离线编程软件

钱江机器人可使用 OFF-LINE PROGRAMMING SOFTWARE 软件进行离线编程操作。该离线编程软件具有以下功能：支持模型导入，并能对模型创建坐标系、装配、定义属性；支持工件路径的创建和机器人模拟运动在工作单元中进行；支持创建路径、插入路径、删除路径、打断路径；可对路径进行反转、删除、合并；支持设备的碰撞检测；支持机器人关节的各种运动。

6.4 项目步骤

※ 冲压成型工作站项目步骤

6.4.1 应用系统连接

工业机器人冲压成型工作站总共由四部分组成：供料单元、钱江机器人单元、冲压机床单元、出料单元。在应用系统连接时，需要对这四个单元进行机械组装、电气装配、控制系统连接等操作。系统连接图如图 6.22 所示。

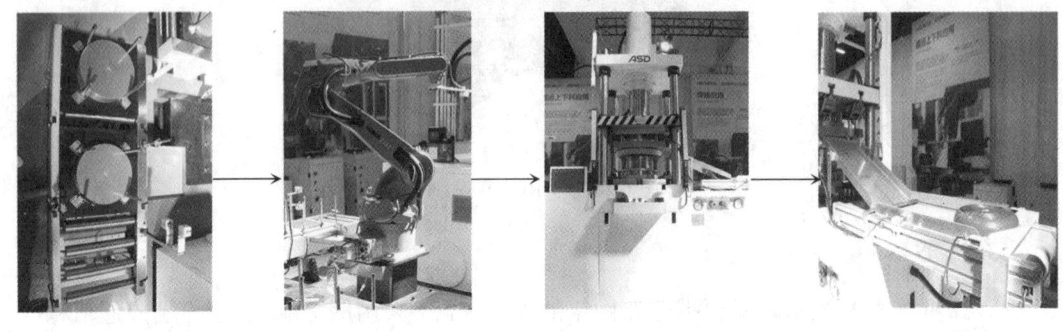

（a）供料单元　（b）钱江机器人单元　（c）冲压机床单元　（d）出料单元

图 6.22 系统连接图

6.4.2 应用系统配置

工业机器人冲压成型工作站在运行前，需要对整个系统进行配置，以保证每次运行之前，所有单元处于初始状态。

1. 供料单元配置

保证每个供料盘具有充足的物料，供料盘所放置的位置未发生移动，以使工业机器人准确地抓取物料。供料单元中的传感器能正常检测信号，以及保证物料的库存状况等。供料单元初始配置如图 6.23 所示。

图 6.23 供料单元初始配置

2. 机器人单元配置

钱江机器人在运行之前，确保各轴处于安全位置（如机械零点），如图 6.24 所示，机器人周边无杂物，避免机器人在运行时，出现碰撞等严重问题；机器人电气连接正确无误，I/O 信号处于初始状态，如图 6.25 所示；机器人夹具安装正确且牢固，如图 6.26 所示，吸盘能正常工作，初始状态时吸盘无物料存在。

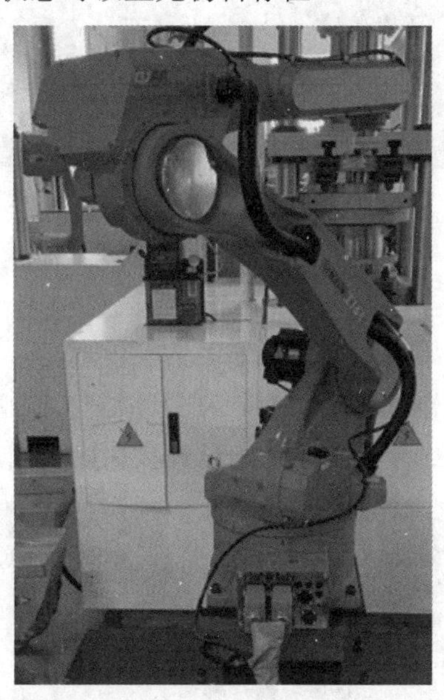

图 6.24　机器人本体安全位置状态

界面选择:		IO状态	
系统	扩展	虚拟	模拟量
DI	注释	DO	注释
模块1 (0-15)			
0	远程上电	0	系统就绪
1	启动程序	1	远程模式
2	暂停	2	运行中
3	远程停止	3	工作原点
4	远程文件1	4	压机安全区...
5		5	红片安全区
6		6	动作完成
7	红片准备就绪	7	压机启动

界面选择:		IO状态	
系统	扩展	虚拟	模拟量
DI	注释	DO	注释
8	金片准备就绪	8	金片安全区...
9	油压机准备...	9	吸真空报警
10	红片单张信号	10	
11	金片单张信号	11	
12		12	
13	去压机推料	13	
14	吸盘负压信号	14	吸真空
15		15	吸真空

图 6.25　机器人 I/O 信号初始状态

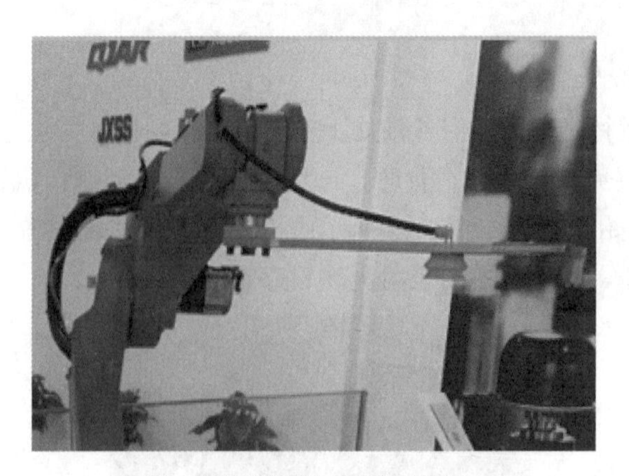

图 6.26　机器人夹具安装初始状态

3. 冲压单元配置

冲压机床设备未运行，压力表显示正常且为初始状态，冲压模具安装正确，以及冲压机床其他机械结构和电气器件稳定可靠。在自动运行之前，可事先手动试运行，确保冲压成型后的产品质量可靠。冲压单元初始设置状态如图 6.27 所示。

图 6.27　冲压单元初始设置状态

4. 出料单元配置

出料单元的滑道与冲压机的连接要牢固，保证钱江机器人在下料时，能将物料顺利地通过滑道送至输送线；输送线上无杂物及物料存放，传感器能正常检测到料情况。出料单元初始配置状态如图 6.28 所示。

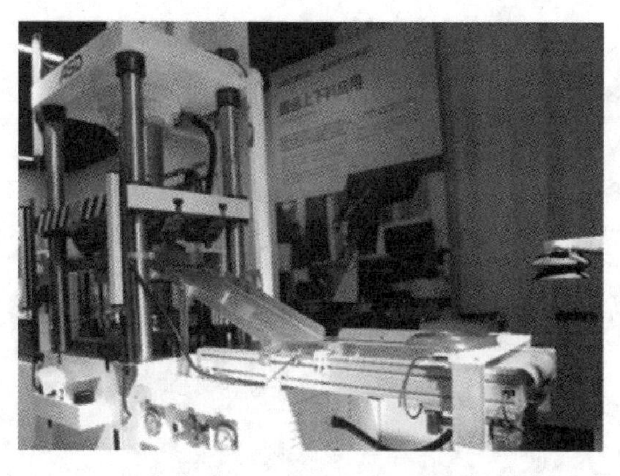

图 6.28　出料单元初始配置状态

6.4.3　主体程序设计

工业机器人冲压成型工作站的主体程序主要由钱江机器人程序构成，机器人程序由基本的运动指令及逻辑指令构成，主要包括机器人上料程序、冲压程序、机器人下料程序。主体程序设计图如图 6.29 所示。

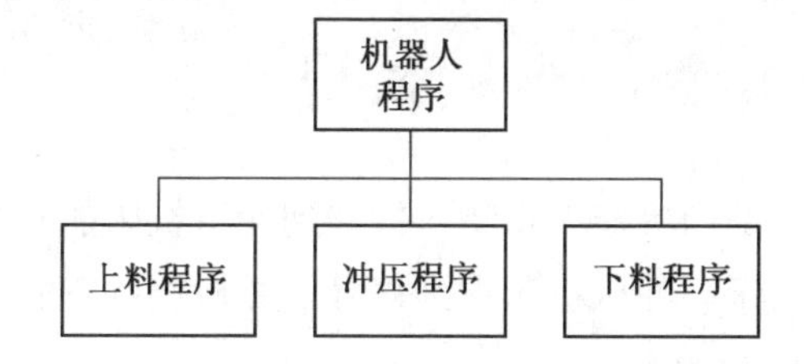

图 6.29　主体程序设计图

机器人上料程序完成的功能是当检测到物料充足时，机器人通过运动指令抓取物料，并放置到冲压机床的置物台上。机器人上料程序如下：

```
NOP
COORD_NUM COOR=PCS1 ID=0
WAIT DO1.03=1 T=0.00 s B1
* 1
MOVJ V=40.00% BL=0.00 VBL=0.00
DOUT DO1.04=0
WAIT DI1.05=1 T=0.00 s B1
MOVJ V=50.00% BL=0.00 VBL=0.00
MOVL V=1500.00mm/s BL=0.00 VBL=0.00
DOUT DO1.12=1
DOUT DO1.04=1
```

```
WAIT DI1.13=1 T=0.00 s B1
MOVL V=1500.00mm/s BL=0.00 VBL=0.00
DOUT DO1.04=O
MOVJ V=40.00% BL=0.00 VBL=0.00
WAIT DI1.06=1 T=0.00 s B1
MOVJ V=40.00% BL=0.00 VBL=0.00
MOVL V=1500.00mm/s BL=0.00 VBL=0.00
DOUT DO1.12=0
PULSE DO1.13 T=3.00 s
DOUT DO1.10=1
TIMER T=200 ms
MOVL V=1000.00mm/s BL=0.00 VBL=0.00
MOVJ V=40.00% BL=0.00 VBL=0.00
PULSE DO1.09 T=1.00 s
MOVJ V=40.00% BL=0.00 VBL=0.00
* 2
SET I10=1
```


冲压程序完成的功能是当机器人将物料放置到冲压机床的置物台上时，机器人移开并发送工作信号给冲压机床，冲压机床得到信号，并检测到置物台上有工件时，进行冲压工作。冲压程序如图 6.30 所示。

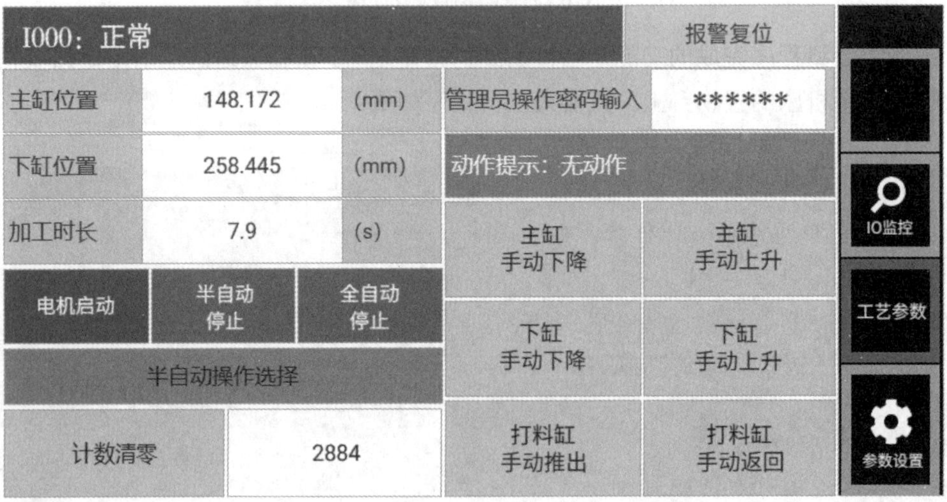

图 6.30　冲压程序

机器人下料程序完成的功能是当机器人得到冲压完成的信号后，机器人通过运动指令将物料推至滑道。机器人下料程序如下：

```
NOP
COORD_NUM COOR=PCS1 ID=0
WAIT DO1.03=1 T=0.00 s B1
MOVL P1 V=800.00mm/s BL=0.00 VBL=0.00
DOUT DO1.14=0
DOUT DO1.15=0
* 1
IF DI1.07 == 1 THEN
CALL PROG=red
ELSE
IF DI1.08 == 1 THEN
CALL PROG=gold
ELSE
END IF
```


6.4.4 关联程序设计

工业机器人冲压成型工作站的关联程序主要由 PLC 程序及 HMI 界面构成，如图 6.31 所示。PLC 程序由反馈信号程序段、逻辑控制程序段，手自动转换程序段等组成，如图 6.32 所示。HMI 界面主要涉及界面设计及变量的关联等，用于监控 PLC 及外围设备状态，如图 6.33 所示。

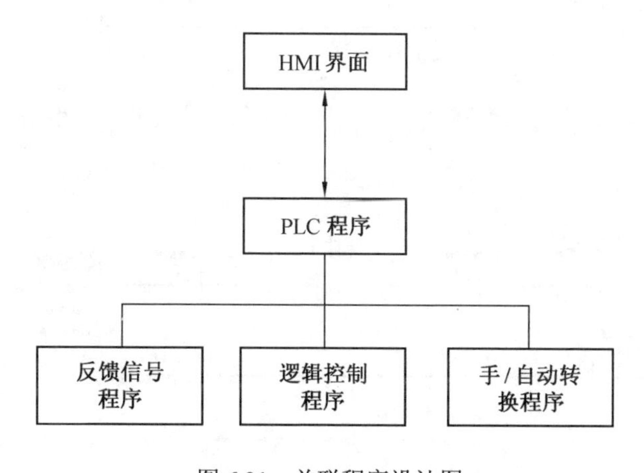

图 6.31　关联程序设计图

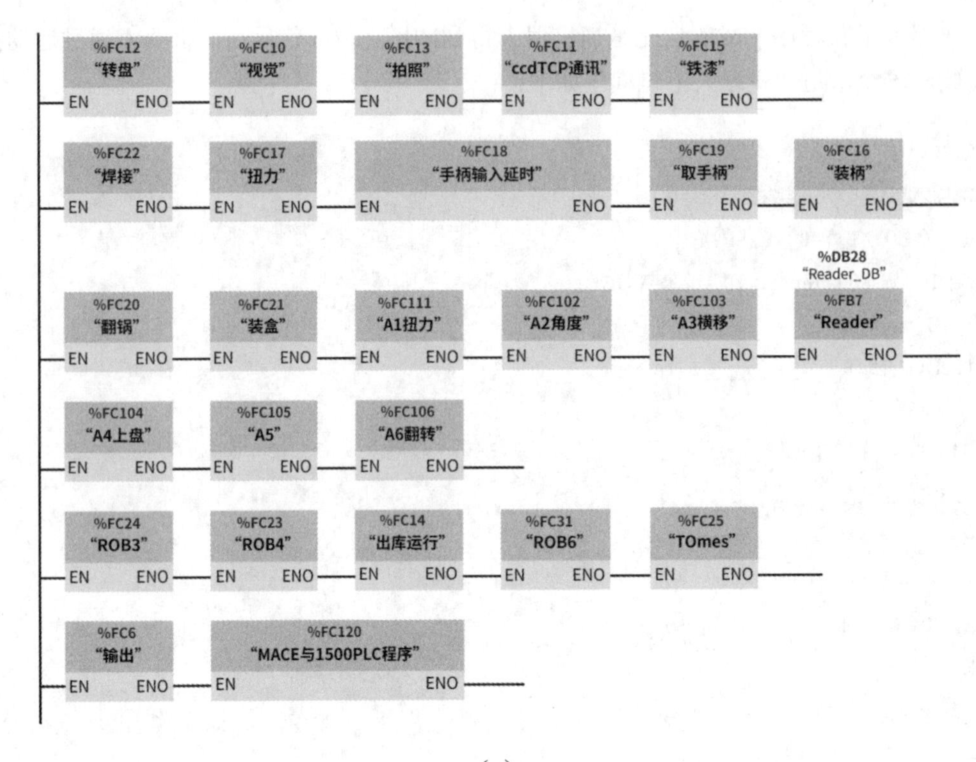

（a）

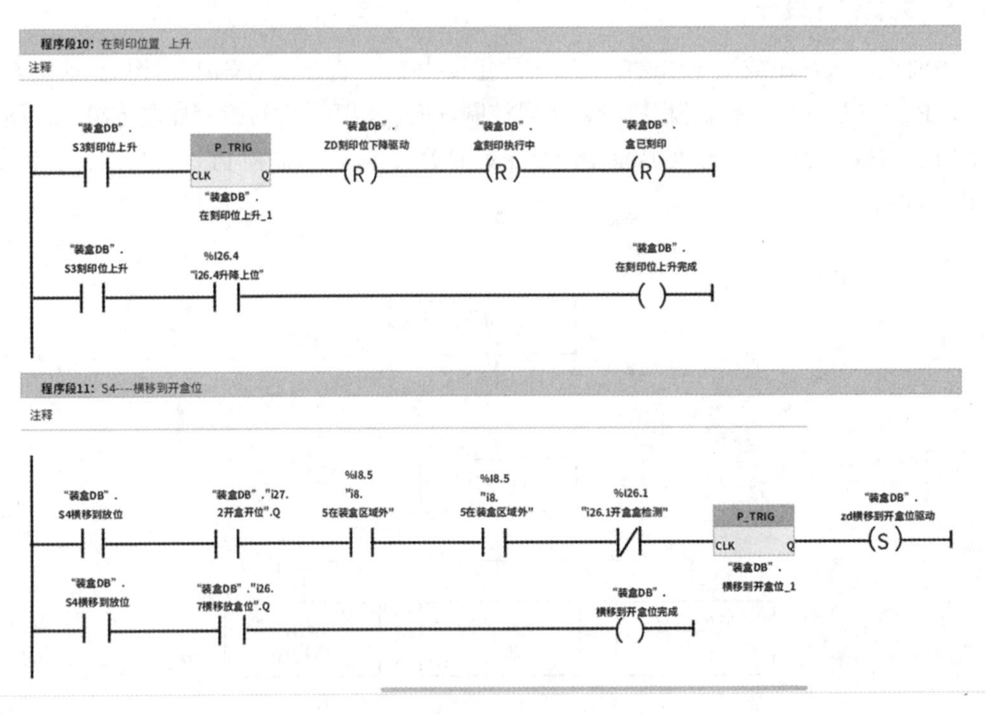

（b）

图 6.32 PLC 程序

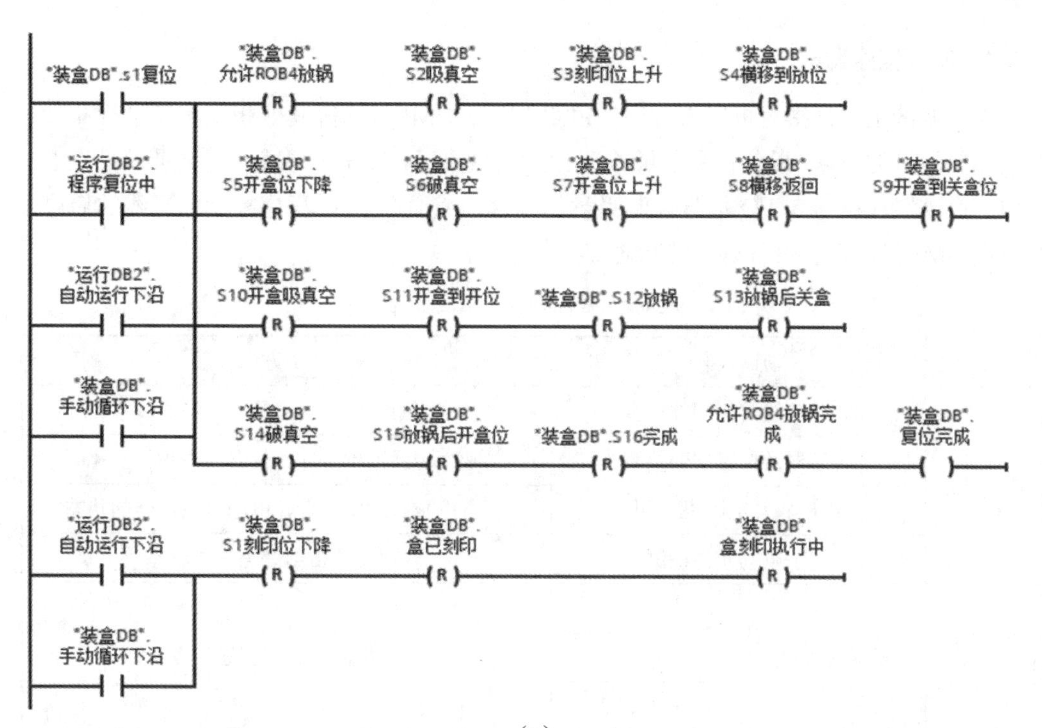

(c)

续图 6.32

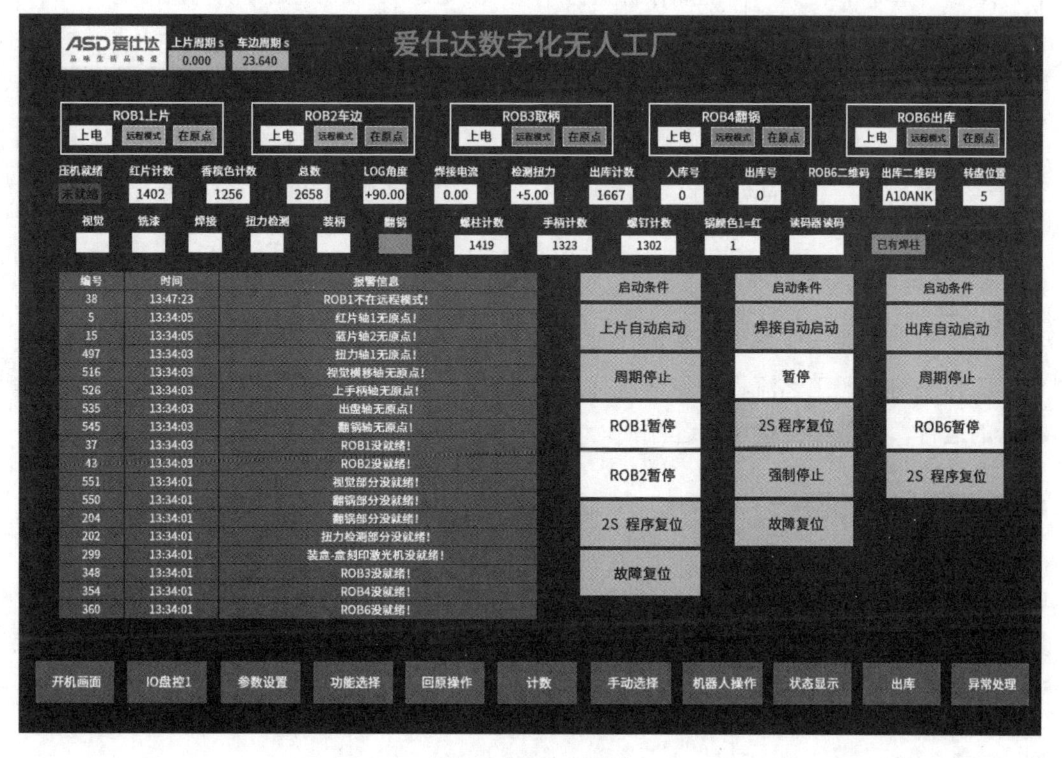

图 6.33 HMI 界面

6.4.5 项目程序调试

程序调试主要是指对机器人程序、PLC 程序、HMI 界面等其他相关程序进行测试，保证配置信号的正常，以使设备能够按照预期的效果运行，程序调试过程记录表见表 6.2。例如，通过钱江机器人 I/O 信号控制吸盘的开合，或通过 PLC 程序控制输送线的启停，然后在 HMI 界面查看设备运行的状态等。

表 6.2 程序调试过程记录表

<table>
<tr><th>调试步骤</th><th colspan="2">调试内容</th><th>调试方法</th></tr>
<tr><td rowspan="4">硬件设施</td><td colspan="2">线路接线及装配件检查</td><td>使用万用表、螺丝刀等工具检测或紧固</td></tr>
<tr><td colspan="2">传感器及仪器仪表检测</td><td>观察传感器指示灯、仪器仪表指针变化</td></tr>
<tr><td colspan="2">电磁阀及电动机检测</td><td>观察电磁阀线圈吸合、电动机正反转的状态</td></tr>
<tr><td colspan="2">其余电气元件检测</td><td>观察元件指示灯等工作状态</td></tr>
<tr><td rowspan="7">程序逻辑</td><td rowspan="3">机器人程序</td><td>上料程序</td><td rowspan="3">单步低速运行程序指令</td></tr>
<tr><td>冲压程序</td></tr>
<tr><td>下料程序</td></tr>
<tr><td rowspan="3">PLC 程序</td><td>反馈信号程序</td><td>通过改变传感器等状态查看程序</td></tr>
<tr><td>逻辑控制程序</td><td>通过程序控制电磁阀等并查看状态</td></tr>
<tr><td>手自转换程序</td><td>通过转换程序，查看各自运行状态</td></tr>
<tr><td colspan="2">HMI 界面组件状态</td><td>通过 HMI 界面控制设备运行或反馈设备运行状态</td></tr>
<tr><td rowspan="2">调试运行</td><td colspan="2">检查控制系统之间的通信</td><td>试运行时无故障信息显示</td></tr>
<tr><td colspan="2">自动运行</td><td>手动测试无误，自动循环运行</td></tr>
</table>

6.4.6 项目总体运行

工业机器人冲压成型工作站运行时，将工作站操控模式改为自动模式，按下启动按钮，工作站将按照工艺流程对物料进行加工处理。实际上，工作站在运行时，不仅仅是机器的运行，更是项目整体的运行。

6.5 项目验证

6.5.1 效果验证

工业机器人冲压成型工作站自动运行效果说明，见表 6.3。

表 6.3 工业机器人冲压成型工作站自动运行

序号	图例	说明
1	1 NOP 2 COORD_NUM COOR=PC S1 ID=0 3 WAIT DOL03=1 I=0.00 s B1 4 MOVL P1 V=800.00mm/s B1=0.00 VBL=0.00 5 DOUT DOL14=0 6 DOUT DOL15=0 7 *1 8 IF DLL07 = = 1 THEN 9 CALL PROG=red 10 ELSE 11 IF DOL==1 THEN 12 CALL PROG=gold 13 ELSE 14 END IF	初始化设备
2		将手动模式改为自动模式
3		工业机器人安全位置
4		工业机器人抓取物料
5		工业机器人放置物料
6		工业机器人等待加工
7		冲压机床冲压物料
8		工业机器人堆放物料
9		输送线传送物料

6.5.2 数据验证

工业机器人冲压成型工作站在运行时，钱江机器人、PLC、HMI 以及其他外围设备的运行情况，如 I/O 信号、传感器信号等，均可显示在程序的界面上，这些信号可以作为数据验证的依据，如图 6.34 所示。

IO 监控 1——上片&车边部分				
i0.0 红片到上位	Q0.0 红片电机 1	i6.0 存料红片盘检测 1	Q6.0 存料红盘电机 1	
i0.1 红片有无检测	Q0.1 红片电机 2	i6.1 存料红片盘检测 2	Q6.1 存料红盘电机 2	IO 监控 1
i0.2 红片盘检测 1	Q0.2 红片电机 3	i6.2 存料红片盘检测 3	Q6.2	
i0.3 红片盘检测 2	Q0.3 红片挡盘气缸	i6.3	Q6.3	
i0.4 红片盘检测 3	Q0.4 红片定位气缸	i6.4	Q6.4	
i0.5 红片挡盘上位	Q0.5 压机出料挡锅气	i6.5	Q6.5	IO 监控 2
i0.6 红片挡盘下位	Q0.6	i6.6	Q6.6	
i0.7 红片定位上位	Q0.7	i6.7	Q6.7	
i1.0 红片定位下位	Q1.0	i7.0 存料蓝片盘检测 1	Q7.0 存料蓝盘电机 1	
i1.1 红片是单张	Q1.1	i7.1 存料蓝片盘检测 2	Q7.1 存料蓝盘电机 2	IO 监控 3
i1.2 红片是双张		i7.2 存料蓝片盘检测 3	Q7.2	
i1.3		i7.3	Q7.3	
i1.4		i7.4	Q7.4	IO 监控 4
		i7.5	Q7.5	
		i7.6	Q7.6	
		i7.7	Q7.7	IO 监控 5
i4.0 蓝片到上位	Q4.0 蓝片电机 1	i12.0 车床完成	Q12.0 吸真空	
i4.1 蓝片有无检测	Q4.1 蓝片电机 2	i12.1 车床就绪	Q12.1 破真空	
i4.2 蓝片盘检测 1	Q4.2 蓝片电机 3	i12.2	Q12.2 车床启动	主页面
i4.3 蓝片盘检测 2	Q4.3 蓝片挡盘气缸	i12.3	Q12.3 卷丝机启动	
i4.4 蓝片盘检测 3	Q4.4 蓝片定位气缸	i12.4	Q12.4	
i4.5 蓝片挡盘上位	Q4.5	i12.5	Q12.5	
i4.6 蓝片挡盘下位	Q4.6	i12.6	Q12.6	
i4.7 蓝片定位上位	Q4.7	i12.7	Q12.7	
i5.0 蓝片定位下位	Q5.0	i13.0	Q12.8	
i5.1 蓝片是单张	Q5.1	i13.1	Q12.9	
i5.2 蓝片是双张	Q5.2	i13.2	Q12.10	
i5.3	Q5.3	i13.3	Q12.11	
i5.4	Q5.4	i13.4	Q12.12	
i5.5	Q5.5	i13.5	Q12.13	
i5.6	Q5.6	i13.6	Q12.14	
i5.7	Q5.7	i13.7	Q12.15	

图 6.34 现场设备信号

6.6 项目总结

6.6.1 项目评价

本项目讲解了工业机器人冲压成型的项目构架，使读者能够清楚地了解工作站的组成结构和控制系统架构，充分掌握工业机器人与冲压机床的集成应用，以及工业机器人冲压上下料的过程。此外，对工作站中单张检测原理、冲压工艺原理等详细的讲述，有助于读者理解工艺生产过程中的关键要素。冲压成型工作站知识点总结如图 6.35 所示。

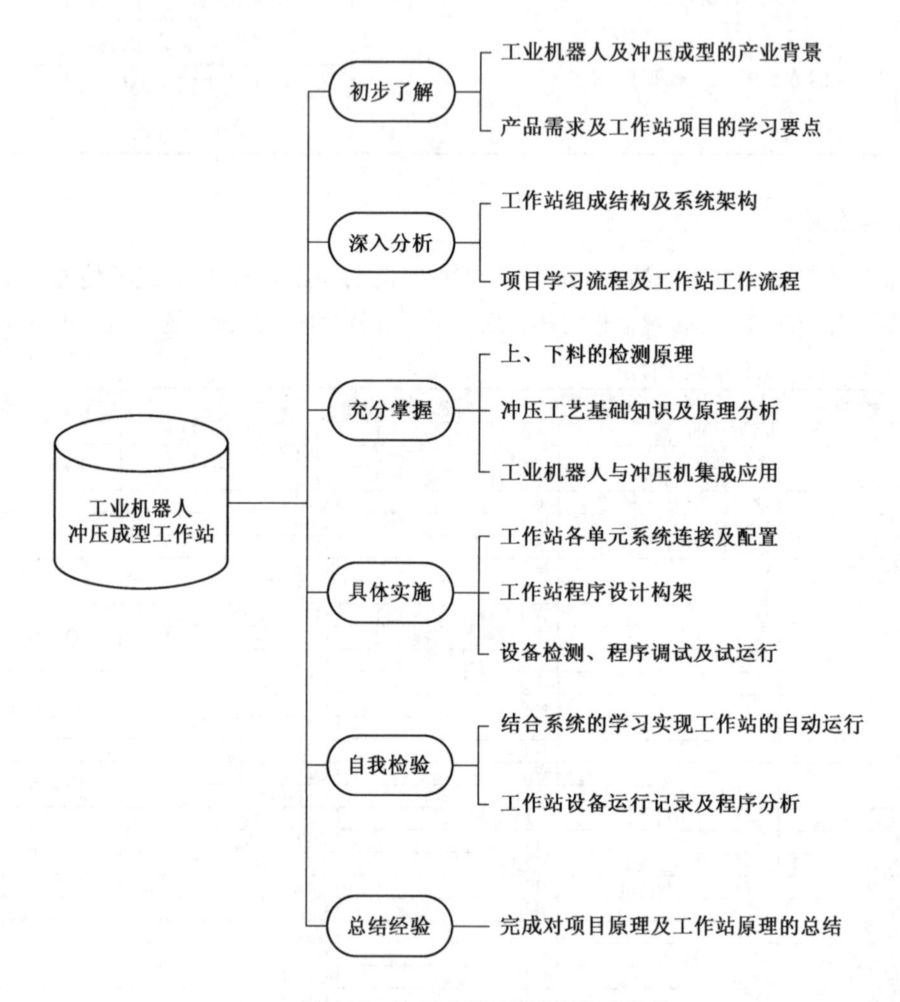

图 6.35　冲压成型工作站知识点总结

6.6.2 项目拓展

工业机器人作为本工作站的核心成员，实现了自动搬运、机床上下料等功能，具有很强的产品优势。除此之外，钱江机器人还可应用于 3C 电子、家电、汽车、卫浴等行业。

试结合本项目中的案例，以及工业现场图片（图 6.36，图 6.37），请对以下行业进行案例分析。

拓展一：当钱江机器人应用于机械加工行业时，如何剖析项目系统的原理？以及如何有效地应用工业机器人？

拓展二：当钱江机器人应用于 3C 电子时，如何剖析项目系统的原理？以及如何有效地应用工业机器人？

图 6.36　工业机器人用于活塞机加工上下料

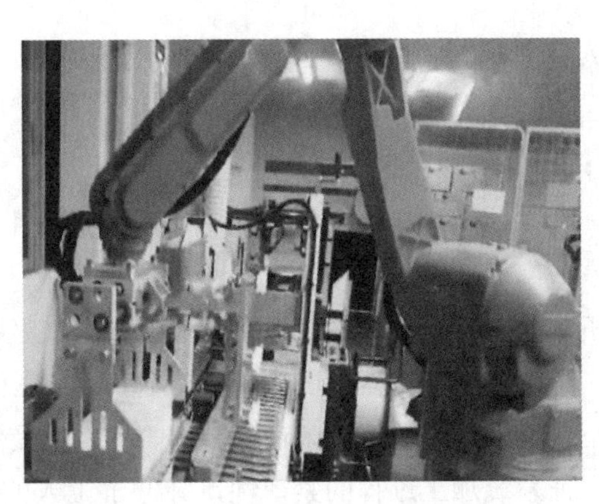

图 6.37　工业机器人用于 3C 电子产品装箱

第7章　工业机器人车削加工工作站

7.1　项目目的

※ 车削加工工作站项目分析

7.1.1　项目背景

在使用机床进行机械加工制造的过程中，许多岗位主要依赖工人的体力和技能，生产效率低、劳动强度大、缺少熟练技工人才，难以保障产品稳定性和一致性，促使机床机械加工行业越来越多地采用工业机器人及智能制造技术来改造传统工艺流程。

随着工业机器人的应用越来越广泛，应用技术也越来越高，因此工业机器人自动上下料机构作为数控机床辅助部件，越来越受到重视。通过机器人和数控机床的紧密配合，保证系统加工过程的紧密性，降低了工人的劳动强度，大大提高了工作效率，具有较好的应用价值。工业机器人与数控机床应用场景如图7.1所示。

图7.1　工业机器人与数控机床应用场景

7.1.2　项目目的

（1）初步了解工业机器人在车削加工站中所发挥的作用。

（2）熟悉车削加工的工艺流程，以及本项目控制系统之间的原理。

（3）全面分析车削加工的工作站和设计要点，熟悉项目内容并形成总结。

7.2　项目分析

7.2.1　项目构架

车削加工在本智能制造生产线上属于工艺流程的第二个环节，继冲压成型之后，对产品的外观进行加工，以提高产品的实用性和美观性。工业机器人车削加工工作站平面布局图如图 7.2 所示，工业机器人车削加工工作站现场加工图如图 7.3 所示。

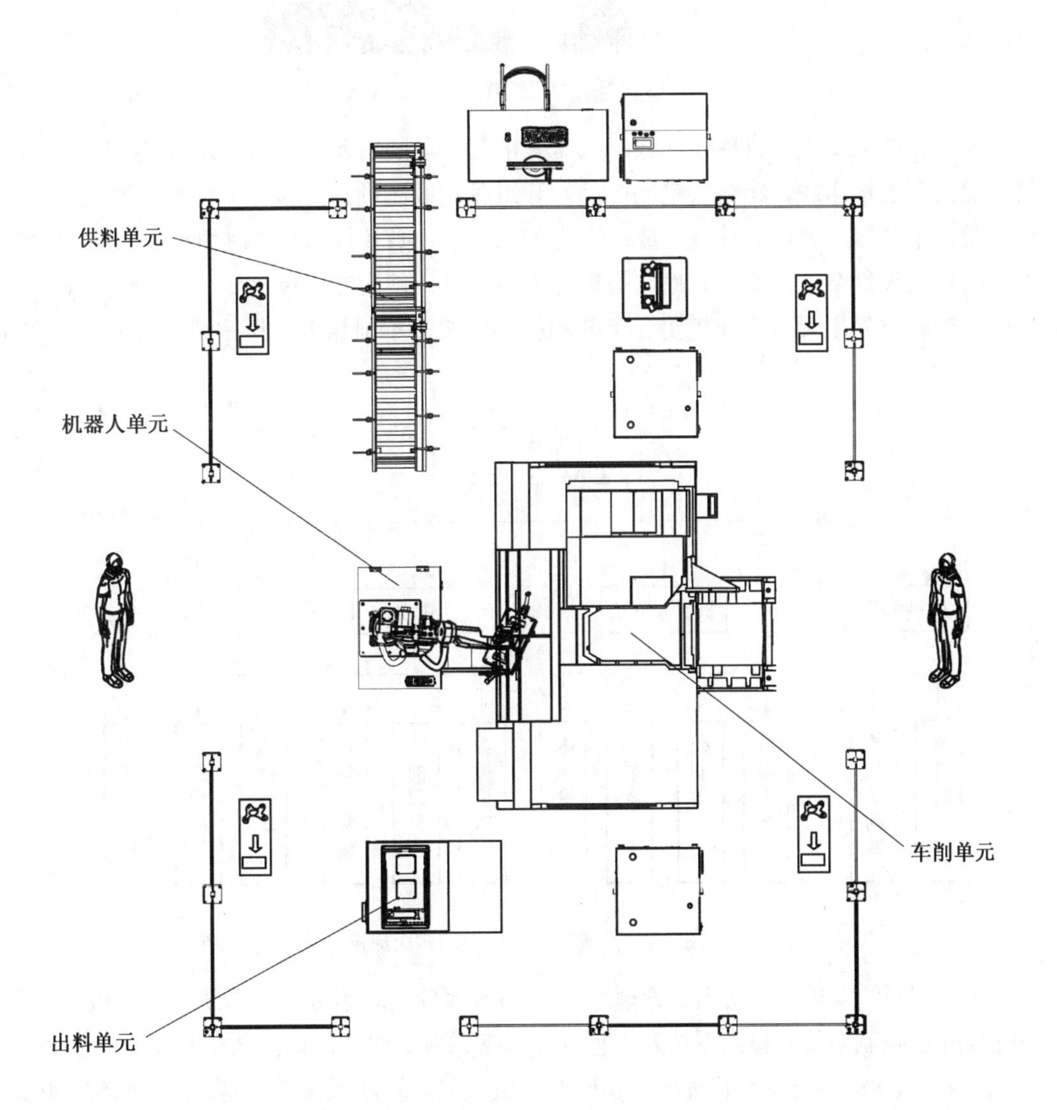

图 7.2　车削加工工作站平面布局图

图 7.3　车削加工工作站现场加工图

本工作站主要由供料单元、钱江机器人单元、车削单元、出料单元组成。其中，供料单元主要由输送线、物料（定制产品）等组成；钱江机器人单元主要由机器人本体、控制器、示教器、末端夹具等组成；车削单元主要由数控机床和刀具组成，但数控机床本身的构造很复杂，无论是硬件结构还是软件环境，都比冲压单元复杂，更适用于柔性生产；出料单元主要由直线模组、工业相机等组成。车削加工工作站结构组成如图 7.4 所示。

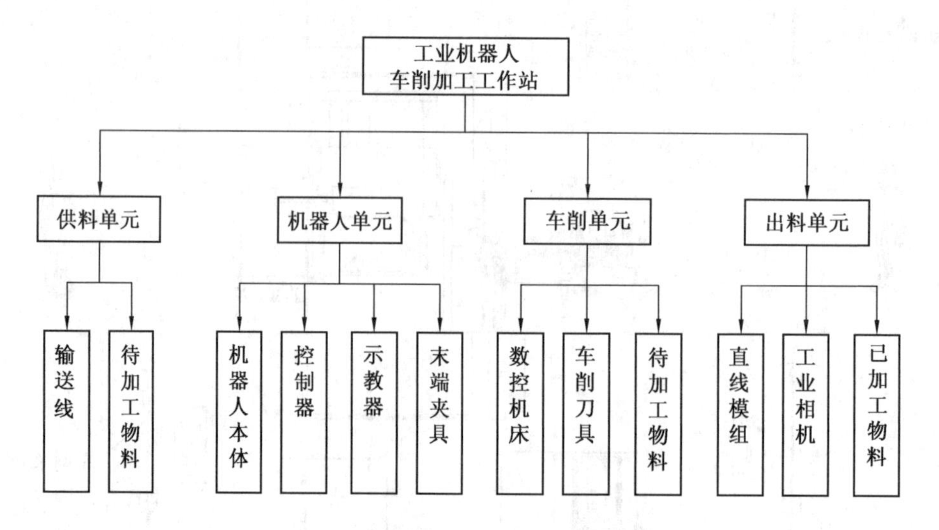

图 7.4　车削加工工作站结构组成图

在控制系统架构上主要由云管理系统、MES 系统、机器人控制系统、数控机床控制系统、PLC 控制系统、检测系统及其他外围设备系统等组成，如图 7.5 所示。

其中，MES 系统作为管理层，实时监控数控机床控制系统、机器人控制系统、PLC 控制系统的状态信息；而数控机床控制系统、机器人控制系统、PLC 控制系统作为控制层，用于控制现场各类设备和仪表；检测系统与外围设备系统作为设备层，直接采集传感器或执行机构的信号。

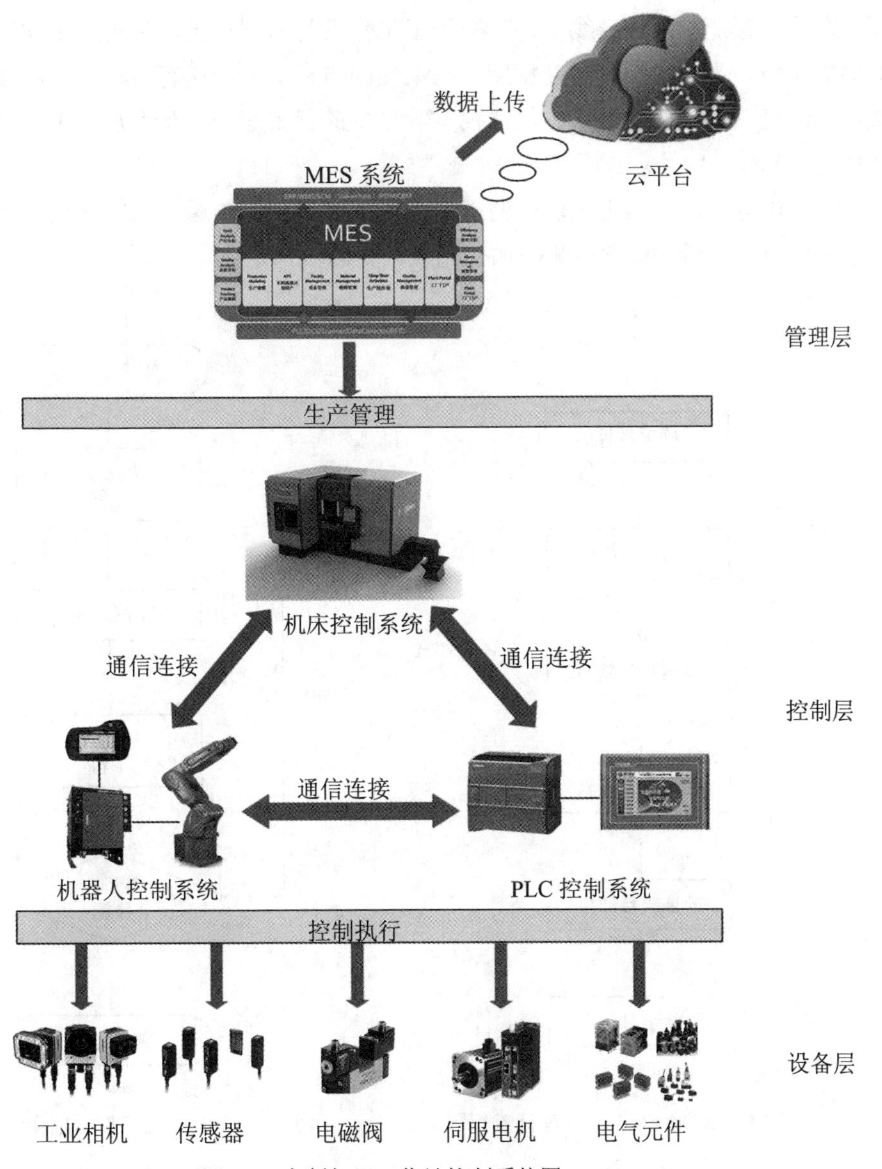

图 7.5　车削加工工作站控制系统图

7.2.2　项目流程

学习掌握工业机器人车削加工工作站项目流程如下：首先要明确项目目的，了解工业机器人车削加工工作站的设计背景及学习目的；其次分析项目构架，对工业机器人车削加工工作站中硬件组成、系统构架、工艺流程等进行剖析；再次掌握项目要点，理解工业机器人车削加工工作站中的必要知识点；然后实施项目步骤，逐步掌握工业机器人车削加工工作站的流程；接下来验证项目结果，比较项目设计预期效果与调试运行的结果；最后总结项目学习心得，对此次项目进行梳理，以及拓展本项目相关应用等，如图 7.6 所示。

在整个智能制造生产线中，车削加工工作站是典型代表，它既有工业机器人自动上下料的参与，又有数控机床高精度、高柔性的自动加工，还有机器视觉的测量和检测。通过钱江机器人、数控机床、机器视觉等设备的紧密配合，车削加工工作站得以生产高品质的产品。

工业机器人车削加工工作站的工作流程主要包括：输送线供料—机器人上料—车削加工—机器人下料—视觉检测—加工完成，如图 7.7 所示。

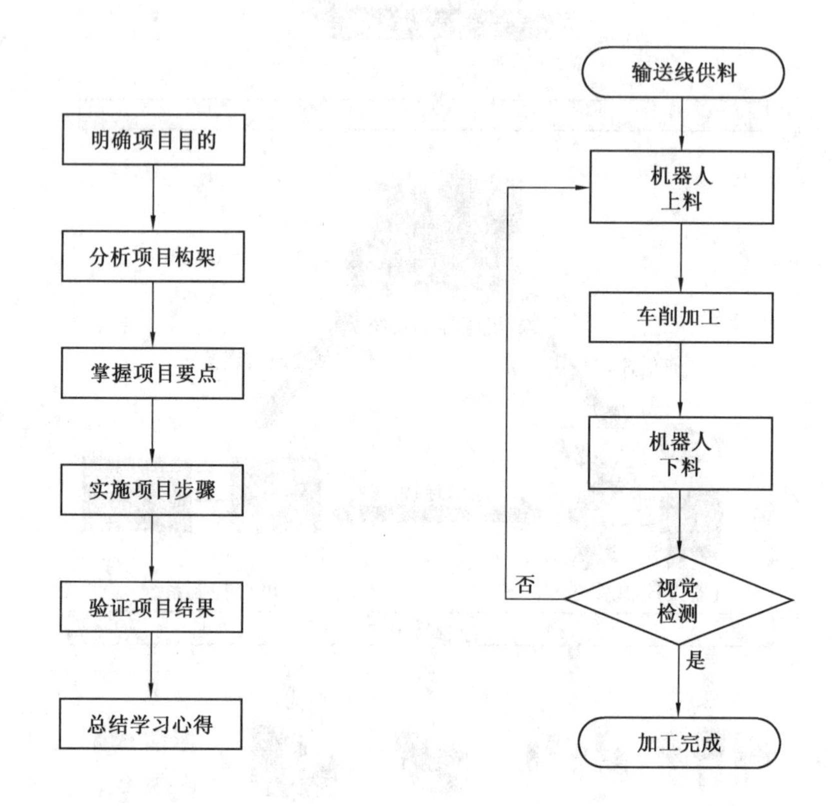

图 7.6　车削加工工作站项目流程图　　图 7.7　车削加工工作站工作流程图

7.3　项目要点

7.3.1　车削流程

车削加工是在车床上利用工件相对于刀具旋转对工件进行切削加工的方法。车削加工的切削能主要由工件而不是刀具提供。车削是最基本、最常见的切削加工方法，在生产中占有十分重要的地位，如图 7.8 所示。车削适于加工回转表面，大部分具有回转表面的工件都可以用车削方法加工，如内外圆柱面、内外圆锥面、端面、沟槽、螺纹和回转成型面等，所用刀具主要是车刀。

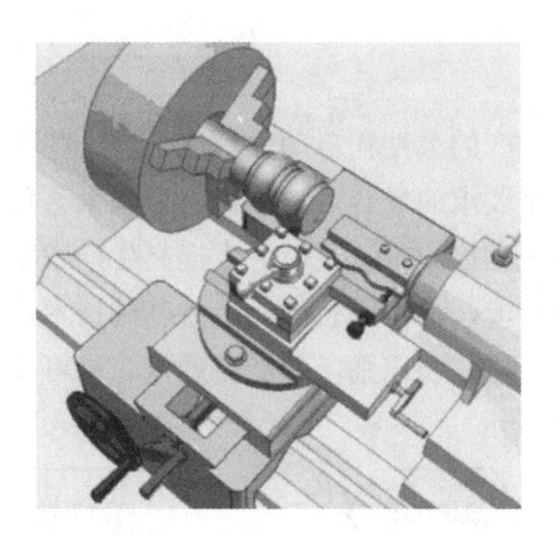

图 7.8　车削加工示意图

车削一般分为粗车和精车（包括半精车）两类。粗车力求在不降低切速的条件下，采用大的切削深度和大进给量以提高车削效率，是外圆粗加工最经济有效的方法。由于粗车的目的主要是迅速地从毛坯上切除多余的金属，因此提高生产率是其主要任务；半精车和精车尽量采用高速而较小的进给量和切削深度，主要任务是保证零件所要求的加工精度和表面质量。

根据以上车削加工的工作原理，车削加工具有以下特点。

（1）车削适合于加工各种内、外回转表面。

（2）车刀结构简单，制造容易，便于根据加工要求对刀具材料、几何角度进行合理选择。车刀刃磨及装拆也较方便。

（3）车削对工件的结构、材料、生产批量等有较强的适应性，应用广泛。除可车削各种钢材、铸铁、有色金属外，还可以车削玻璃钢、夹布胶木、尼龙等非金属。

（4）除毛坯表面余量不均匀外，绝大多数车削为等切削横截面的连续切削，因此，切削力变化小，切削过程平稳，有利于高速切削和强力切削，生产效率高。

本工作站车削加工的产品是在数控机床上生产加工完成的，因此在加工工艺和刀具的选择上，也区别于普通车床加工工艺和数控刀具。实际生产加工时，往往使用不同的刀具和加工方法以符合设计的要求。如图 7.9 所示，在冲压成型后的产品上，经过车削加工工艺后，已经具备锅体的基本形状。

（a）锅底车削

（b）锅边车削

图 7.9　车削加工效果图

7.3.2 机器视觉的应用

机器视觉系统提高了生产的柔性和自动化程度。在一些不适合于人工作业的危险工作环境或人类视觉难以满足要求的场合，常用机器视觉来替代人类视觉；同时在大批量工业生产过程中，用机器视觉检测方法可以大大提高生产效率和生产的自动化程度。而且机器视觉易于实现信息集成，是实现智能制造的基础技术，可以在生产线上对快速流转的产品进行测量、引导、检测和识别，并能高质量、高可靠地完成生产任务。机器视觉系统应用流程如图 7.10 所示。

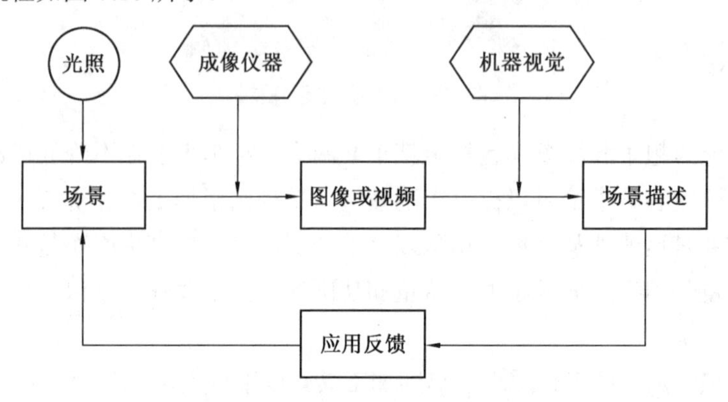

图 7.10　机器视觉系统应用流程

工业相机是机器视觉系统中的一个关键组件，其最本质的功能就是将光信号转变成有序的电信号。它具有高图像稳定性、高传输能力和高抗干扰能力等，市面上工业相机大多是基于 CCD 或 CMOS 芯片的相机。

工业相机的主要参数包括传感器尺寸、分辨率、像素深度、最大帧数、曝光方式和快门速度、特征分辨率、数据接口类型、光学接口等。从工业相机的主要参数中可以看出，选择合适的相机也是机器视觉系统设计中的重要环节。相机的选择不仅直接决定所采集到的图像分辨率、图像质量等，同时也与整个系统的运行模式直接相关。工业相机应用流程如图 7.11 所示。

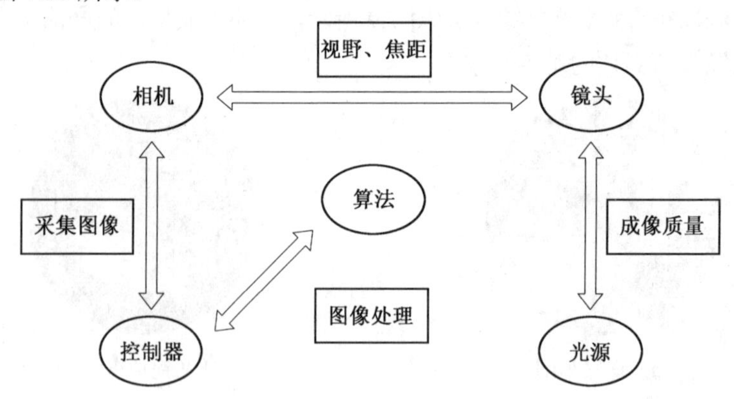

图 7.11　工业相机应用流程

在视觉系统中，软件的重要性要高于镜头和光源，有时甚至比所有硬件都重要。视觉软件环境主要是利用特定功能的工具库、程序脚本或图形化编程环境，开发、部署和维护视觉应用。其最主要的用途是进行图像的处理，以便对产品进行测量、引导、检测和识别。

本车削加工工作站采用 ARHawkVision（ASD Robotics Hawk Vision）机器视觉平台软件，ARHawkVision 由爱仕达上海智能研究院完全自主开发，可广泛应用于不同视觉场景的机器视觉平台软件。在软件功能应用方面，具有算法工具箱、过滤器、逻辑管理、程序编辑器、HMI 界面编辑器等功能。该机器视觉平台软件可兼容多种机器视觉硬件，如图 7.12 所示，具有以下功能。

（1）提高测试效率。机器视觉应用工程师可利用平台集成应用软件快速进行实际机器视觉项目的测试。

（2）提高开发效率。机器视觉开发工程师可利用平台针对特殊项目快速进行二次开发。

（3）便于编程操作。采用模块化高级编程方式，机器视觉应用工程师无须掌握高级语言编程知识。

（4）支持端口接入。支持多种接口（GigE、USB3 等）、多种品牌（海康、大华、balser 等）的 2D 和 3D 相机，支持多种 IO 控制接口（TCP/IP、RS232、RS485、GPIO）。

（5）多种算法集成。集成 2D 图像处理算法（定位、测量、识别、检测）、深度学习算法和机器人 3D 图像算法。

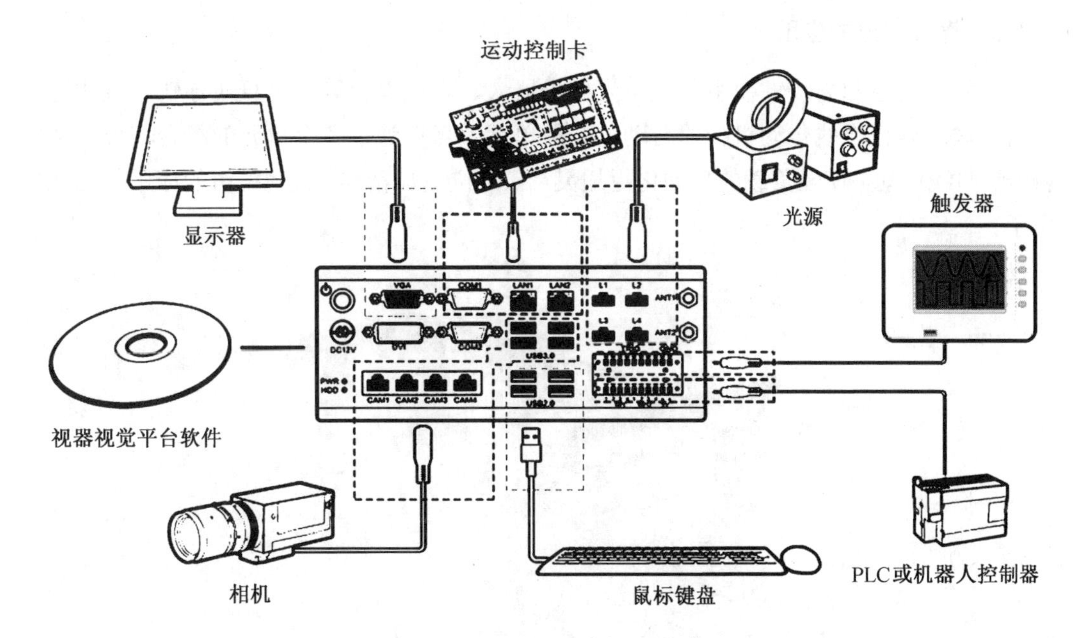

图 7.12　机器视觉平台硬件结构

本工作站在机器视觉配置上要经过以下几个步骤：首先将相机安装固定在合适的位置，使用软件设置相机的参数；其次进行图像处理和编程，并配置与机器人或其他设备的通信参数；最后经过图像的检测和识别，确保产品的质量。机器视觉配置流程如图 7.13 所示。

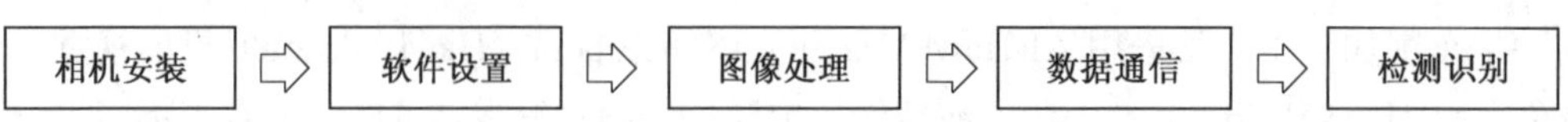

图 7.13　机器视觉配置流程

由于锅具的种类繁多，形状各异，缺陷形式多样，背景复杂易干扰，所以本项目使用深度学习算法来检测缺陷，提高识别率，以检测锅具在冲压、车削加工等多个环节中的各类缺陷。产品全表面缺陷检测如图 7.14 所示。

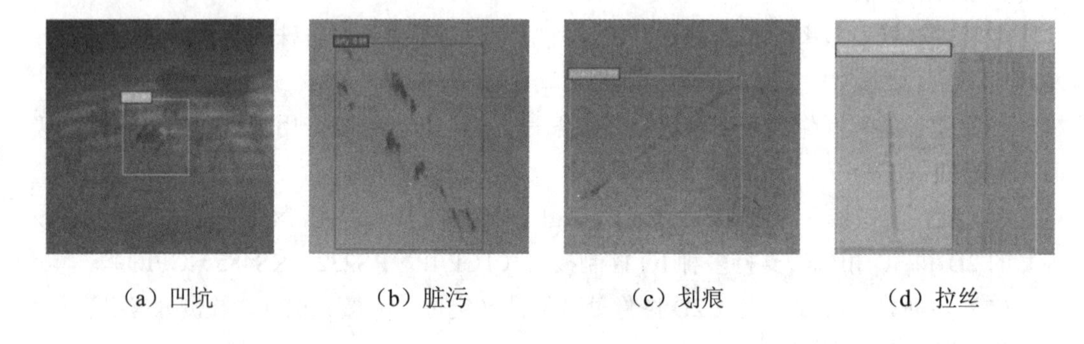

（a）凹坑　（b）脏污　（c）划痕　（d）拉丝

图 7.14　产品全表面缺陷检测

7.3.3　直线模组的应用

直线模组也称为线性模组、直角坐标机器人、直线滑台等，是直线导轨、直线运动模组、滚珠丝杆直线传动机构的自动化升级单元，可以通过各个单元的组合实现负载的直线、曲线运动，使轻负载的自动化更加灵活、定位更加精准。直线模组的应用如图 7.15 所示。

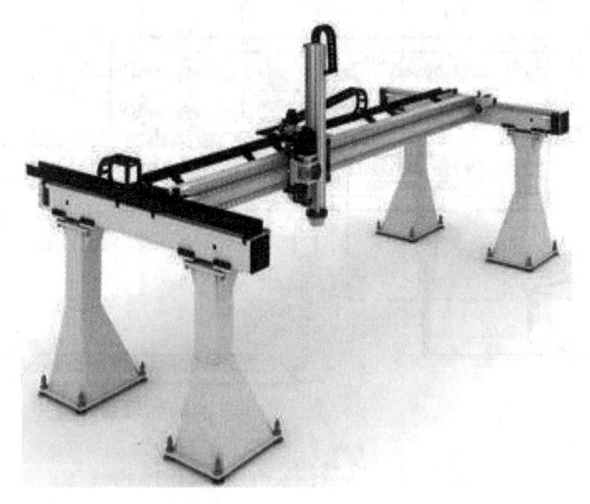

图 7.15　直线模组的应用

直线模组工作原理：将伺服电机与螺杆及同步带一体化设计的模块化产品，使伺服电机的旋转运动转换成直线运动，同时将伺服电机的精确转速控制、精确转数控制、精确扭矩控制等优点转变成精确速度控制、精确位置控制、精确推力控制，以实现高精度直线运动。直线模组工作原理如图 7.16 所示。

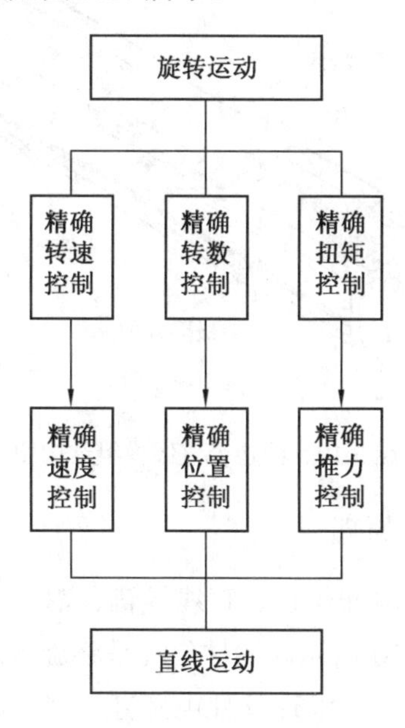

图 7.16　直线模组工作原理

直线模组可分为两种类型：同步带驱动和滚珠丝杆驱动，如图 7.17、图 7.18 所示。

图 7.17　同步带直线模组实物图

图 7.18　滚珠丝杆直线模组实物图

1. 同步带直线模组工作原理

同步带直线模组主要由皮带、直线导轨、铝合金型材、联轴器、电机、光电开关等组成，如图 7.19 所示。皮带安装在直线模组两侧的传动轴上，动力输入轴固定在皮带上，以阻挡装置的滑块。当投入使用时，滑块由皮带驱动。通常同步带直线模组经过了具体的设计，在一侧可以控制皮带的松紧度，方便了设备在生产过程中的调试。同步带直线模组可根据不同负载选用刚性轨，以提高线性模块的刚度。不同规格的直线模组，负载上限不同。同步带直线模组的精度取决于皮带质量和加工过程中的组合精度。

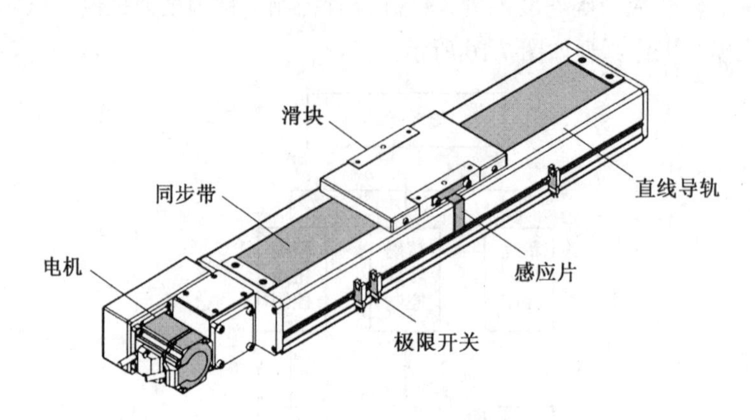

图 7.19　同步带直线模组结构图

2. 滚珠丝杆直线模组工作原理

滚珠丝杆直线模组主要由滚珠丝杠、直线导轨、铝合金、滚珠丝杠副、联轴器、电机、光电开关等组成，如图 7.20 所示。滚珠丝杠是将旋转运动转化为直线运动或将直线运动转化为旋转运动的理想产品。滚珠丝杠由螺钉、螺母和滚珠组成。滚珠丝杠由于摩擦阻力小，广泛应用于各种工业设备和精密仪器中，高负荷条件下可实现高精度直线运动。

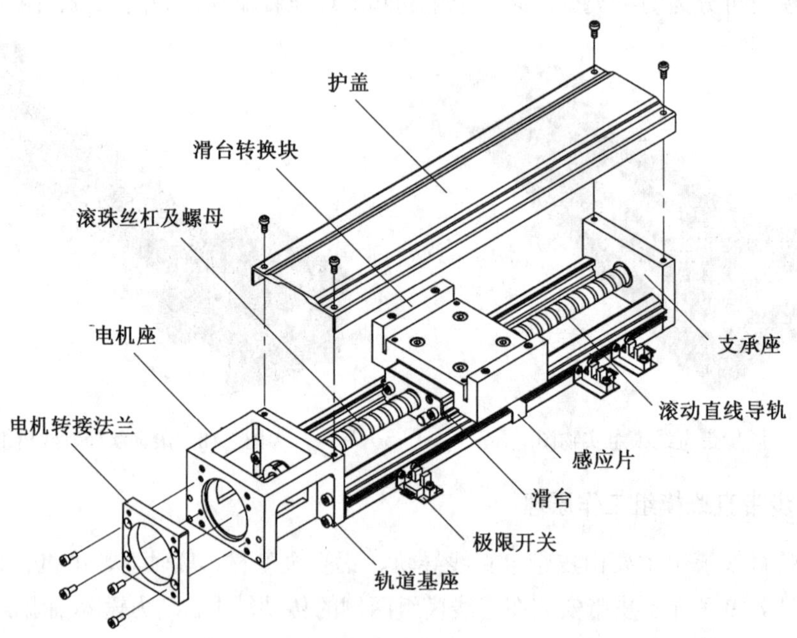

图 7.20　滚珠丝杠直线模组结构图

通过同步带直线模组与滚珠丝杠直线模组的对比分析，本工作站出料单元采用滚珠丝杠直线模组，其具有定位精度高、摩擦力小、刚性高、负载能力强等特点。滚珠丝杠直线模组现场实物图如图 7.21 所示。

图 7.21　滚珠丝杠直线模组现场实物图

7.3.4　工业机器人应用

工业机器人与数控机床融合的集成方式，除第 6 章所介绍的单机上下料、机器人与机床组成柔性生产线外，还包括以下几种方式。

1. 与机床共同完成加工工艺过程

机器人夹持工件在冲剪、折弯机上实现加工操作，不仅是简单的上下料，而是替代了所有原来的人工作业。这比人工操作更加准确和快速，从而提高了产品质量和生产效率，尤其是彻底解决了冲压类机床的工伤隐患，工业机器人与机床共同生产加工如图 7.22 所示。

2. 独立完成加工工序

给机器人装上专用手爪，机器人可以完成切割、打磨、抛光、清洗等工艺过程，甚至可以让机器人直接夹持加工工具，对工件进行打孔、攻丝、铆接和切削加工。在这种情形下，机器人本身就是一台数控机床。工业机器人独立生产加工如图 7.23 所示。

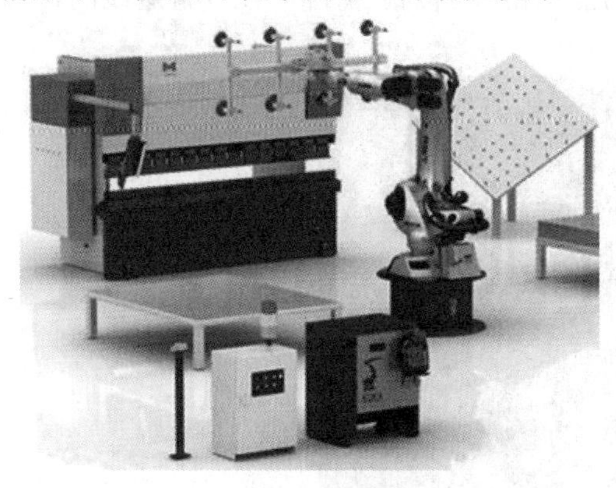

图 7.22　工业机器人与机床共同生产加工

图 7.23　工业机器人独立生产加工

在本项目生产过程中，采用机器人与机床组成柔性生产线的方式。本工作站采用钱江机器人（型号：QJR10-1）完成机器人自动上下料等搬运工作。

7.4 项目步骤

※ 车削加工工作站项目步骤

7.4.1 应用系统连接

工业机器人车削加工工作站总共由四部分组成：供料单元、钱江机器人单元、车削加工单元、出料单元。在应用系统连接时，需要对这四个单元进行机械组装、电气装配、控制系统连接等操作。工业机器人车削加工工作站应用系统连接如图 7.24 所示。

（a）供料单元

（b）钱江机器人单元

（c）车削加工单元

（d）出料单元

图 7.24　工业机器人车削加工工作站应用系统连接

7.4.2 应用系统配置

工业机器人车削加工工作站在运行前，需要对整个系统进行配置，以保证每次运行之前，所有单元处于初始状态。前文已经提及，在本智能制造产线中，前一个工作站的出料单元，可以作为下一个工作站的供料单元，对比在以下的工作站中不再进行说明。

1. 供料单元配置

保证输送线上无杂物及物料存放，传感器能正常检测到料情况，以及输送线的传送机构能正常运行，如图 7.25 所示。

图 7.25　供料单元初始配置

2. 机器人单元配置

钱江机器人在运行之前，确保各轴处于安全位置（如机械零点），如图 7.26 所示，机器人周边无杂物，避免机器人在运行时，出现碰撞等严重问题；机器人电气连接正确无误，I/O 信号处于初始状态，如图 7.27 所示；机器人夹具安装正确且牢固，吸盘能正常工作，初始状态时，吸盘无物料存在，如图 7.28 所示。

图 7.26　机器人本体安全位置状态

图 7.27　机器人 I/O 信号初始状态

图 7.28　机器人夹具安装初始状态

3. 车削加工单元配置

数控机床处于待机运行状态，并将程序进行复位，数控机床置物台上无物料及杂物存放，刀具处于初始位置，保证台面的整洁，如图 7.29 所示。

4. 出料单元配置

保证直线模组的台面上无物料及杂物存放，能够正常地运送产品，视觉检测功能正常，能按照产品的质量要求准确识别检测特征，如图 7.30 所示。

图 7.29　车削加工单元初始状态

图 7.30　出料单元初始状态

7.4.3　主体程序设计

工业机器人车削加工工作站的主体程序由钱江机器人与各生产单元配合的程序构成。机器人程序由基本的运动指令及逻辑指令构成，主要包括机器人上料程序、车削程序、机器人下料程序，如图 7.31 所示。

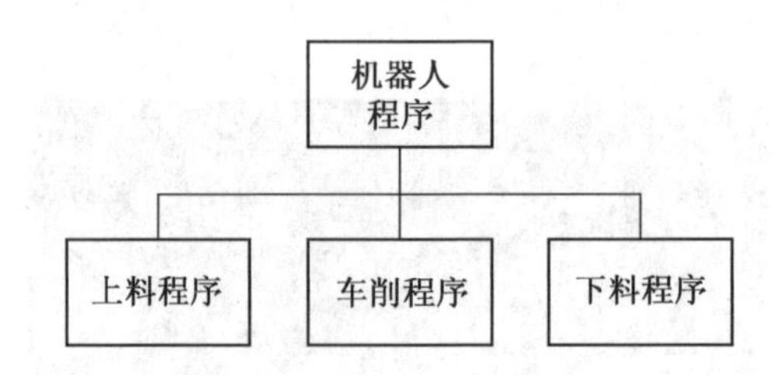

图 7.31　主体程序设计图

机器人上料程序实现的功能是当检测到物料充足时，机器人通过运动指令抓取物料，并放置到切削机床的置物台上。机器人上料程序如下：

```
前台程序：0415.rbg
1   ML  GP17  V=2100.00mm/s  B=0  U=9
2   ML  GP13  V=2100.00mm/s  B=0  U=9
3   ML  GP14  V=2100.00mm/s  B=0  U=9
4   ML  GP13  V=2100.00mm/s  B=0  U=9
5   ML  GP18  V=2100.00mm/s  B=0  U=9
6   ML  GP15  V=2100.00mm/s  B=0  U=9
7   ML  GP16  V=2100.00mm/s  B=O  U=9
8   ML  GP15  V=2100.00mm/s  B=O  U=9
```

车削程序实现的功能是当机器人将锅体放置到数控机床的置物台上时，机器人移开并发送给数控机床工作信号，数控机床得到信号，并检测到置物台上有工件时，进行车削工作。车削程序如图 7.32 所示。

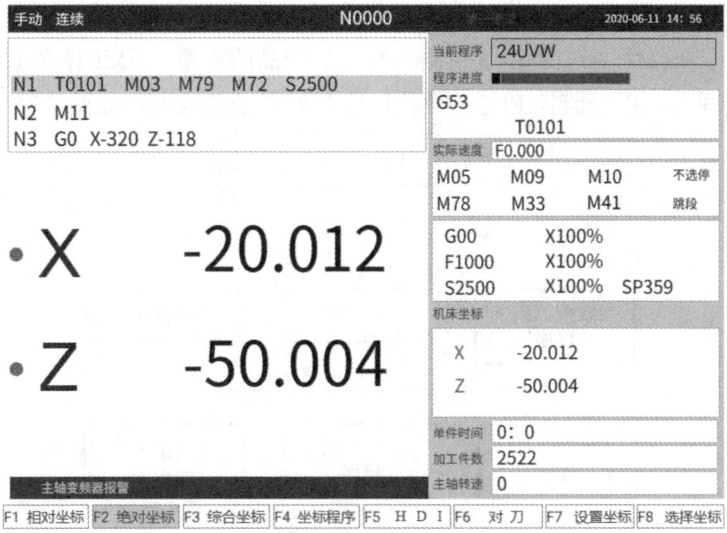

图 7.32　车削程序

机器人下料程序实现的功能是当机器人得到车削完成的信号后，使用机器人将物料搬运到检测单元的置物台上。机器人下料程序如下：

```
NOP
COORD_NUM  COOR=PCS1  ID=0
DOUT  DO0.14=0
DOUT  DO0.15=0
WAIT  DO0.03=1  T=0.00  s  B1
MOVL  P98  V=500.00mm/s  BL=0.00  VBL=0.00
WAIT  DI0.07=1  T=0.00  s  B1
MOVL  P2  V=500.00mm/s  BL=2.00  VBL=0.00
MOVL  P3  V=500.00mm/s  BL=0.00  VBL=0.00
DOUT  DO0.14=1
WAIT  DI0.14=1  T=0.00  s  B1
TIMER  T=800  ms
PULSE  DO0.07  T=1.00  s
MOVL  P2  V=200.00mm/s  BL=0.00  VBL=0.00
```

7.4.4 关联程序设计

工业机器人车削加工工作站的关联程序主要由PLC程序、数控机床程序、视觉程序、HMI界面构成，如图7.33所示。PLC程序由反馈信号程序段、逻辑控制程序段，手/自动转换程序段等组成，如图7.34所示；数控机床程序主要用于物料的切削和刀具的更换，如图7.35所示；视觉程序主要用于检测车削之后产品的质量；HMI界面主要涉及界面设计及变量的关联等，用于监控PLC、数控机床及外围设备状态，如图7.36所示。

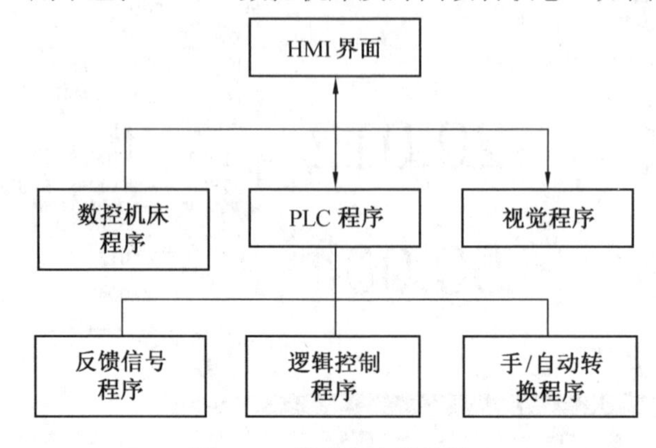

图7.33 关联程序设计图

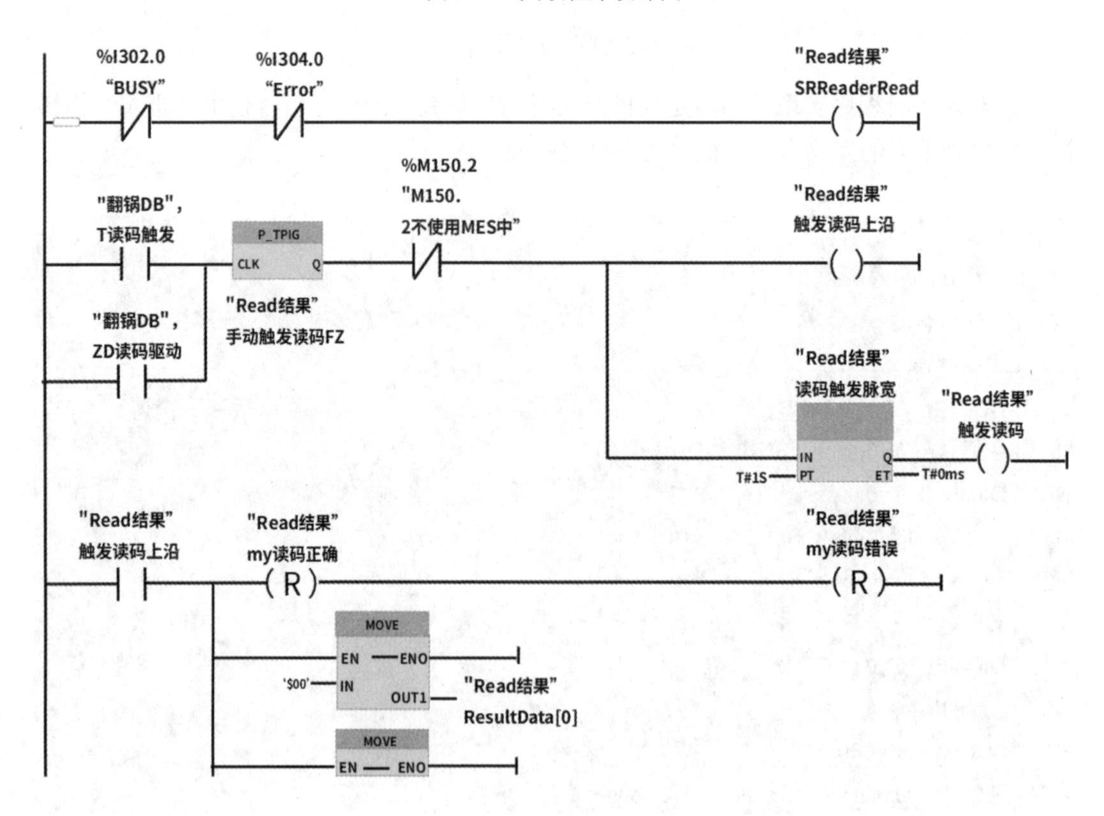

图7.34 PLC程序

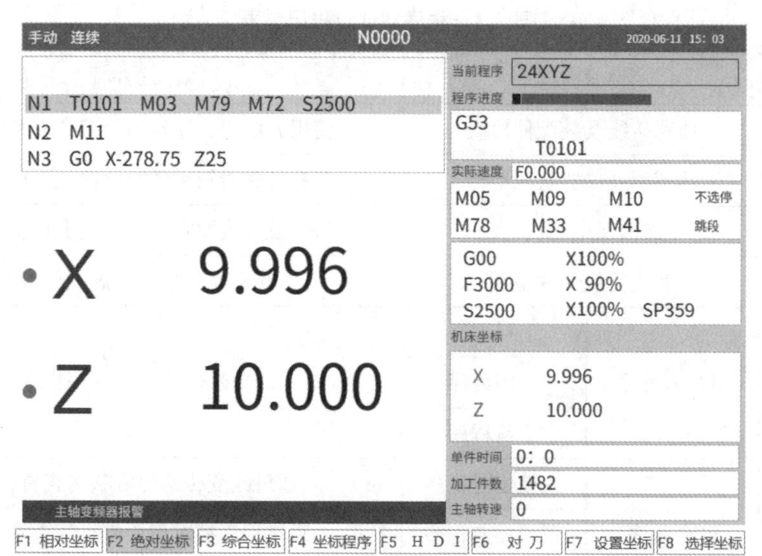

图 7.35　数控机床程序

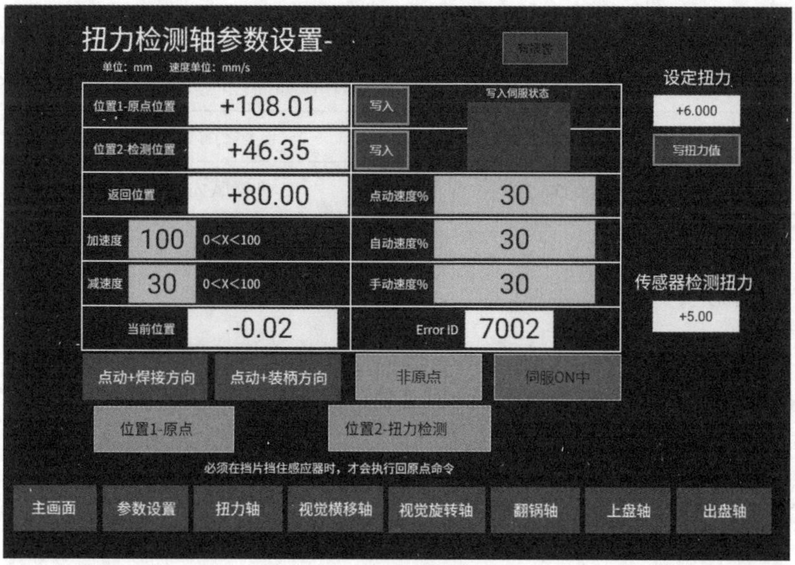

图 7.36　HMI 界面

7.4.5　项目程序调试

程序调试主要是对机器人程序、PLC 程序、数控机床程序、HMI 界面等相关程序进行测试，保证配置信号的正常，以使设备能够按照预期的效果运行，程序调试过程记录表见表 7.1。例如，通过钱江机器人 I/O 信号控制吸盘的开合，通过 PLC 程序控制直线模组的动作，或者通过数控机床的程序模拟加工过程，然后在 HMI 界面上查看设备运行的状态等。

表 7.1　程序调试过程记录表

<table>
<tr><th>调试步骤</th><th colspan="2">调试内容</th><th>调试方法</th></tr>
<tr><td rowspan="4">硬件设施</td><td colspan="2">线路接线及装配件检查</td><td>使用万用表、螺丝刀等工具检测或紧固</td></tr>
<tr><td colspan="2">传感器及仪器仪表检测</td><td>观察传感器指示灯、仪器仪表指针变化</td></tr>
<tr><td colspan="2">电磁阀及电动机检测</td><td>观察电磁阀线圈吸合、电动机正反转的状态</td></tr>
<tr><td colspan="2">其余电气元件检测</td><td>观察元件指示灯等工作状态</td></tr>
<tr><td rowspan="9">程序逻辑</td><td rowspan="3">机器人程序</td><td>上料程序</td><td rowspan="3">单步低速运行程序指令</td></tr>
<tr><td>车削程序</td></tr>
<tr><td>下料程序</td></tr>
<tr><td rowspan="3">PLC 程序</td><td>反馈信号程序</td><td>通过改变传感器等状态查看程序</td></tr>
<tr><td>逻辑控制程序</td><td>通过程序控制伺服电机等查看状态</td></tr>
<tr><td>手自转换程序</td><td>通过转换程序，查看各自运行状态</td></tr>
<tr><td>数控机床程序</td><td>车削程序</td><td>通过数控机床程序独立运行，模拟加工过程</td></tr>
<tr><td>视觉程序</td><td>检测程序</td><td>通过视觉相机的检测，判断产品是否符合质量要求</td></tr>
<tr><td colspan="2">HMI 界面组件状态</td><td>通过 HMI 界面控制设备运行或反馈设备运行状态</td></tr>
<tr><td rowspan="2">调试运行</td><td colspan="2">检查控制系统之间的通信</td><td>试运行时无故障信息显示</td></tr>
<tr><td colspan="2">自动运行</td><td>手动测试无误，自动循环运行</td></tr>
</table>

7.4.6　项目总体运行

工业机器人车削加工工作站运行时，将工作站操控模式改为自动模式，按下启动按钮，工作站将按照工艺流程对物料进行加工处理。实际上，工作站在运行时，不仅仅是机器的运行，更是项目整体的运行。

7.5　项目验证

7.5.1　效果验证

工业机器人车削加工工作站自动运行说明，见表 7.2。

表 7.2　工业机器人车削加工自动运行

<table>
<tr><th>序号</th><th>图例</th><th>说　明</th></tr>
<tr><td>1</td><td rowspan="11">1 NOP
2 COORD_NUM COOR=PC S1 ID=0
3 WAIT DOL03=1 T=0.00 s B1
4 MOVL P1 V=800mm/s BL=0.00 VBL=0
5 DOUT DOL14=0
6 DOUT DOL15=0
7 * 1
8 IF DOL07==1 THEN
9 CALL PROG=red
10 ELSE
11 IF DOL08==1 THEN
12 CALL PROG=gold
13 ELSE
14 END IF</td><td>初始化设备</td></tr>
<tr><td>2</td><td>将手动模式改为自动模式</td></tr>
<tr><td>3</td><td>工业机器人安全位置</td></tr>
<tr><td>4</td><td>工业机器人抓取物料</td></tr>
<tr><td>5</td><td>工业机器人放置物料</td></tr>
<tr><td>6</td><td>工业机器人等待加工</td></tr>
<tr><td>7</td><td>数控机床车削物料</td></tr>
<tr><td>8</td><td>工业机器人抓取物料</td></tr>
<tr><td>9</td><td>工业机器人放置物料</td></tr>
<tr><td>10</td><td>直线模组传送物料</td></tr>
<tr><td>11</td><td>视觉检测物料</td></tr>
</table>

7.5.2　数据验证

工业机器人车削加工工作站在运行时，钱江机器人、PLC、数控机床、HMI 以及其他外围设备的运行情况，如 I/O 信号、传感器信号等，均可显示在程序的界面上。在本工作站中，视觉检测信号可以作为数据验证的依据，如图 7.37 所示。

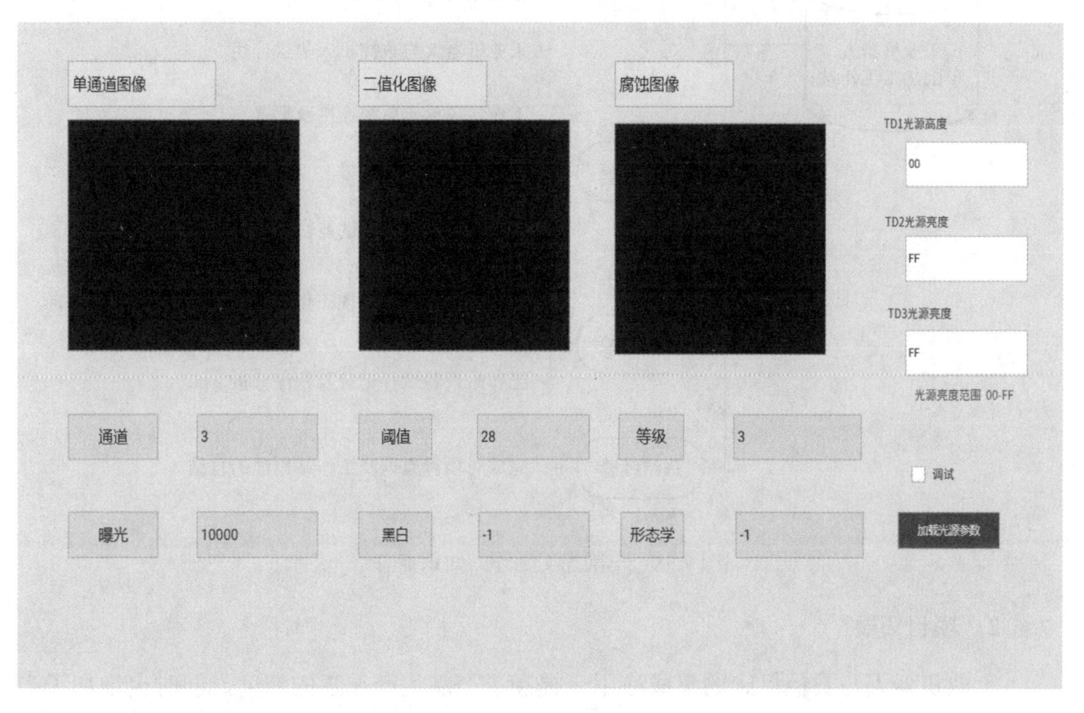

图 7.37　现场设备检测

7.6 项目总结

7.6.1 项目评价

通过学习工业机器人车削加工工作站项目，了解了工业机器人与数控机床的集成应用方式，以及在生产加工中机器视觉的应用，能够让读者了解到车削加工的工艺流程。此外，详细讲解了直线模组的工作原理。总体而言，数控机床的应用比普通机床更加柔性化、智能化，这也就要求读者需更加全面地掌握工业机器人与数控机床集成应用的知识。车削加工工作站知识点总结如图 7.38 所示。

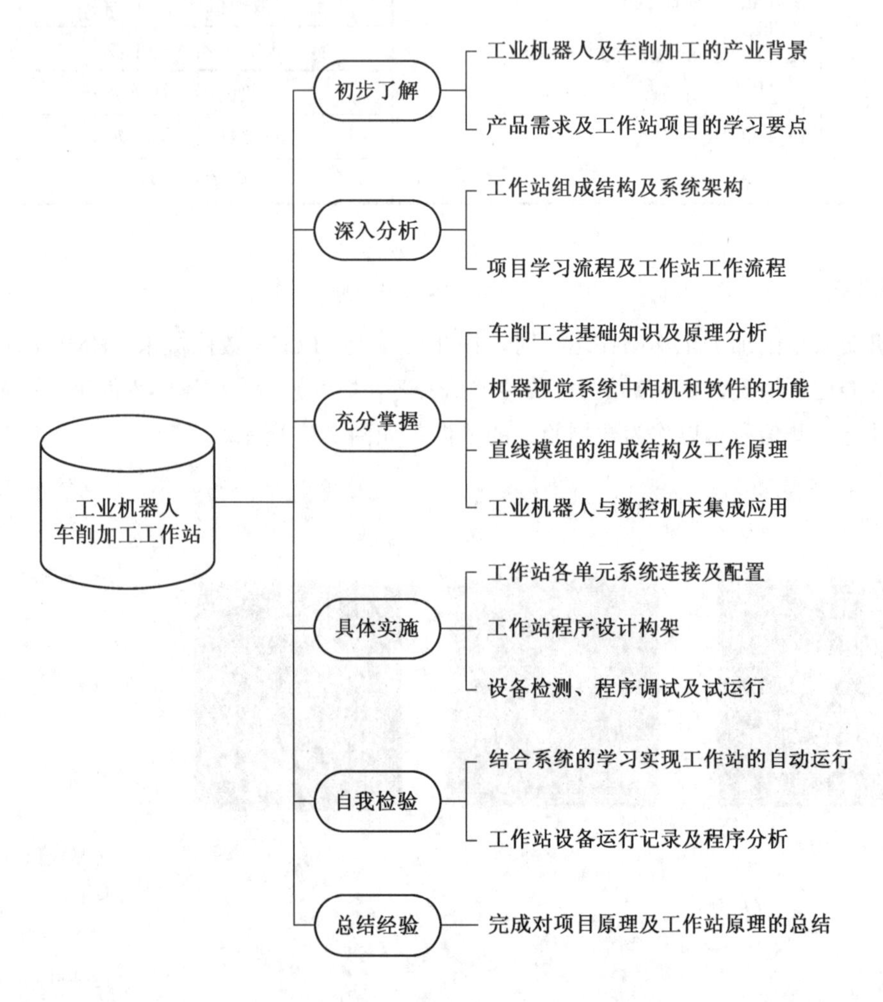

图 7.38 车削加工工作站知识点总结

7.6.2 项目拓展

工业机器人与数控机床的集成应用，提高了产品生产加工的精度，同时也增加了产线的柔性度，除了本工作站对炊具的车削加工外，还可以应用于 3C 电子、家电、汽车、卫浴等行业。结合本项目中的案例，以及以下工业现场图片（图 7.39，图 7.40），请对其他行业进行案例分析。

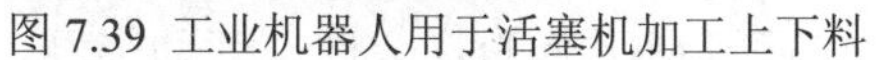
图 7.39 工业机器人用于活塞机加工上下料

图 7.40　工业机器人用于锅具压铸上下料

拓展一：当钱江机器人应用于摩托车行业的活塞加工时，如何剖析系统的工作原理？以及如何有效地应用工业机器人？

拓展二：当钱江机器人应用于家电行业的锅具生产时，如何剖析系统的原理？以及如何有效地应用工业机器人？

第 8 章　工业机器人焊接装配工作站

8.1　项目目的

※ 焊接装配工作站项目分析

8.1.1　项目背景

焊接是板材加工的后续工序，也是现代机械制造业中必不可少的一种加工工艺方法，在汽车制造、工程机械、摩托车等行业中占有重要的地位。过去采用人工操作焊接，焊接时的电弧、火花及烟雾等对人体会造成伤害，焊接制造工艺的复杂性、劳动强度、产品质量、批量等要求，使得焊接工艺对于自动化、机械化的要求极为迫切，实现机器人自动焊接代替人工操作焊接成为几代焊接人的理想和追求目标。焊接机器人是焊接自动化的革命性进步，它突破了焊接刚性自动化的传统方式，开拓了一种柔性自动化生产方式，如图 8.1 所示。

同样的，装配也是产品生产的后续工序，在制造业中占有重要地位，在人力、物力、财力消耗中占有很大比例。作为一项新兴的工业技术，机器人装配应运而生。装配机器人作为柔性自动化装配的核心设备，可大幅度提高生产效率，保证装配精度，减轻劳动者生产强度，如图 8.2 所示。

图 8.1　工业机器人焊接应用场景

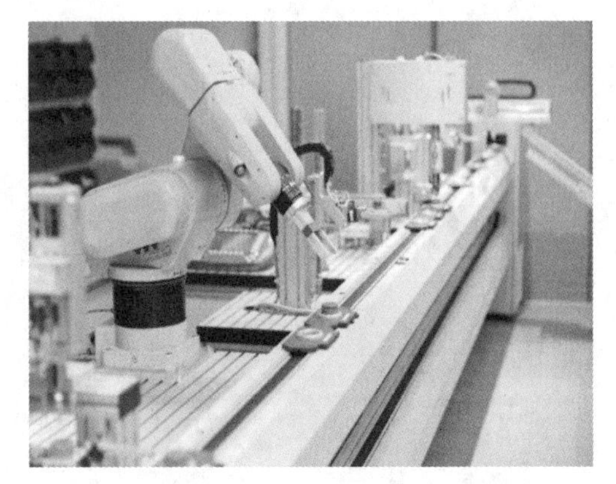

图 8.2　工业机器人装配模型图

8.1.2　项目目的

（1）初步了解工业机器人在焊接装配工作站中所发挥的作用。

（2）熟悉焊接装配的工艺流程，以及本项目控制系统之间的原理。

（3）掌握伺服系统的控制原理以及在本工作站中所发挥的作用。

（4）全面分析焊接装配工作站和设计要点，熟悉项目内容并进行总结。

8.2　项目分析

8.2.1　项目构架

在智能制造生产线上，工业机器人焊接装配工作站是生产线的核心部分，由伺服系统所集成的六个工位是本产线的重点，产品的焊接和装配等工艺流程在这六个工位上生产加工完成，是产品生产加工最后的也是最重要的环节。工业机器人焊接装配工作站平面布局图如图 8.3 所示，工业机器人焊接装配工作站生产加工图如图 8.4 所示。

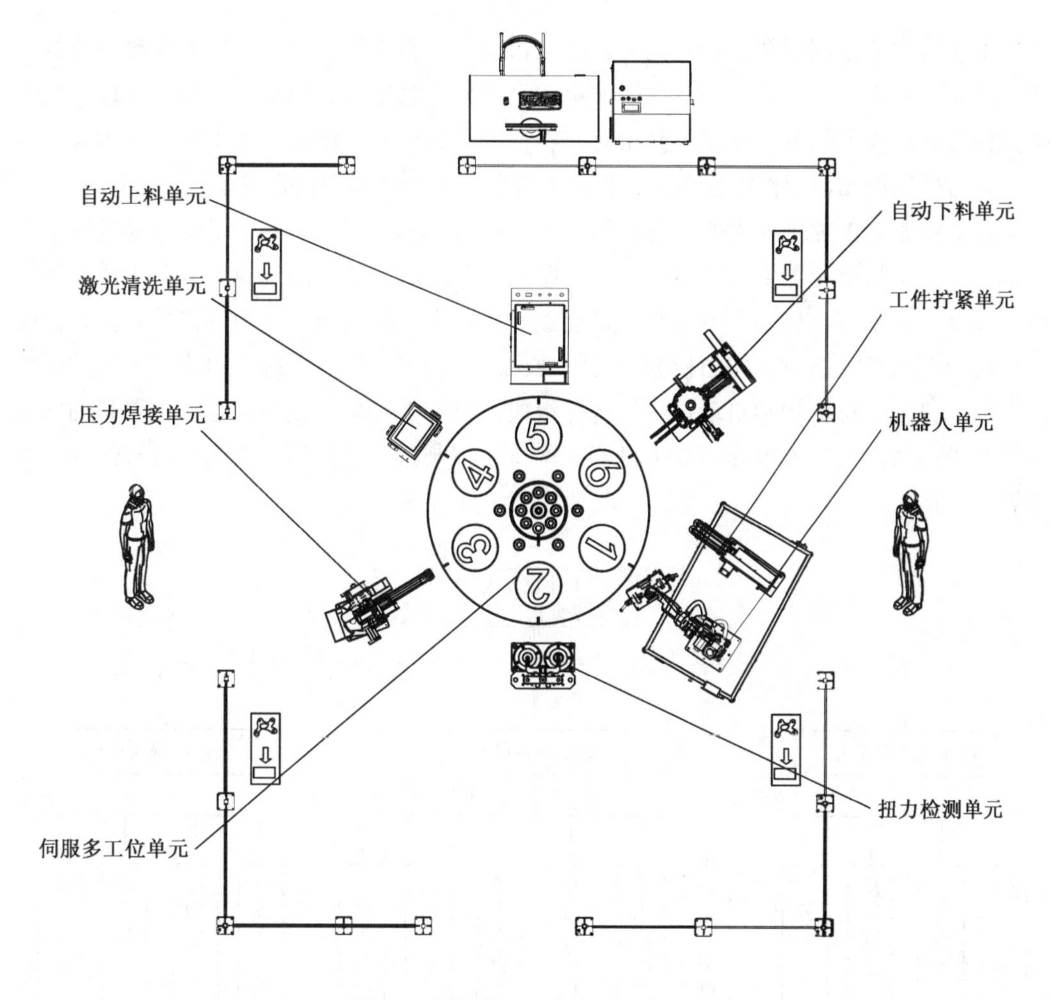

图 8.3　焊接装配工作站平面布局图

图 8.4　焊接装配工作站现场加工图

本项目主要由伺服多工位单元、自动上料单元、激光清洗单元、压力焊接（螺柱焊接）单元、扭力检测单元、钱江机器人单元、工件拧紧单元、自动下料单元组成。由于本工作站智能设备较多，在以下介绍时，将自动上料单元、激光清洗单元、压力焊接单元、扭力检测单元、工件拧紧单元、自动下料单元，统称为智能设备单元。

其中伺服多工位单元主要由伺服控制器、伺服电机、反馈装置、工位台等机械结构组成；自动上料单元主要由直线模组、伺服系统等组成；激光清洗单元主要由激光器系统、光束调整系统、移动平台系统、自动控制操作系统等组成；压力焊接单元主要由螺柱焊机、振动盘等组成；扭力检测单元主要由测量装置、伺服系统等组成；工件拧紧单元主要由自动送料机构和自动锁付机构等组成；自动下料单元主要由翻转装置和伺服系统等组成；钱江机器人单元主要由机器人本体、控制器、示教器、末端夹具等组成，如图 8.5 所示。

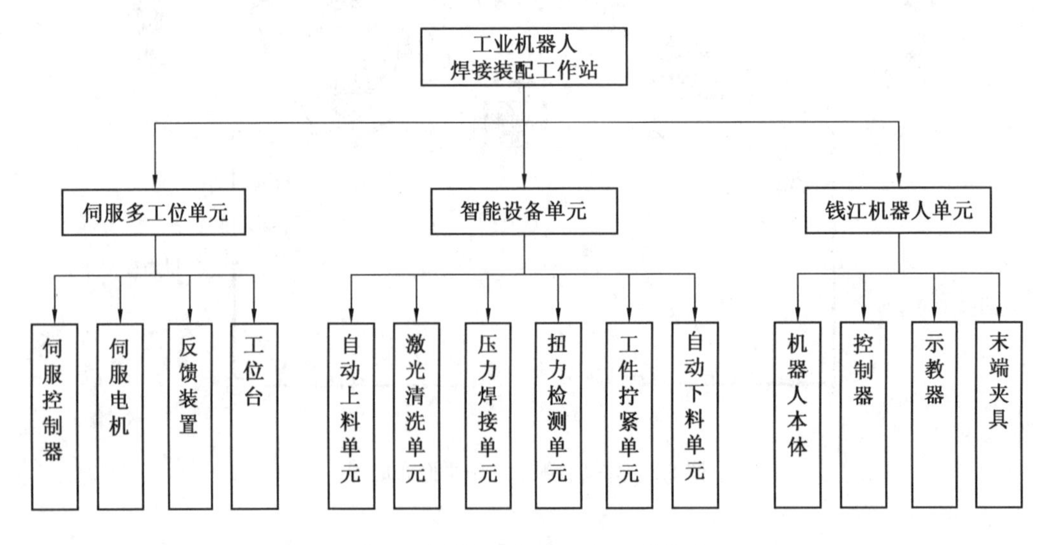

图 8.5　焊接装配工作站组成结构图

在控制系统架构上主要由云管理系统、MES 系统、机器人控制系统、伺服控制系统、激光清洗机控制系统、焊机控制系统、扭力测试仪控制系统、工件拧紧控制系统、PLC 控制系统等其他外围设备系统组成，如图 8.6 所示。

其中 MES 系统作为管理层，实时监控伺服控制系统、智能设备控制系统、机器人控制系统、PLC 控制系统的状态信息。伺服控制系统、智能设备控制系统、机器人控制系统、PLC 控制系统作为控制层，实际上，伺服控制系统与 PLC 控制系统共同结合，才能驱动伺服电机等现场设备。

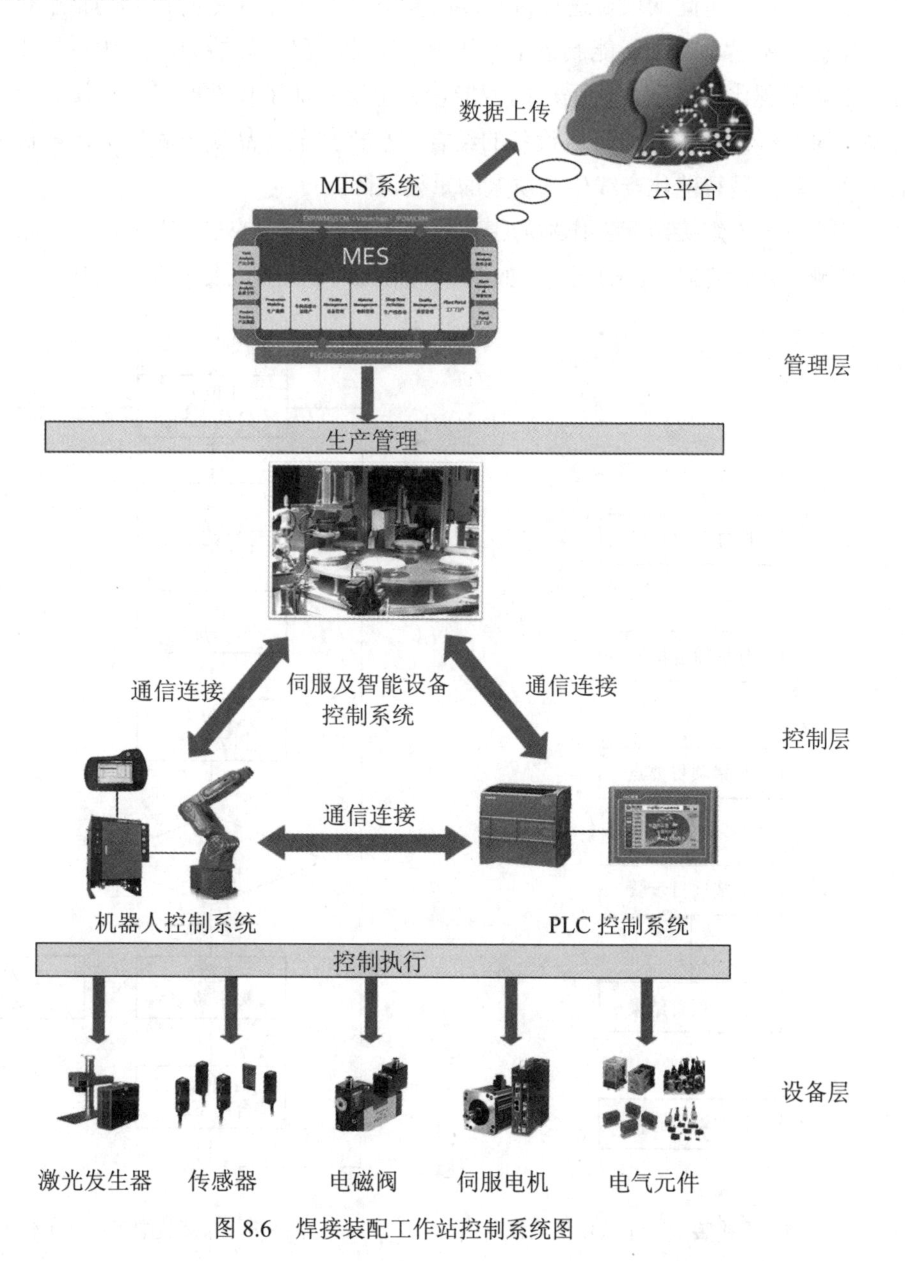

图 8.6　焊接装配工作站控制系统图

8.2.2 项目流程

工业机器人焊接装配工作站项目流程如下：首先要明确项目目的，了解工业机器人焊接装配工作站的背景及学习目的；其次分析项目构架，对工业机器人焊接装配工作站中硬件组成、系统构架、工艺流程等进行解剖；再次掌握项目要点，理解工业机器人焊接装配工作站中的必要知识点；然后实现项目步骤，逐步掌握工业机器人焊接装配工作站的流程；接下来验证项目结果，比较项目设计预期效果与调试运行的结果；最后总结项目学习心得，对此次项目进行梳理，以及拓展本项目相关应用等，如图 8.7 所示。

如前文所述，在本智能制造生产线中，工业机器人焊接装配工作站是核心的组成部分，工艺流程比较复杂，所采用的智能设备也比其他工作站要多。不仅如此，在控制系统中，通过钱江机器人与智能设备的结合，严格把关产品质量和周期，可极大地提高产品生产效率，是智能化产线生产质量的重要保障。

工业机器人焊接装配工作站的工作流程主要包括：自动上料、激光清洗、压力焊接、扭力检测、夹紧装配、自动下料，如图 8.8 所示。对于工位及工件台的功能介绍详见下文图解。

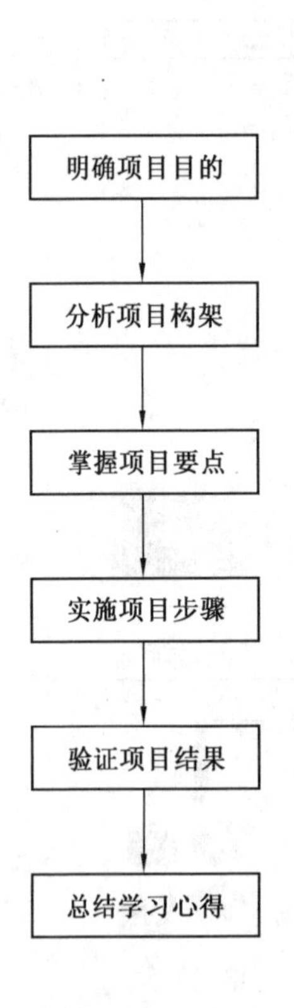

图 8.7 焊接装配工作站项目流程图

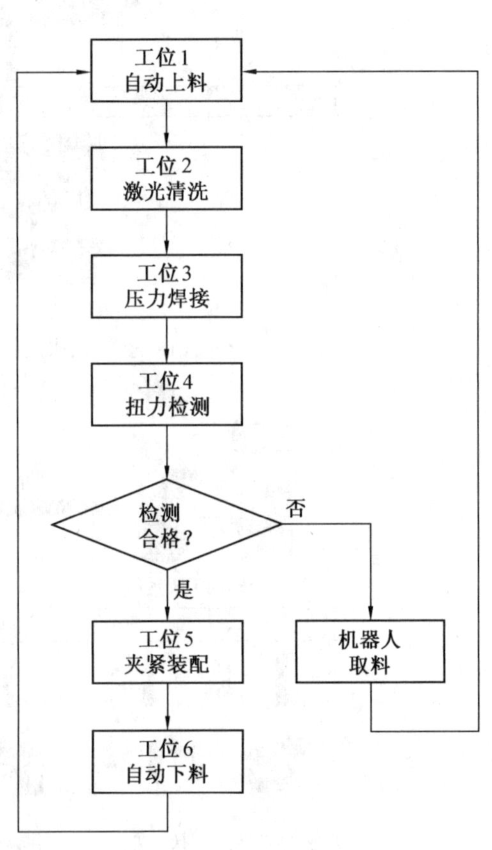

图 8.8 焊接装配工作站工作流程图

8.3　项目要点

8.3.1　送料流程

在产品加工过程中实现自动化，代替传统的手工作业，能够明显地提高加工效率，尤其是加工组装过程中有很多小零件，人工操作不但效率低而且容易出错，振动盘作为一种自动送料设备在加工组装过程中被广泛应用。

振动盘也称为振动盘自动送料机，是一种用于自动组装或者自动加工的辅助送料设备，它能将各种小型产品有序地排列出来，对产品进行姿势调整，以达到连续供料的目的，为自动装配设备提供正确的组装配件，或者配合自动加工机械完成产品的加工，如图 8.9 所示。

振动盘实物图如图 8.10 所示。在工业自动化行业中，使用振动盘具有提高效率、节省人工、自动质检、减少失误等特点，可广泛应用于电子、五金、塑胶等行业中。

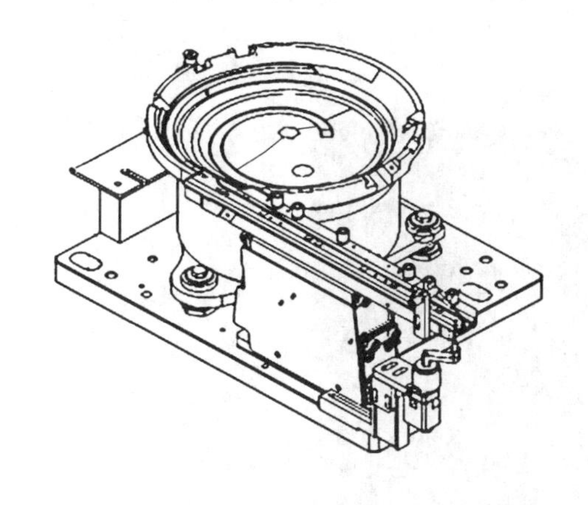

图 8.9　振动盘模型图

图 8.10　振动盘实物图

振动盘的输送是利用振动来完成物料的输送，如图 8.11 所示。振动盘输送线下安装的振动器，能够控制物料的输送方向。振动器振动后通过向输送线传递定向振动，输送线向前振动的力会传递给物料，使物料加速运动，当输送线向后振动时，物料受惯性作用，仍会继续向前运动，如此反复实现物料的输送，也就是说通过设置角度使物料朝着行进方向跳起，即可均衡地振动输送。

振动盘属于非标自动化设备的一种，不同的产品线需要专门定制，它已经成为很多行业中必不可少的机械设备，很大程度上减少了人工操作，提高了生产效率，随着生产自动化水平的不断提高其应用普及率也是日益提高，振动盘的使用范围将越来越广。

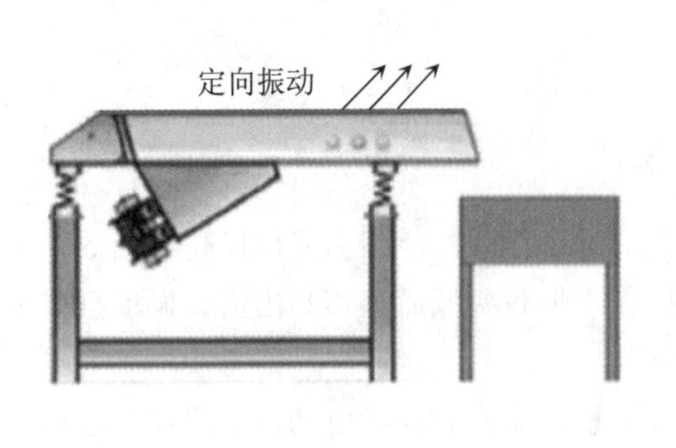

（a）定向振动

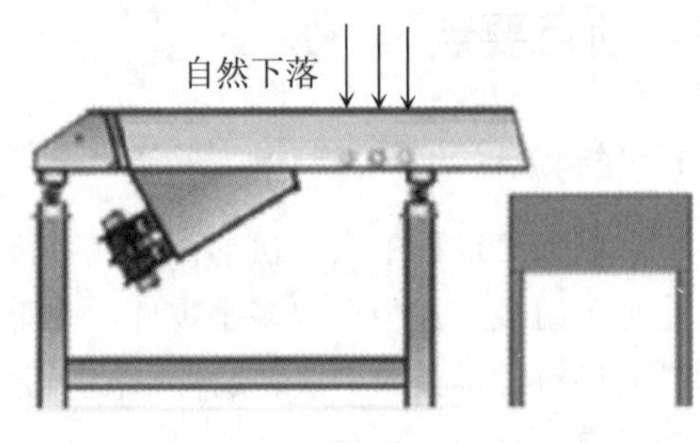

（b）自然下落

图 8.11　振动盘工作原理图

8.3.2　焊接流程

焊接是一种永久性连接金属材料的工艺方法。焊接过程的实质是利用加热或加压力等手段，借助金属原子的结合与扩散作用，使分离的金属材料牢固地连接起来，如图 8.12 所示。

图 8.12　工业机器人焊接效果图

焊接的种类很多，有电弧焊、埋弧焊、气体保护焊、点焊、缝焊、电渣焊等，如图 8.13 所示。焊接工艺和焊接方法等因素有关，操作时需根据被焊工件的材质、牌号、化学成分、焊件结构类型、焊接性能要求等要素来确定。

金属焊接方法主要分为熔焊、压焊和钎焊三大类，焊接方法分类如图 8.13 所示。

1. 熔焊

工作原理：熔焊是在焊接过程中将工件接口加热至熔化状态，不加压力完成焊接的方法。熔焊时，热源将待焊的两个工件的接口处迅速加热熔化，形成熔池。熔池随热源向前移动，冷却后形成连续焊缝将两工件连接成为一体。

在熔焊过程中需要注意，如果大气与高温的熔池直接接触，大气中的氧气就会氧化金属和各种合金元素；大气中的氮气、水蒸气等进入熔池，会在随后冷却过程中在焊缝中形成气孔、夹渣、裂纹等缺陷，恶化焊缝的质量和性能。

2. 压焊

工作原理：压焊是在加压条件下，使两工件在固态下实现原子间结合，又称固态焊接。常用的压焊工艺是电阻对焊，当电流通过两工件的连接端时，该处因电阻很大引起温度上升，当加热至塑性状态时，在轴向压力作用下连接成为一体。

压焊的特点是在焊接过程中施加压力而不加填充材料。多数压焊方法如扩散焊、高频焊、冷压焊等都没有熔化过程，因而没有像熔焊那样的合金元素烧损和有害元素侵入焊缝的问题，从而简化了焊接过程，也改善了焊接的安全卫生条件。同时，由于加热温度比熔焊低、加热时间短，因而热影响区小，许多难以用熔化焊焊接的材料，往往可以用压焊焊成与母材同等强度的优质接头。

3. 钎焊

工作原理：钎焊是使用比工件熔点低的金属材料作钎料，将工件和钎料加热到高于钎料熔点、低于工件熔点的温度，利用液态钎料润湿工件，填充接口间隙并与工件实现原子间的相互扩散，从而实现焊接的方法。

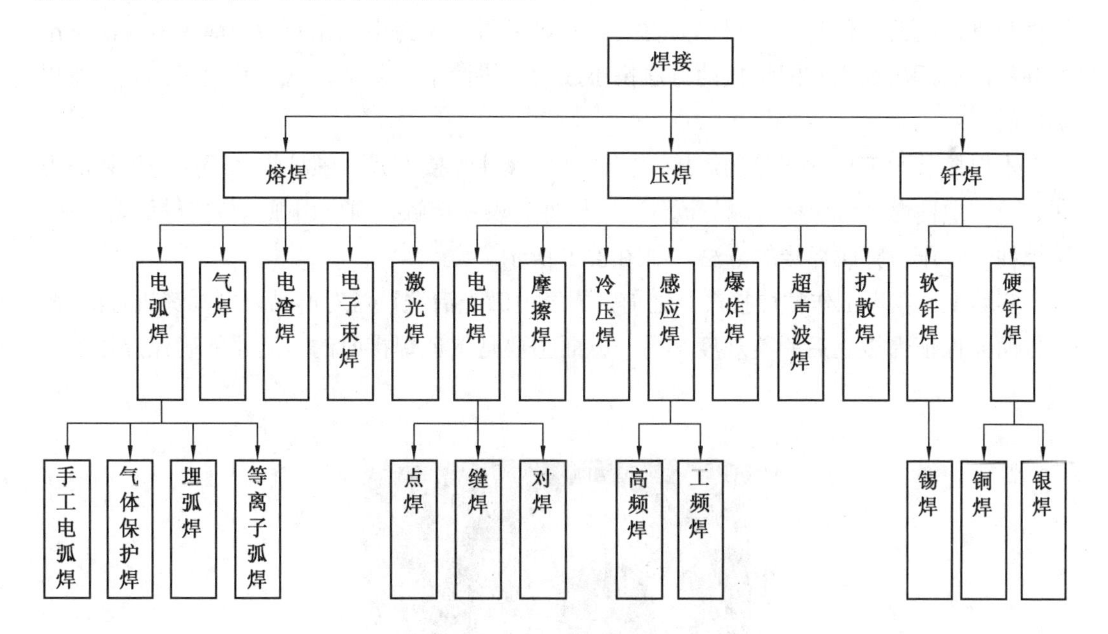

图 8.13　焊接方法分类

焊接时形成的连接两个被连接体的接缝称为焊缝。焊缝的两侧在焊接时会受到焊接热作用，从而发生组织和性能变化，这一区域被称为热影响区。焊接时因工件材料、焊接材料、焊接电流等不同，焊后在焊缝和热影响区可能产生过热、脆化、淬硬或软化现象，使焊件性能下降，恶化焊接性能。这就需要调整焊接条件，焊前对焊件进行接口处预热、焊时保温和焊后热处理可以改善焊件的焊接质量，如图 8.14 所示。

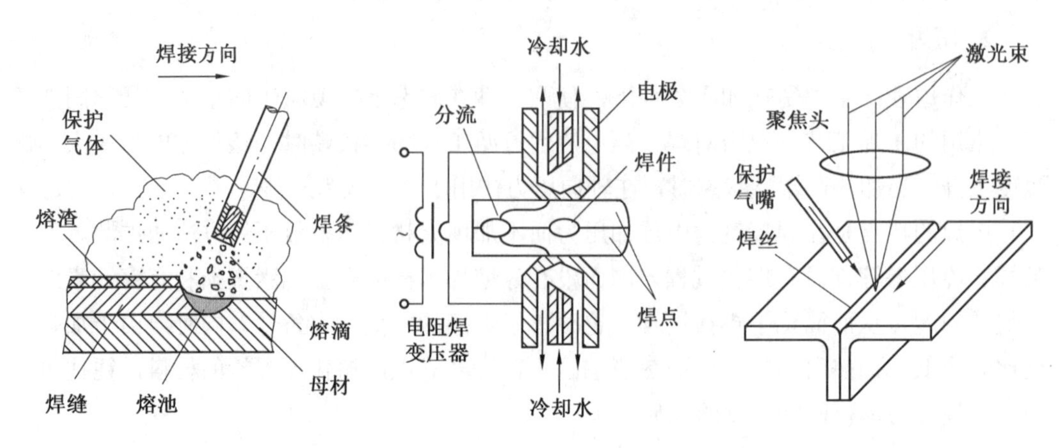

图 8.14　金属焊接方法原理图

综上所述，焊接方法和种类多样，需要根据实际焊接对象进行选择。焊接在现代工业生产中具有十分重要的作用，如舰船的船体、高炉炉壳、建筑构架、锅炉与压力容器、车厢及家用电器、汽车车身等工艺产品的制造，都离不开焊接。焊接方法在制造大型结构件和复杂机器部件时，显得更为重要。它可以用化大为小、化复杂为简单的办法来准备胚料，然后用逐次装配焊接的方法拼小成大，拼简单成复杂，这是其他工艺方法难以实现的。

本焊接装配工作站产品的焊接，应该使用螺柱焊接方式，螺柱焊属于压力焊接的方法之一。螺柱焊是将螺柱一端与板件（或管件）表面接触，通电引弧，待接触面熔化后，给螺柱一定压力完成焊接的方法，如图 8.15 所示。

实际上，在本工作站焊接产品之前，要经过激光清洗设备对产品表面油漆进行清洗，一方面能保证焊接之后的美观度，另一方面主要是保证焊接时的清洁才能确保焊接的质量。

图 8.15　螺柱焊接实物图

8.3.3 装配流程

装配是指将零件按规定的技术要求组装起来，并经过调试、检验使之成为合格产品的过程。装配必须具备定位和夹紧两个基本条件：定位就是确定零件正确位置的过程；夹紧即将定位后的零件固定，如图 8.16 所示。

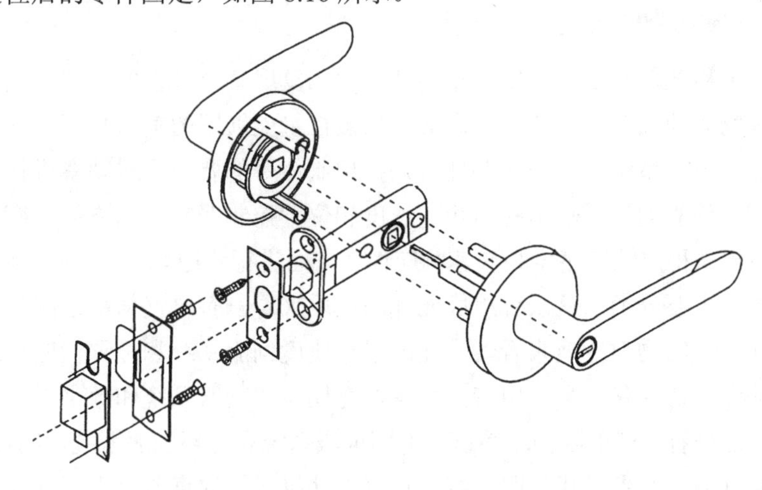

图 8.16 机械部件装配示意图

在生产加工过程中，装配是具有工艺规程的，装配工艺规程是规定产品或部件装配工艺规程和操作方法等的工艺文件，是制订装配计划和技术准备，指导装配工作和处理装配工作问题的重要依据。它对保证装配质量，提高装配生产效率，降低成本和减轻工人劳动强度等都具有积极的作用。

本工作站在手柄装配过程中，不仅使用了自动锁螺丝机等自动化数控设备，也使用了钱江机器人等智能设备共同完成手柄装配加工的过程。手柄装配实物图如图 8.17 所示。

图 8.17 手柄装配实物图

其主要工作过程如图 8.18 所示。

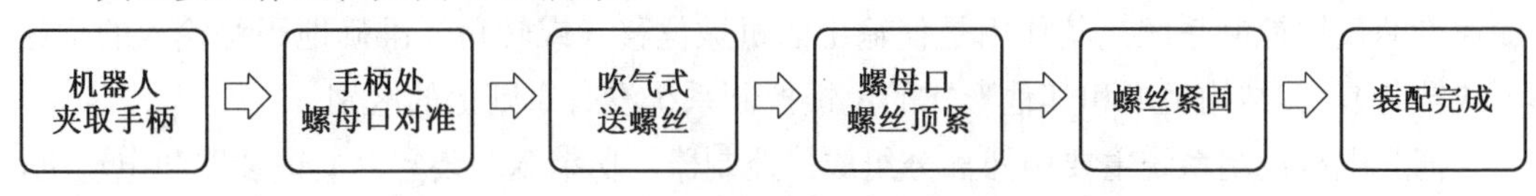

图 8.18 手柄装配工作流程

本生产线所使用的自动锁螺丝机，是通过各类电动气动元器件实现螺丝的自动输送、拧紧、检测等工序。自动锁螺丝机的应用，简化了螺丝紧固工序，达到减少人工数量及减少人工误操作带来的不良因素。工业机器人与自动锁螺丝的配合工作，使焊接装配工作站更具有自动化、柔性化等特点。

8.3.4 伺服系统的应用

伺服系统又称随动系统，是用来精确地跟随或复现某个过程的反馈控制系统。伺服系统是一种使物体的位置、方位、状态等输出被控量能够跟随输入目标（或给定值）的任意变化的自动控制系统。它的主要任务是按控制命令的要求，对功率进行放大、变换与调控等处理，使驱动装置输出的力矩、速度和位置控制非常灵活方便。衡量伺服系统的性能指标主要从稳定性、精度和快速响应性三方面进行考虑。

伺服系统的主要分类，从系统组成元件的性质来看，有电气伺服系统、液压伺服系统；从系统输出量的物理性质来看，有速度或加速度伺服系统和位置伺服系统等；从系统中所包含的元件特性和信号作用特点来看，有模拟式伺服系统和数字式伺服系统；从系统的结构特点来看，有单回伺服系统、多回伺服系统和开环伺服系统、闭环伺服系统；按其驱动元件划分，有步进式伺服系统、直流电动机（简称直流电机）伺服系统、交流电动机（简称交流电机）伺服系统，如图 8.19 所示。

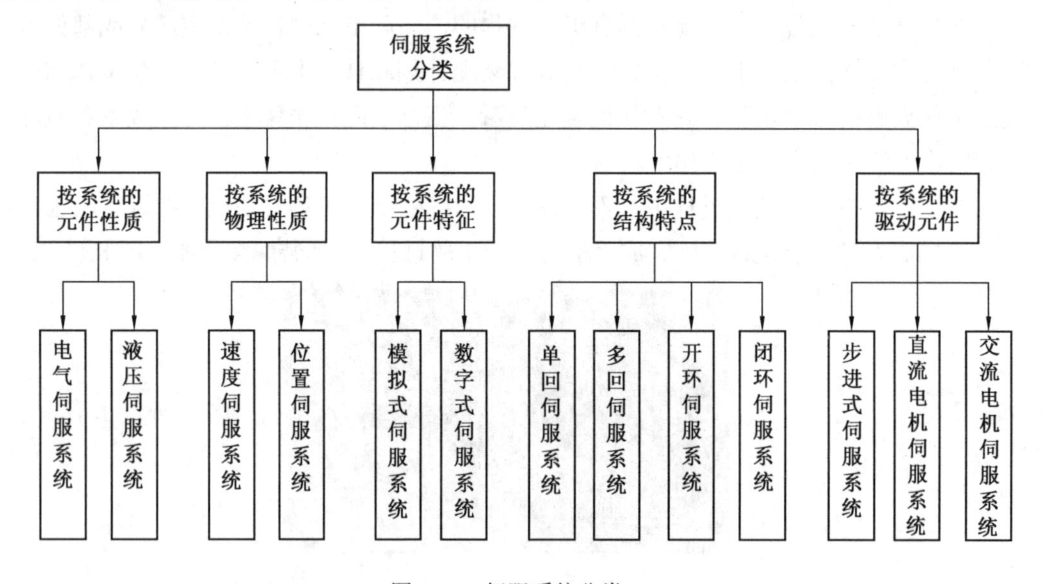

图 8.19 伺服系统分类

在很多情况下，伺服系统专指被控制量（系统的输出量）是机械位移或位移速度、加速度的反馈控制系统，其作用是使输出的机械位移（或转角）准确地跟踪输入的位移（或转角），其结构组成和其他形式的反馈控制系统没有原则上的区别。

伺服电机控制系统主要由四部分组成：控制器，功率驱动装置，反馈装置和电动机，伺服系统实物图如图 8.20 所示。控制器按照数控系统的给定值和通过反馈装置检测的实际运行值的差，调节控制量；功率驱动装置作为系统的主回路，一方面按控制量的大小将电网中的电能作用到电动机之上，调节电动机转矩的大小，另一方面按电动机的要求把恒压恒频的电网供电转换为电动机所需的交流电或直流电；电动机则按供电大小拖动机械运转。一般的交流伺服系统采用一体化设计，将控制器和功率驱动装置集成为伺服驱动器，而将电动机和反馈装置集成为伺服电动机。

图 8.20　伺服系统实物图

在本焊接装配工作站中，有多种智能设备、机械结构应用了伺服控制系统，其中最典型的是伺服多工位控制系统。在产品的生产流程上，伺服控制系统的稳定性、精度和快速响应等优点得以体现，每一个环节的加工过程和工位的准确到位都显得尤其重要。图 8.21 所示为本焊接装配工作站伺服多工位生产加工单元。通过伺服系统控制工件台，使工件台每次旋转 60° 到达生产加工工位。每个工位的智能设备将对产品进行加工，由此可循环上下料和生产加工，提高产品的生产效率。

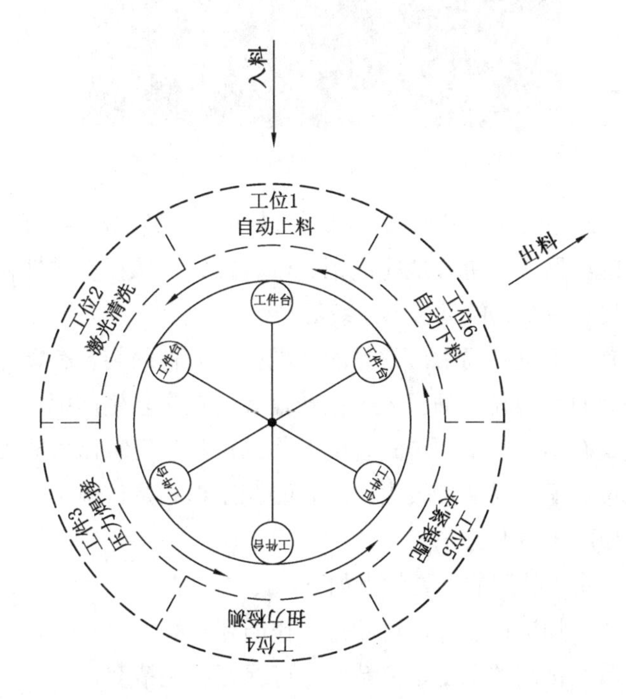

图 8.21　伺服多工位生产加工流程图

8.3.5 工业机器人应用

装配流程是产品生产的后续工序，在制造业中占有重要地位，在人力、物力、财力消耗中占有很大比例。作为一项具有广阔应用前景的工业技术，机器人装配技术应运而生。装配机器人是柔性自动化装配系统的核心设备，由机器人操作机、控制器、示教器、末端执行器和传感系统组成，如图 8.22 所示。常见的装配机器人一般分为直角式装配机器人和关节式装配机器人。

通常装配机器人本体与搬运、焊接、涂装等机器人本体在精度上有一定差别。由于装配机器人需要与作业对象直接接触，并进行相应动作，是一种约束运动类操作，所以要求装配机器人精度一般高于其他行业应用的机器人。

装配机器人末端执行器为适应不同的装配对象而设计，末端执行器形式多样，可以设计成手爪和手腕等构型，用于定位及夹持工件。常见的装配执行器有吸附式、夹钳式、专用式和组合式等。

图 8.22　工业机器人进行电子产品装配

装配机器人的传感系统用来获取装配机器人与环境、装配对象之间相互作用的信息，带有传感系统的装配机器人可更好地完成销、轴、螺钉、螺栓等柔性化装配作业，常用的传感系统有视觉传感系统、触觉传感系统等。

在周边设备配置、工位布局上，常见的装配机器人辅助装置有零件供给器、输送装置等，如本章节提到的振动盘、伺服多工位转盘等。在实际生产中，常见的装配工作站可采用回转式和线式布局，其中回转式装配工作站可将装配机器人聚集一起进行配合装配，也可进行单工位装配，灵活性较大；线式装配工作站是依附于生产线，排布于生产线的一侧或两侧，如图 8.23 所示。

使用工业机器人完成装配的主要优点如下：

（1）操作速度快，加速性能好，可缩短工作循环时间。

（2）精度高，具有极高的重复定位精度，可保证装配精度。

（3）提高生产效率，解决单一繁重的体力劳动。

（4）可改善工人劳动条件，摆脱有毒、有辐射装备环境。

（5）可靠性好，适应性强，稳定性高。

（6）柔顺性好，工作范围小，能与其他系统配套使用。

图 8.23　工业机器人产线装配

在本焊接装配工作站中，装配机器人采用独特设计的夹爪夹持工件，在回转式的布局中，等待工件台旋转到位，配合自动装配智能设备，完成产品的生产装配作业。本工作站使用钱江机器人（QJR6S-1）完成装配等工作，以下为钱江机器人的组成。

钱江 QJR6S-1 工业机器人具有结构紧凑、机身轻巧、工作空间大、相应速度快、重复定位精度高等特点，可适用于装配、分拣、搬运上下料等应用，如图 8.24 所示。

图 8.24　QJR6S-1 操作机

钱江机器人 QJR6S-1 基本规格见表 8.1。

表 8.1　QJR6S-1 基本规格表

<table>
<tr><th colspan="6">机器人基本规格表</th></tr>
<tr><td>机构形态</td><td colspan="2">垂直多关节</td><td rowspan="3">允许扭矩</td><td>J4</td><td>8.73 N·m</td></tr>
<tr><td>轴数</td><td colspan="2">6</td><td>J5</td><td>8.73 N·m</td></tr>
<tr><td>有效载荷</td><td colspan="2">6 kg</td><td>J6</td><td>4.41 N·m</td></tr>
<tr><td rowspan="2">重复定位精度</td><td colspan="2" rowspan="2">±0.02 mm</td><td rowspan="3">惯性力矩</td><td>J4</td><td>0.47 kg·m^2</td></tr>
<tr><td>J5</td><td>0.47 kg·m^2</td></tr>
<tr><td>最大臂展</td><td colspan="2">750.6 mm</td><td>J6</td><td>0.06 kg·m^2</td></tr>
<tr><td>防护等级</td><td colspan="2">IP67</td><td rowspan="9">安装环境</td><td>温度</td><td>0～45 ℃</td></tr>
<tr><td>本体质量</td><td colspan="2">39 kg</td><td>湿度</td><td>20%～80% RH</td></tr>
<tr><td rowspan="6">机械限位范围</td><td>J1</td><td>±172°</td><td>振动</td><td><4.9 m/s^2（0.5 G）</td></tr>
<tr><td>J2</td><td>+132°，−82°</td><td rowspan="6">其他</td><td rowspan="6">避免易燃、腐蚀性气体和液体
避免接触水、油、粉尘等。
勿接近电器噪声源</td></tr>
<tr><td>J3</td><td>+65°，−195°</td></tr>
<tr><td>J4</td><td>±172°</td></tr>
<tr><td>J5</td><td>±120°</td></tr>
<tr><td>J6</td><td>±360°</td></tr>
<tr><td rowspan="6">最大速度</td><td>J1</td><td>367(°)/s</td></tr>
<tr><td>J2</td><td>321(°)/s</td><td>电源容量</td><td colspan="2">1.5 kVA</td></tr>
<tr><td>J3</td><td>367(°)/s</td><td>电控柜尺寸</td><td colspan="2">375 mm×421 mm×211 mm</td></tr>
<tr><td>J4</td><td>372(°)/s</td><td>电控柜质量</td><td colspan="2">15 kg</td></tr>
<tr><td>J5</td><td>476(°)/s</td><td>电源</td><td colspan="2">单相 220 V（±10%）</td></tr>
<tr><td>J6</td><td>705(°)/s</td><td>安装方式</td><td colspan="2">地面、吊顶</td></tr>
</table>

8.4　项目步骤

8.4.1　应用系统连接

工业机器人焊接装配工作站共由三部分组成：伺服多工位单元、钱江机器人单元、智能设备单元。在应用系统连接时，需要对这三个单元进行机械组装、电气装配、控制系统连接等过程，如图 8.25 所示。

❋ 焊接装配工作站项目步骤

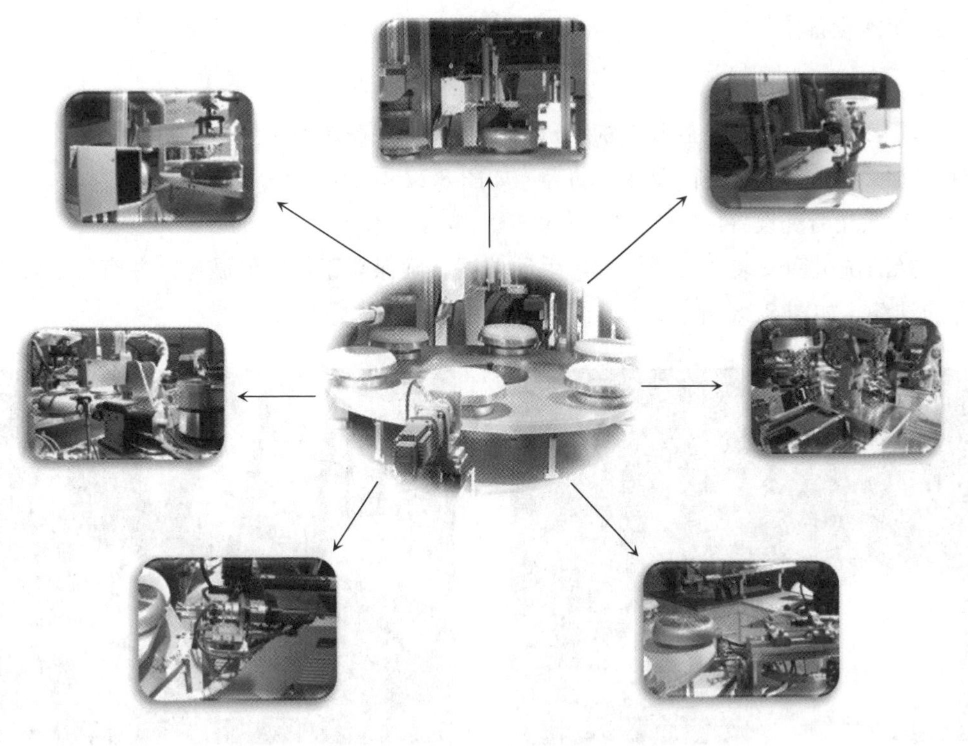

图 8.25　系统连接图

8.4.2　应用系统配置

工业机器人焊接装配工作站在运行前，需要对整个系统进行配置，以保证每次运行之前所有单元处于初始状态。

1. 伺服多工位单元

伺服多工位单元要保证每一个工件台上无杂物及物料存放，且伺服每次在运行之前都要在原点位置，或每次运行时都要进行回零，如图 8.26 所示。

图 8.26　伺服多工位单元初始状态

2. 智能设备单元

（1）自动上料设备。

自动上料设备上的吸盘应无物料，能正常吸合且在原点位置，吸盘升降结构能正常运行，直线模组能正常进行线性运动等，如图 8.27 所示。

（2）激光清洗设备。

激光清洗机应安装在合适位置，手动调试，确保能正常发射激光，并有效清除产品表面的油漆，如图 8.28 所示。

图 8.27　自动上料设备初始状态

图 8.28　激光清洗设备初始状态

（3）压力焊接设备。

压力焊接设备主要包括螺柱焊机和振动盘。螺柱焊机应保证安装在合适的位置，即在焊接时能精确地将螺柱焊接在激光清洗点上。调整焊机处于待机工作状态，与焊机配套的振动盘内的物料要充足，压力焊接设备初始状态如图 8.29 所示。

（a）焊机初始状态

（b）振动盘初始状态

图 8.29　压力焊接设备初始状态

（4）扭力检测设备。

扭力测试设备应安装在合适的位置，确保能准确地对焊接螺柱进行测试，如图 8.30 所示。调整参数，使其在设定的扭力范围之内正常工作，当有不合格的产品时，扭力测试仪会将不合格的产品取出。

（5）工件拧紧设备。

工件拧紧设备要确保自动送料机构运行正常，即通过气吹的方式将螺丝送入螺母口，自动锁付机构能准确地对准螺母口，并在合适的位置旋紧螺丝，如图 8.31 所示。

图 8.30　扭力检测设备初始状态

图 8.31　工件拧紧设备初始状态

（6）自动下料设备。

要确认自动下料设备上的吸盘无物料，能正常吸合且位于原点位置，翻转机构能正常将产品进行翻转，并放置在工件台上，如图 8.32 所示。

图 8.32　自动下料设备初始状态

3. 机器人单元配置

钱江机器人在运行之前，要确保各轴处于安全位置（如机械零点），如图 8.33 所示，机器人周边无杂物，避免机器人在运行时，出现碰撞等严重问题；机器人夹具安装正确且牢固，吸盘能正常工作，初始状态时，吸盘无物料存在，如图 8.34 所示。机器人电气连接正确无误，I/O 信号处于初始状态，如图 8.35 所示。

图 8.33　机器人本体安全位置状态

图 8.34　机器人夹具安装初始状态

界面选择:		IO状态	
系统	扩展	虚拟	模拟量
DI	注释	DO	注释
手持盒（0-15）			
0		0	
1		1	
2		2	
3		3	
4		4	
5		5	
6		6	
7		7	

图 8.35　机器人 I/O 信号初始状态

8.4.3　主体程序设计

工业机器人焊接装配工作站主体程序主要由钱江机器人程序构成，机器人程序由基本的运动指令及逻辑指令构成，主要包括：机器人上料程序、装配程序、机器人下料程序，如图 8.36 所示。

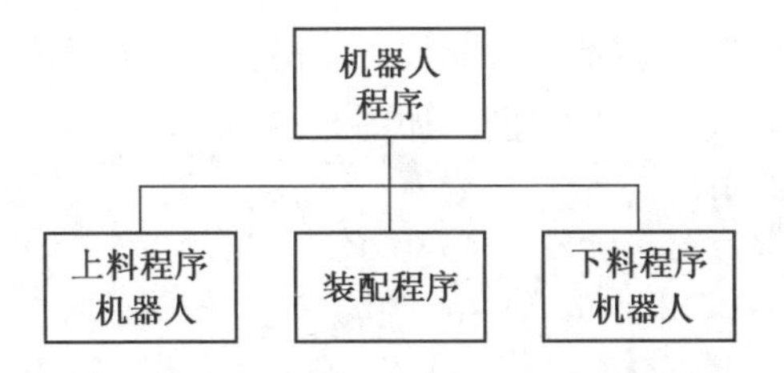

图 8.36　主体程序设计图

机器人上料程序实现的功能是当工件台旋转到位时，PLC 传递给机器人工作信号，机器人夹取物料并放置在工件台上，如图 8.37 所示。

```
NOP
DOUT   DO0.12=0
WALT   DO0.03=1   T=0.00 s   B1
MOVP P1   V=20.00%   BL=0.00   VBL=0.00
DOUT   DO0.12=0
* 11
SET 13=1
* 10
SET 11=5
PAUNI   ID=1   TYPE=0   11
WHILE   11>=1   DO
WAIT   D40.07=1   T=0.00 s   B1
MOVL P1000   V=500.00mm/s   BL=1.00   VBL=0.00
```

图 8.37　机器人上料程序

装配程序实现的功能是当机器人夹取物料放置在工件台上时，配合智能设备完成装配工作，如图 8.38 所示。

```
MJ V=40.00%   B=100   T=12
MJ V=40.00%   B=100   T=12
MJ V=40.00%   B=100   T=12
ArcStart(1,0.0)
MC V=150.00 mm/s B=100 T=12 Coord
MC V=150.00 mm/s B=100 T=12 Coord
MC V=150.00 mm/s B=100 T=12 Coord
MC V=150.00 mm/s B=100 T=12 Coord
MC V=150.00 mm/s B=100 T=12 Coord
MC V=150.00 mm/s B=100 T=12 Coord
MC V=150.00 mm/s B=100 T=12 Coord
MC V=150.00 mm/s B=100 T=12 Coord
ArcEnd
MJ V=40.00% B=100 T=12
```

图 8.38　装配程序

机器人下料程序实现的功能是当智能设备不能正常完成工作，即在生产加工过程中，出现不合格产品时，机器人将产品取出，如图 8.39 所示。

```
WAIT   DI0.08=1   T=0.00 s   B1
MOVL   P12   V=500.00 mm/s   BL=1.0    VBL=0.00
MOVL   P13   V=500.00 mm/s   BL=0.00  VBL=0.00
WAIT   DI0.08=1   T=0.00 s   B1
MOVL   P2   V=500.00 mm/s   BL=1.00   VBL=0.00
MOVL   P3   V=500.00 mm/s   BL=0.00   VBL=0.00
DOUT   DO0.12=0
MOVL   P2   V=500.00 mm/s   BL=1.00   VBL=0.00
MOVL   P13   V=500.00 mm/s   BL=0.00   VBL=0.00
DOUT   DO0.06=1
MOVL   P12   V=500.00 mm/s   BL=1.00   VBL=0.00
MOVL   P11   V=500.00 mm/s   BL=1.00   VBL=0.00
MOVL   P1   V=500.00 mm/s   BL=0.00   VBL=0.00
```

图 8.39　机器人下料程序

8.4.4　关联程序设计

工业机器人焊接装配工作站的关联程序主要由 PLC 程序、伺服系统程序、HMI 界面构成，如图 8.40 所示。PLC 程序由反馈信号程序段、逻辑控制程序段，手/自动转换程序段等组成；伺服系统程序主要是对伺服系统进行定位控制；HMI 界面主要涉及界面设计及变量的关联等，用于监控 PLC、数控机床及外围设备状态。

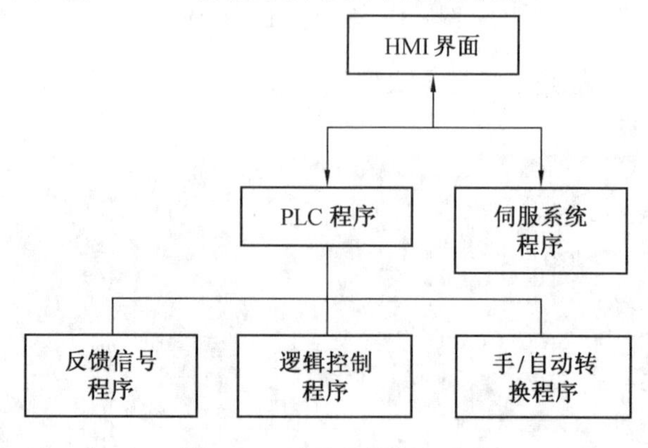

图 8.40　关联程序设计图

8.4.5　项目程序调试

程序调试主要是对机器人程序、PLC 程序、伺服系统程序、HMI 界面等其他相关程序进行测试，保证配置信号的正常，以使设备能够按照预期的效果运行，程序调试过程记录表见表 8.2。例如，通过钱江机器人 I/O 信号控制吸盘吸合和夹爪的开合，或通过 PLC 程序控制伺服电机，然后在 HMI 界面上查看设备运行的状态等。

表 8.2　程序调试过程记录表

调试步骤	调试内容		调试方法
硬件设施	线路接线及装配件检查		使用万用表、螺丝刀等工具检测或紧固
	传感器及仪器仪表检测		观察传感器指示灯、仪器仪表指针变化
	电磁阀及电动机检测		观察电磁阀线圈吸合、电动机正反转的状态
	其余电气元件检测		观察元件指示灯等工作状态
程序逻辑	机器人程序	上料程序	单步低速运行程序指令
		装配程序	
		下料程序	
	PLC 程序	反馈信号程序	通过改变传感器等状态查看程序
		逻辑控制程序	通过程序控制伺服电机等查看状态
		手自转换程序	通过转换程序，查看各自运行状态
	伺服系统程序	伺服参数	通过伺服软件或手动设置参数测试运行
	HMI 界面组件状态		通过 HMI 界面控制设备运行或反馈设备运行状态
调试运行	检查控制系统之间的通信		试运行时无故障信息显示
	自动运行		手动测试无误，自动循环运行

8.4.6　项目总体运行

工业机器人焊接装配工作站运行时，将工作站操控模式改为自动模式，按下启动按钮，工作站将按照工艺流程对物料进行加工处理。实际上，工作站在运行时，不仅仅是机器的运行，更是项目整体的运行。

8.5　项目验证

8.5.1　效果验证

工业机器人焊接装配工作站自动运行效果，见表 8.3。

表 8.3　工业机器人焊接装配自动运行

序号	图例	说　明
1		初始化设备
2		将手动模式改为自动模式
3		自动上料工位
4		激光清洗工位
5		压力焊接工位
6		扭力检测工位
7		工件拧紧工位
8		工业机器人夹取物料
9		自动下料工位

8.5.2　数据验证

工业机器人焊接装配工作站在运行时，钱江机器人、PLC、伺服系统、HMI 以及其他外围设备的运行情况，如 I/O 信号、传感器信号等，均可显示在程序的界面上，这些信号可以作为数据验证的依据，如图 8.41 所示。

IO 监控 3——上片&车边部分				
i0.0 启动按钮	Q0,0 三色灯黄	i4.0 焊接完成信号	Q4.0 推焊柱气缸	
i0.1 停止	Q0,1 三色灯绿	i4.1 焊机 SOW 信号	Q4.1 夹紧气缸	IO 监控 1
i0.2 屏控急停	Q0,2 三色灯红	i4.2 锅体焊柱检测	Q4.2 升降气缸	
i0.3 故障复位	Q0,3 真空阀 1	i4.3 推焊柱缩回位	Q4.3 横移气缸	
i0.4 相序继电器	Q0,4 真空阀 2	i4.4 推焊柱伸出位	Q4.4 焊枪前进气缸	
i0.5 分割器到位	Q0,5 真空阀 3	i4.5hz 夹紧松开位	Q4.5 锅压紧气缸	IO 监控 2
i0.6 转盘原点	Q0,6 真空阀 4	i4.6hz 夹紧夹紧位	Q4.6 焊枪顶出气缸	
i0.7 气压表	Q0,7 真空阀 5	i4.7hz 升降上位	Q4.7 焊枪启动	
i1.0 真空 OK1	Q1.0 真空阀 6	i5.0hz 升降下位	Q5.0 圆震启动	
i1.1 真空 OK2	Q1.1 升降中继 1	i5.1hz 横移取料位	Q5.1 直震启动	IO 监控 3
i1.2 真空 OK3	Q1.2 升降中继 2	i5.2hz 横移放料位	Q5.2 扭力检测气缸	
i1.3 真空 OK4	Q1.3 升降中继 3	i5.3 焊枪原位	Q5.3	
i1.4 真空 OK5	Q1.4 升降中继 4	i5.4 焊枪焊接位	Q5.4	IO 监控 4
i1.5 真空 OK6	Q1.5 升降中继 5	i5.5 焊压锅上位	Q5.5	
i1.6 扭力气缸伸出位	Q1.6 升降中继 6	i5.6 焊压锅下位	Q5.6	
i1.7 扭力气缸缩回位	Q1.7 升降中继 7	i5.7 取料焊接柱检测	Q5.7	IO 监控 5
i2.0 铣压锅上位	Q2.0 升降中继 8	i6.0 压柄松开位	Q6.0 压柄阀	
i2.1 铣压锅下位	Q2.1 转台电机	i6.1 压柄压紧位	Q6.1 柄定位阀	
i2.2 铣激光就绪	Q2.2	i6.2 柄定位伸出位	Q6.2 柄升降阀	主页面
i2.3 铣激光完成	Q2.3 破真空阀 1	i6.3 柄定位缩回位	Q6.3 柄左右阀	
i2.4	Q2.4 破真空阀 2	i6.4 柄升降下位	Q6.4 柄前后阀	
i2.5 震盘料检测 1	Q2.5 破真空阀 3	i6.5 柄升降上位	Q6.5 锁螺丝阀	
i2.6 震盘料检测 2	Q2.6 破真空阀 4	i6.6 柄左右缩回位	Q6.6 电批启动	
i2.7	Q2.7 破真空阀 5	i6.7 柄左右伸出位	Q6.7 送螺丝触发	
i3.0	Q3.0 破真空阀 6	i7.0 柄前后缩回位	Q7.0	
i3.1	Q3.1 铣漆压锅气缸	i7.1 柄前后伸出位	Q7.1	
i3.2	Q3.2 铣漆激光启动	i7.2 锁螺丝缩回位	Q7.2	
i3.3	Q3.3	i7.3 锁螺丝伸出位	Q7.3	
i3.4	Q3.4	i7.4 手柄检测	Q7.4	
i3.5	Q3.5	i7.5 柄螺丝检测	Q7.5	
i3.6	Q3.6	i7.6 柄送螺丝机就绪	Q7.6	
i3.7	Q3.7	i7.7	Q7.7	

图 8.41　现场设备信号

8.6　项目总结

8.6.1　项目评价

工业机器人焊接装配工作站是本智能制造生产线项目学习的重点，也是产品生产加工的核心部分，机械及电气自动化设备的非标设计，需要具备扎实的理论基础和实践能力。例如，作为自动组装或自动加工的辅助送料设备，振动盘的设计实现了产品加工过程中的自动化。

本工作站的焊接装配系统采用了多套智能设备，焊接的方式采用了螺柱焊接，以满足实际生产效率需求；装配的方式则应用了工业机器人，提高了产品生产加工过程的柔性化。伺服系统的应用将各个独立生产加工的设备综合起来，使独立的工位形成完整的工艺工序。整体而言，通过工业机器人焊接装配工作站项目的学习，使读者能够清晰地了解生产加工的流程及原理。焊接装配工作站知识点总结如图 8.42 所示。

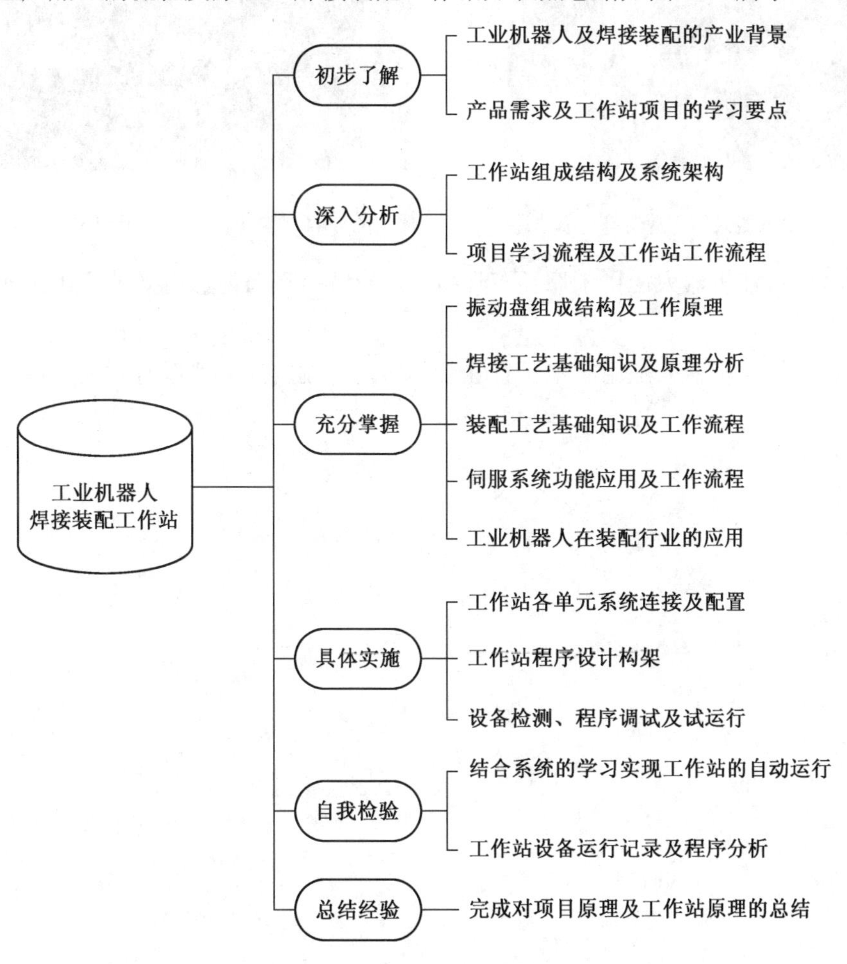

图 8.42　焊接装配工作站知识点总结

8.6.2 项目拓展

工业机器人作为柔性自动化装配系统的核心设备，具有精度高、柔顺性好、工作范围小、能与其他系统配套使用等特点，可广泛用于电器制造、小型电机、汽车及其部件、计算机、玩具、机电产品及其组件的焊接装配等方面。结合本项目中的案例，以及以下工业现场图片（图 8.43，图 8.44），请对其他行业进行案例分析。

图 8.43 工业机器人用于摩托车车架焊接

图 8.44 工业机器人用于锂电池装配

拓展一：当钱江机器人应用于摩托车焊接时，有哪些环节能够有效地应用工业机器人？

拓展二：当钱江机器人应用于电子行业装配时，有哪些环节可以有效地应用工业机器人？

第 9 章　工业机器人自动包装工作站

9.1　项目目的

※ 自动包装工作站项目分析

9.1.1　项目背景

在现代化的工业生产中常常需要对产品进行包装。人工包装效率低，劳动强度大，不适合现代化的生产需要，尤其是在特定环境下，如食品、医药等领域，人工包装易造成洁净产品的潜在污染。

随着机器人技术的成熟和产业化应用，包装生产线上整合工业机器人变得越来越普遍，如图 9.1 所示。包装环节使用机器人可有效地增加效率、提高质量、降低成本、减少资源消耗和环境污染，是包装机械领域自动化水平的最高体现。工业机器人是新一代生产工具，是实现生产数字化、自动化、网络化以及智能化的重要手段。由此可见，包装过程使用工业机器人在工业应用中的发展前景广阔。

图 9.1　工业机器人自动包装应用场景

9.1.2　项目目的

（1）初步了解工业机器人在自动包装工作站中所发挥的作用。

（2）熟悉自动包装的工艺流程，以及本项目控制系统之间的原理。

（3）全面分析自动包装工作站的设计要点，熟悉项目内容并形成总结。

9.2 项目分析

9.2.1 项目构架

产品自动包装是本智能制造生产线上完成产品生产加工后的打包过程。在经过冲压成型、车削加工、焊接装配等工艺流程之后，产品的包装环节也很重要，它涉及产品的美观，以及运输过程的稳定性。工业机器人自动包装工作站平面布局图如图 9.2 所示，工业机器人自动包装工作站现场加工图如图 9.3 所示。

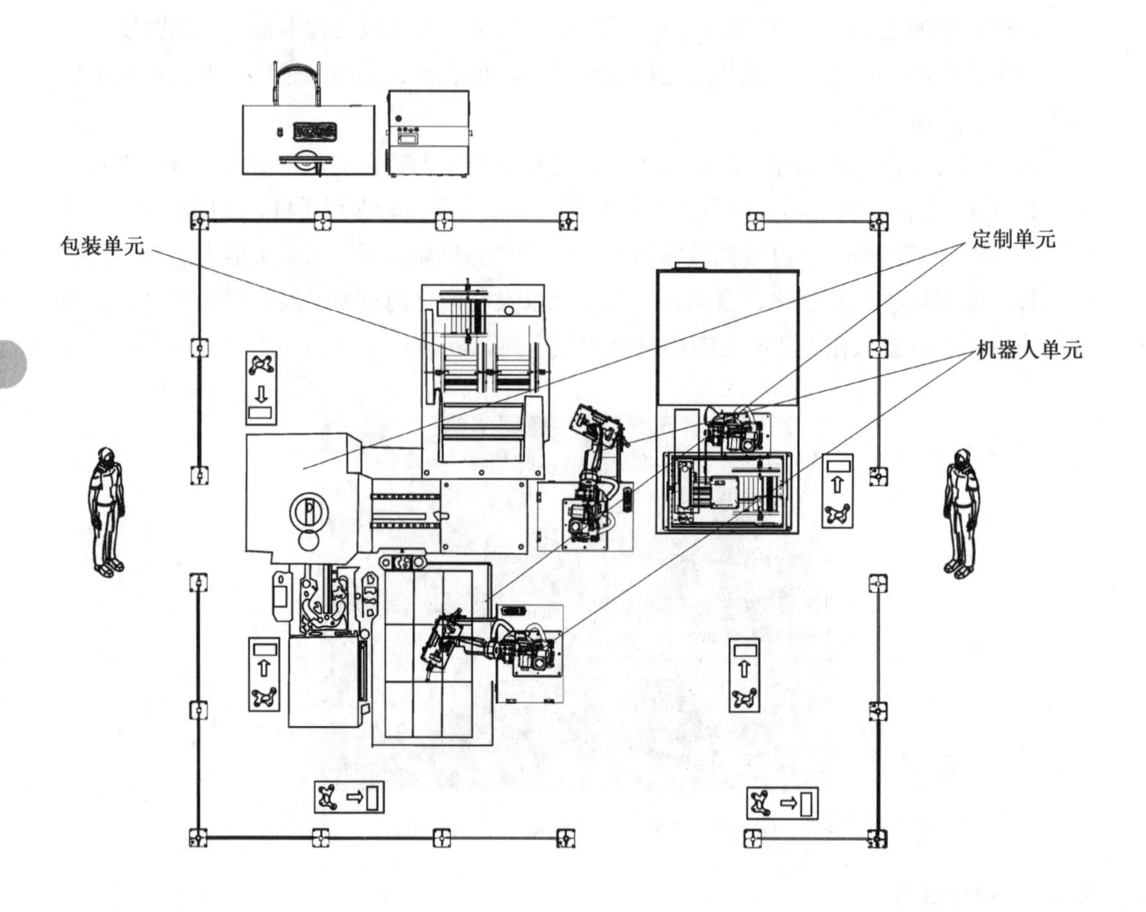

图 9.2 自动包装工作站平面布局图

图 9.3　自动包装工作站现场加工图

本工作站主要由礼盒定制单元、钱江机器人单元、包装单元组成。其中，礼盒定制单元主要由激光打标机、直线模组、物料（定制礼盒产品）等组成；钱江机器人单元主要由机器人本体、控制器、示教器、末端夹具等组成；包装单元主要由输送线、自动包装机、码垛平台、包装盒等组成。自动包装工作站结构组成图如图 9.4 所示。

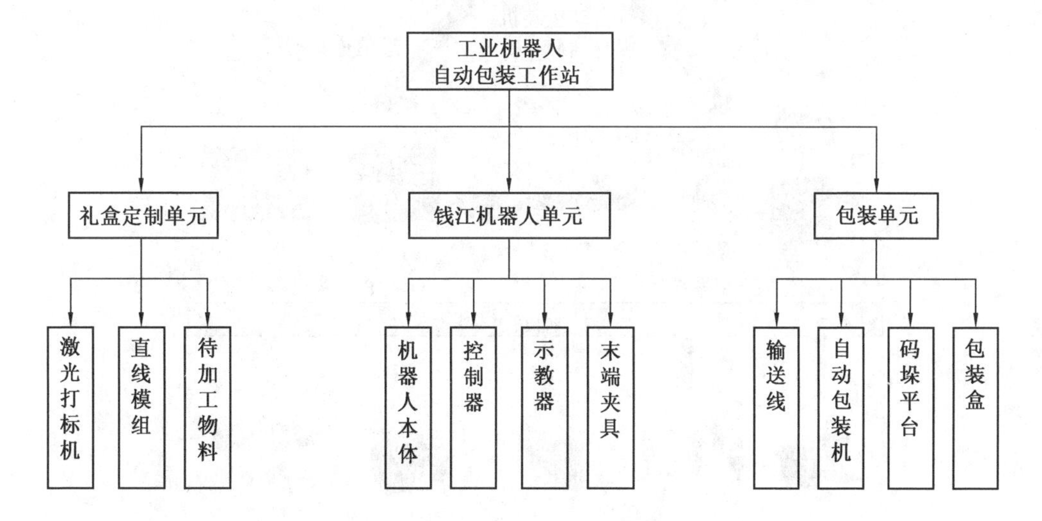

图 9.4　自动包装工作站结构组成图

在控制系统架构上主要由云管理系统、MES 系统、机器人控制系统、自动包装机控制系统、PLC 控制系统、检测系统等其他外围设备系统组成，如图 9.5 所示。

其中，MES 系统作为管理层，实时监控自动包装机控制系统、机器人控制系统、PLC 控制系统的状态信息；自动包装机控制系统、机器人控制系统、PLC 控制系统作为控制层，用于控制现场各类设备和仪表；自动包装机控制系统的传感器反馈信号和电磁阀信号，最终由 PLC 控制系统进行监控。

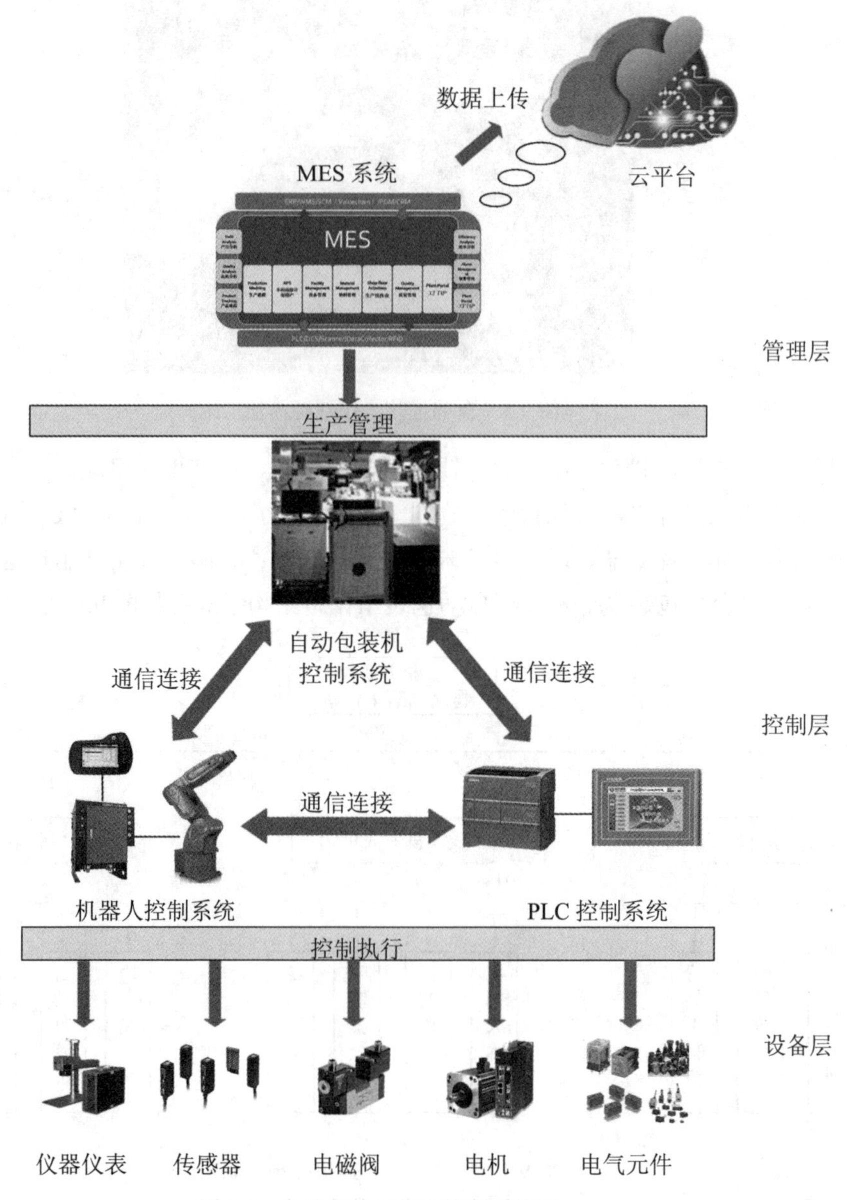

图 9.5 自动包装工作站控制系统图

9.2.2 项目流程

工业机器人自动包装工作站项目流程，如图 9.6 所示。首先要明确项目目的，了解工业机器人自动包装工作站的背景及学习目的；其次分析项目构架，对工业机器人自动包装工作站中硬件组成、系统构架、工艺流程等进行剖析；再次掌握项目要点，理解工业机器人自动包装工作站中的必要知识点；然后实施项目步骤，逐步掌握工业机器人自动包装工作站的流程；接下来验证项目结果，比较项目设计预期效果与调试运行的结果；最后总结项目学习心得，对此次项目进行梳理，以及拓展本项目相关应用等。

在本智能制造生产线中，自动包装工作站的性能直接影响到产品的质量和生产效率。本工作站采用个性化定制的方式，满足用户的独特定制需求。工作站使用两台工业机器人协同作业，将定制后的产品放入到包装盒内。在系统设计上，紧凑合理，有效地提升生产效率，降低生产成本。

工业机器人自动包装工作站工作流程如图9.7所示，主要包括两个工位的同时作业。1号工位流程：自动上料—激光打标—1号机器人取料；与此同时，2号工位流程：取盒—包装盒打标—输送线送盒—包装盒打开—2号机器人下料—包装盒关闭—包装完成。

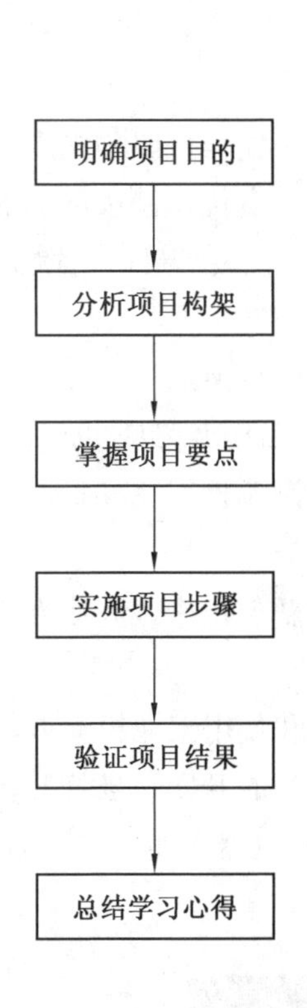

图9.6 自动包装工作站项目流程图

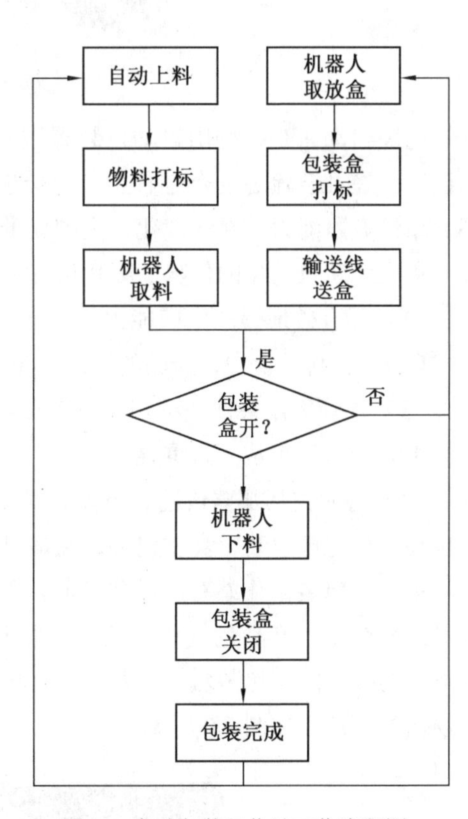

图9.7 自动包装工作站工作流程图

9.3 项目要点

9.3.1 包装流程

包装是为了在产品的流通过程中对产品进行保护，方便储运，并起到促进市场销售的作用，也指为达到上述目的在采用容器、材料和辅助物的过程中施加一定技术方法等的操作活动。包装盒效果图如图9.8所示。

图 9.8　包装盒效果图

包装自动化是指利用自动化装置控制和管理包装过程，使其按照预先规定的程序自动进行。在社会流通的全过程中，包装能发挥保护、美化、宣传、销售产品的功能，提高商品的竞争能力。在连续化、大型化的工业生产过程中，包装是最后一道工序。

实现包装自动化的优势主要体现在以下方面。

（1）能有效地提高生产能力，保证产品质量，增加花色品种。

（2） 有利于食物、药品的清洁卫生和金属制品的防腐防锈并降低生产成本。

（3）改善工作条件，特别是对有毒性、刺激性、低温潮湿性、飞扬扩散性等危害人体健康的物品的包装尤为重要。

（4）将人类从那些快速、单调、频繁、重复等劳动中解放出来，完成人工难以实现的包装，如无菌包装、真空包装、热成型包装等。

本自动包装工作站在产品包装时，通过优化夹具设计和使用工业机器人，使得流程相对比较简单。产品包装盒的设计，采用磁吸方式，便于盒的开闭。当打开包装盒时，由下方的吸盘固定包装盒，上方的吸盘将包装盒打开，此时机器人便可将产品放置盒内。现场包装示意图如图 9.9 所示。

图 9.9　现场包装示意图

9.3.2　个性化定制流程

激光打标是激光加工应用最广泛的领域之一，如图 9.10 所示。激光打标是利用高能量密度的激光对工件进行局部照射，使表层材料汽化或发生颜色变化的化学反应，从而留下永久性标记的一种打标方法。激光打标可以打出各种文字、符号和图案等，字符大小可以从毫米到微米量级，这对产品的防伪有特殊的意义。

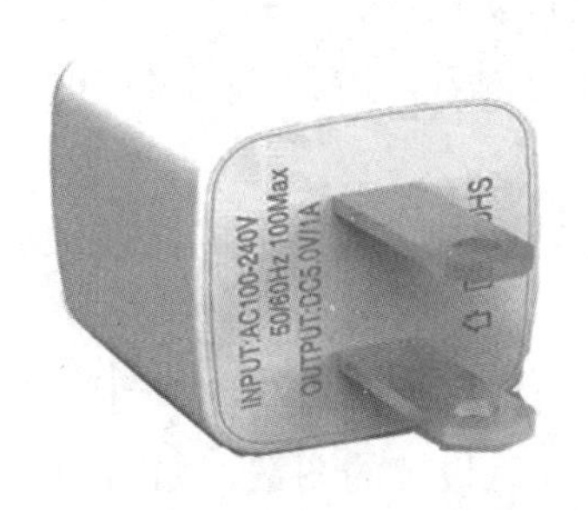

（a）塑料材料激光打标

（b）金属材料激光打标

（c）纸质材料激光打标

图 9.10　激光打标应用图

激光打标是由激光发生器生成高能量的连续激光光束，聚焦后的激光作用于承印材料，使表面材料瞬间熔融，甚至气化，通过控制激光在材料表面的路径，从而形成需要的图文标记，如图 9.11 所示。激光打标的特点是非接触加工，可在任何异型表面标刻，工件不会变形和产生内应力，适于金属、塑料、玻璃、陶瓷、木材、皮革等材料的标记。

图 9.11　激光打标设备实物图

激光打标技术作为一种现代的精密加工方法，与腐蚀、电火花加工、机械刻画、印刷等传统的加工方法相比，具有以下优势。

（1）采用激光作为加工手段，与工件之间没有加工力的作用，具有无接触、无切削力、热影响小的优点，保证了工件的原有精度。同时，对材料的适应性较广，可以在多种材料的表面制作出非常精细的标记且耐久性非常好。

（2）激光的空间控制性和时间控制性很好，对加工对象的材质、形状、尺寸和加工环境的自由度都很大，特别适用于自动化加工和特殊面加工。且加工方式灵活，既可以适应实验室式的单项设计需要，也可以满足工业化大批量生产的要求。

（3）激光刻画精细，线条可以达到毫米甚至微米量级，采用激光标刻技术制作的标记被仿造和更改都非常困难，这对产品防伪极为重要。

（4）激光加工系统与计算机数控技术相结合可构成高效自动化加工设备，可以打出各种文字、符号和图案，易于用软件设计标刻图样，更改标记内容，适应现代化生产高效率、快节奏的要求。

（5）激光加工和传统的丝网印刷相比，没有污染源，是一种清洁无污染的高环保加工技术。

本工作站中激光打标作用于产品两处：对手柄处进行激光打标，如图 9.12 所示，可打印如“润品”等字样；对包装外盒进行激光打标，可打印任意设计的图案，如图 9.13 所示。

图 9.12　手柄激光打标

图 9.13　包装盒激光打标

激光打标技术已被广泛应用于各行各业，为优质、高效、无污染和低成本的现代化加工生产开辟了广阔的前景。

9.3.3　工业机器人应用

工业机器人在包装工程领域中的应用已有很长的历史。其中应用较为成熟的是搬运、分拣、装箱、码垛、拆垛应用。随着行业的不断发展扩大，很多智能包装机器人在医药、食品、物流等领域中应用广泛。

在本自动包装工作站中，两台机器人协同作业。一台机器人负责将码垛台上的包装盒送至输送线上，自动包装机打开包装盒；另一台机器人等待包装盒打开后，将产品放置到包装盒内。采用多机器人协同作业的方式，不仅增加了产线的柔性生产模式，更提高了生产效率。本工作站在六个典型项目中，是唯一采用多机器人协同作业的工作站。本工作站所使用钱江机器人的型号为 QJR6S-1 和 QJR10-2，其中 QJR6S-1 型机器人在前文中已有介绍，以下详细讲解 QJR10-2 型机器人的主要特点。

QJR10-2 型钱江机器人的有效负荷为 10 kg，臂展为 2 m，结构设计紧凑，可灵活选择地面安装或倒置安装；工作空间大，运行速度快，重复定位精度高，适用于焊接、喷涂、上下料、搬运、分拣、装配等应用，适用范围广。QJR10-2 型钱江机器人如图 9.14 所示。

图 9.14　QJR10-2 型钱江机器人

QJR10-2 型钱江机器人的基本规格见表 9.1。

表 9.1　QJR10-2 型钱江机器人的基本规格表

<table>
<tr><th colspan="6">机器人基本规格表</th></tr>
<tr><td>机构形态</td><td colspan="2">垂直多关节</td><td rowspan="3">允许扭矩</td><td>J4</td><td>24.6 N·m</td></tr>
<tr><td>轴数</td><td colspan="2">6</td><td>J5</td><td>24.6 N·m</td></tr>
<tr><td>有效载荷</td><td colspan="2">10 kg</td><td>J6</td><td>9.8 N·m</td></tr>
<tr><td rowspan="2">重复定位精度</td><td colspan="2" rowspan="2">±0.05 mm</td><td rowspan="3">惯性力矩</td><td>J4</td><td>0.63 $kg·m^2$</td></tr>
<tr><td>J5</td><td>0.63 $kg·m^2$</td></tr>
<tr><td>最大臂展</td><td colspan="2">2 001 mm</td><td>J6</td><td>0.1 $kg·m^2$</td></tr>
<tr><td>防护等级</td><td colspan="2">IP67</td><td rowspan="9">安装环境</td><td>温度</td><td>0～45 ℃</td></tr>
<tr><td>本体质量</td><td colspan="2">275 kg</td><td>湿度</td><td>20%～80% RH</td></tr>
<tr><td rowspan="6">机械限位范围</td><td>J1</td><td>±172°</td><td>振动</td><td><4.9 m/s^2（0.5 g）</td></tr>
<tr><td>J2</td><td>+158°，-110°</td><td rowspan="6">其他</td><td rowspan="6">避免易燃、腐蚀性气体和液体，避免接触水、油、粉尘等。勿接近电器噪声源</td></tr>
<tr><td>J3</td><td>+83°，-92°</td></tr>
<tr><td>J4</td><td>±170°</td></tr>
<tr><td>J5</td><td>±125°</td></tr>
<tr><td>J6</td><td>±360°</td></tr>
<tr><td rowspan="6">最大速度</td><td>J1</td><td>150(°)/s</td></tr>
<tr><td>J2</td><td>150(°)/s</td><td>电源容量</td><td colspan="2">4.2 kVA</td></tr>
<tr><td>J3</td><td>183(°)/s</td><td>电控柜尺寸</td><td colspan="2">580 mm×600 mm×960 mm</td></tr>
<tr><td>J4</td><td>430(°)/s</td><td>电控柜质量</td><td colspan="2">130 kg</td></tr>
<tr><td>J5</td><td>430(°)/s</td><td>电源</td><td colspan="2">三相四线 380 V（±10%）</td></tr>
<tr><td>J6</td><td>602(°)/s</td><td>安装方式</td><td colspan="2">地面、吊顶</td></tr>
</table>

9.4 项目步骤

❋ 自动包装工作站项目步骤

9.4.1 应用系统连接

工业机器人自动包装工作站总共由三部分组成：定制单元、钱江机器人单元、包装单元。其中，钱江机器人单元与定制单元分别有两套不同的设备。在应用系统连接时，需要对这三个单元进行机械组装、电气装配、控制系统连接等操作，如图 9.15 所示。

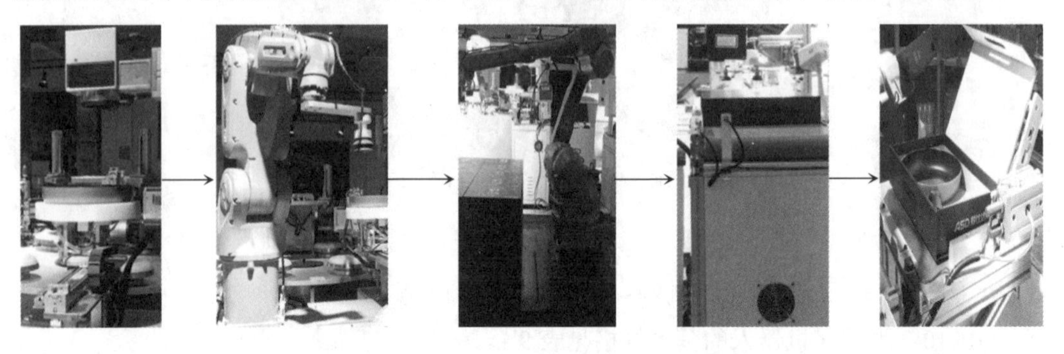

（a）定制单元　（b）钱江机器人单元 1　（c）钱江机器人单元 2　（d）包装单元 1　（e）包装单元 2

图 9.15　系统连接图

9.4.2 应用系统配置

工业机器人自动包装工作站在运行前，需要对整个系统进行配置，以保证每次运行之前，所有单元处于初始状态。

1. 定制单元配置

将激光打标机安装在合适的位置，且处于待机状态，直线模组的物料平台上无物料及杂物存放等，如图 9.16 所示。

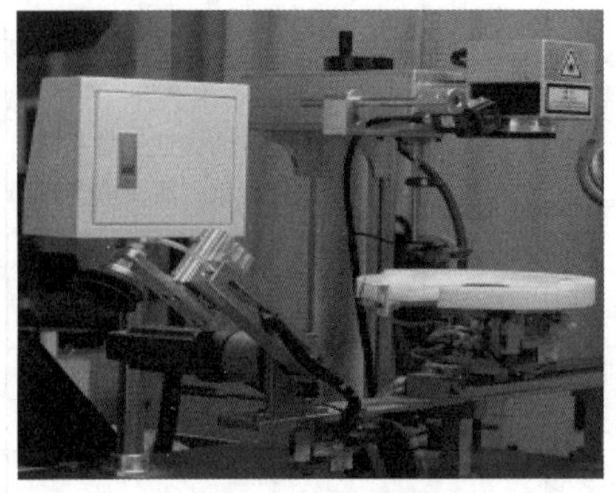

（a）产品定制模块初始状态

（b）包装盒定制模块初始状态

图 9.16　定制单元初始配置

2. 机器人单元配置

钱江机器人在运行之前，确保各轴处于安全位置（如机械零点），机器人周边无杂物，避免机器人在运行时，出现碰撞等严重问题，如图 9.17 所示；机器人电气连接正确无误，I/O 信号处于初始状态，如图 9.18 所示；机器人夹具安装正确且牢固，吸盘能正常工作，初始状态时吸盘无物料存在，如图 9.19 所示。

（a）QJR6S-1 机器人本体安全位置状态

（b）QJR10-2 机器人本体安全位置状态

图 9.17　机器人本体安全位置状态

界面选择:		IO状态	
系统	扩展	虚拟	模拟量
DI	注释	DO	注释
手持盒（0-15）			
0		0	
1		1	
2		2	
3		3	
4		4	
5		5	
6		6	
7		7	

图 9.18　机器人 I/O 信号初始状态

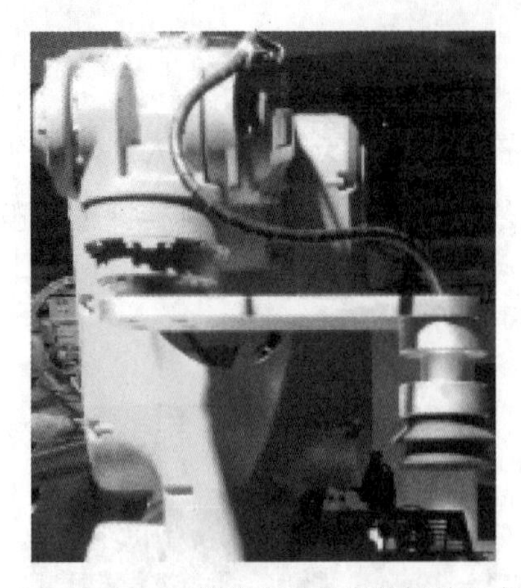

（a）QJR6S-1 机器人夹具安装初始状态

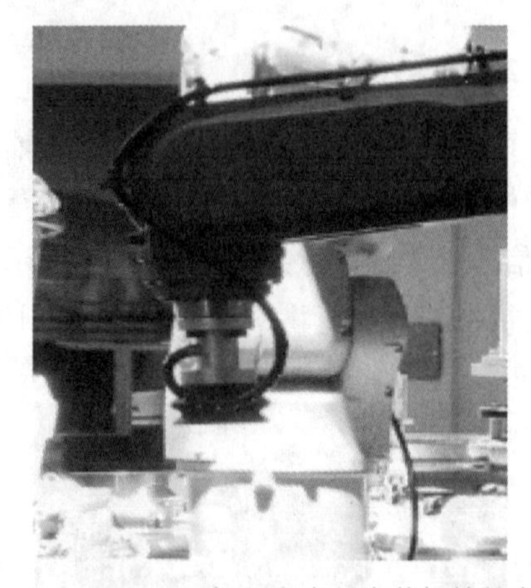

（b）QJR10-2 机器人夹具安装初始状态

图 9.19　机器人夹具安装初始状态

3. 包装单元配置

保证码垛平台有充足的包装盒且摆放整齐一致，输送线能正常输送运行。尽量不要堆积包装盒，确认翻转装置等包装机构保持在初始位置，如图 9.20 所示。

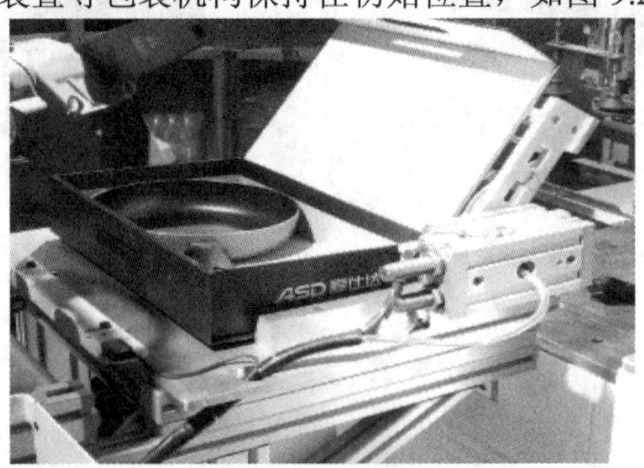

图 9.20　包装单元初始状态

9.4.3　主体程序设计

工业机器人自动包装工作站主体程序由钱江机器人程序构成。机器人程序由基本的运动指令及逻辑指令构成，主要包括上料程序、包装程序、下料程序，如图 9.21 所示。

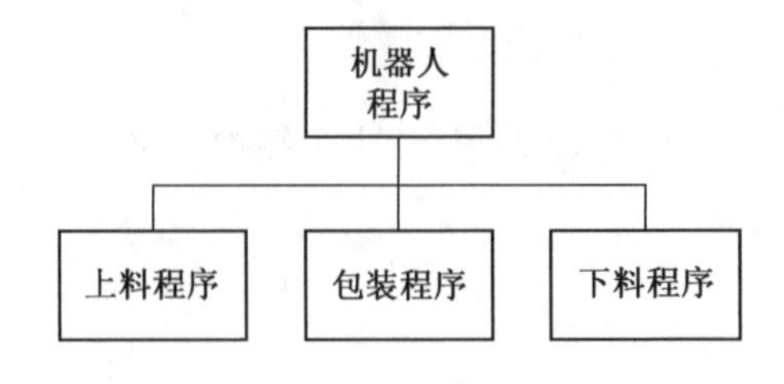

图 9.21　主体程序设计图

上料程序实现的功能是当检测到物料充足时，QJR10-2 机器人通过运动指令抓取包装盒，并放置到输送线上；当检测到激光打标机完成打标后，QJR6S-1 机器人通过运动指令抓取物料并放置在包装盒内，如图 9.22 所示。

```
IF  DI1.08==1  THEN
CALL  PROG=gold
ELSE
END_IF
END_IF
IF  DI1,3==1  THEN
MOVL  V=800.00 mm/s  BL=2.00  VBL=0.00
MOVL  V=800.00 mm/s  BL=2.00  VBL=0.00
MOVL  V=500.00 mm/s  BL=2.00  VBL=0.00
PULSE  DO1.06  T=1.00 s
ELSE
END_IF
MOVL  P1  V=1000.0 mm/s  BL=0.00  VBL=0.00
END
```

图 9.22　上料程序

包装程序实现的功能是当检测到包装盒到位后，机器人先等待包装盒打开；当包装盒打开之后，机器人将物料放置到包装盒内；机器人移动之后，包装机构将包装盒关闭，如图 9.23 所示。

```
WAIT  DI0.07=1  T=0.00  s  B1
MOVL  P2  V=500.00 mm/s  BL=2.00  VBL=0.00
MOVL  P3  V=500.00 mm/s  BL=0.00  VBL=0.00
DOUT  DO0.14=1
WAIT  DI0.14=1  T=0.00  s  B1
TIMER  T=800 ms
PULSE  DO0.07  T=1.00 s
MOVL  P2  V=200.00 mm/s  BL=0.00  VBL=0.00
MOVJ  P9  V=40.00%  BL=0.00  VBL=0.00
PULSE  DO0.08  T=1,00 s
IF  DI0.09=1  THEN
MOVJ  P10  V=40.00%  BL=0.00  VBL=0.00
PULSE  DO0.09  T=1.00 s
```

图 9.23　包装程序

下料程序实现的功能是当机器人得到包装盒已打开的信号时，机器人通过运动指令将物料放置到包装盒内，如图 9.24 所示。

```
DO24=0
WAIT（DI23==1）
WAIT（DO11==1）
MJ GP0  V=100.00%  B=50  U=9
CALL*25 取料*
ML GP10  V=1500.00mm/s B=50 U=9
ML GP11  V=1500.00mm/s B=50 U=9
ML GP12  V=1500.00mm/s B=50 U=9
DO24=0
ML GP12  V=1500.00mm/s B=50 U=9
ML GP11  V=1500.00mm/s B=50 U=9
ML GP10  V=1500.00mm/s B=50 U=9
PULSE  DO22=1 T=1000ms
MJ  GP0  V=100.00%  B=50  U=9
```

图 9.24　下料程序

9.4.4　关联程序设计

工业机器人自动包装工作站的关联程序主要由 PLC 程序及 HMI 界面构成，如图 9.25 所示。PLC 程序由反馈信号程序段、逻辑控制程序段，手/自动转换程序段组成，如图 9.26 所示。HMI 界面主要涉及界面设计及变量的关联等，用于监控 PLC 及外围设备状态，如图 9.27 所示。

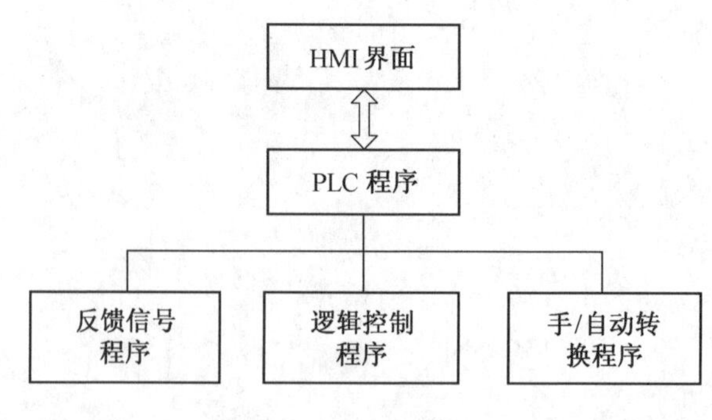

图 9.25　关联程序设计图

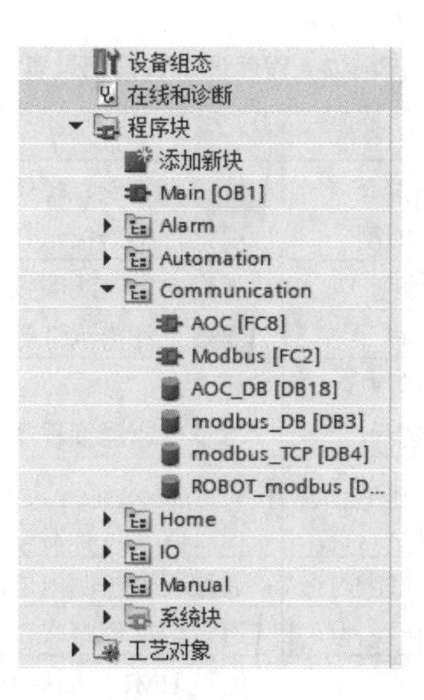

图 9.26　PLC 程序

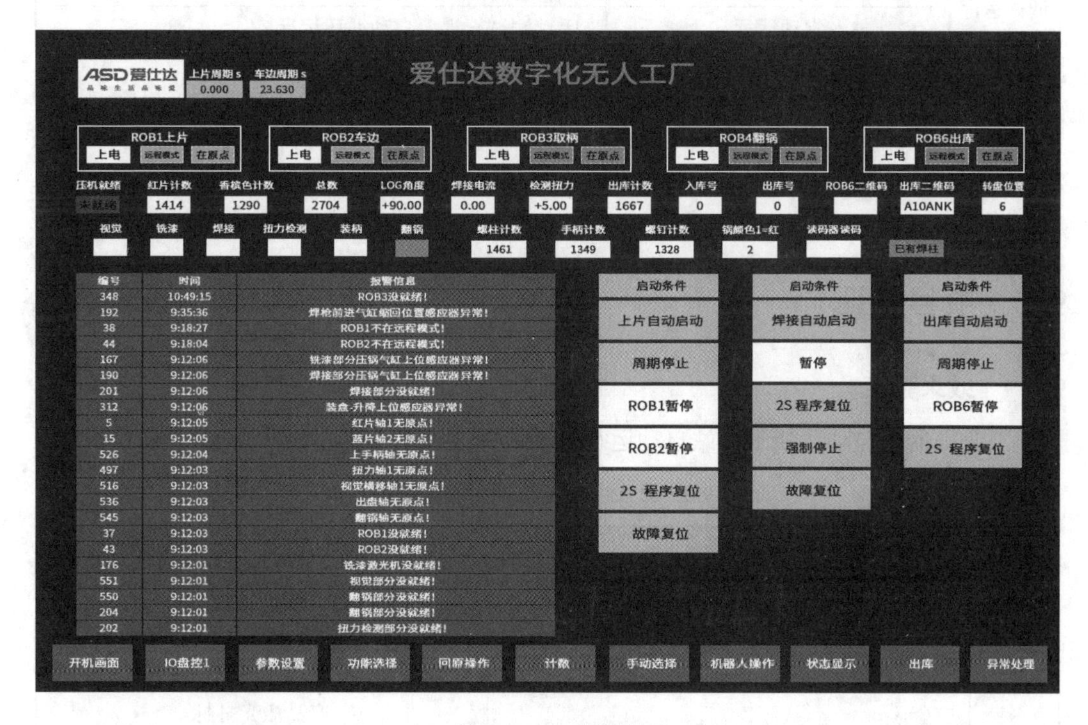

图 9.27　HMI 界面

9. 4. 5　项目程序调试

程序调试主要是对机器人程序、PLC 程序、HMI 界面等其他相关程序进行测试，保证配置信号的正常，以使设备能够按照预期的效果运行，程序调试过程记录表见表 9.2。例如，通过钱江机器人 I/O 信号控制吸盘的开合，或通过 PLC 程序控制输送线的启停，然后在 HMI 界面上查看设备运行的状态等。

表 9.2　程序调试过程记录表

调试步骤	调试内容		调试方法
硬件设施	线路接线及装配件检查		使用万用表、螺丝刀等工具检测或紧固
	传感器及仪器仪表检测		观察传感器指示灯、仪器仪表指针变化
	电磁阀及电动机检测		观察电磁阀线圈吸合、电动机正反转的状态
	其余电气元件检测		观察元件指示灯等工作状态
程序逻辑	机器人程序	上料程序	单步低速运行程序指令
		包装程序	
		下料程序	
	PLC 程序	反馈信号程序	通过改变传感器等状态查看程序
		逻辑控制程序	通过程序控制电磁阀等查看状态
		手自转换程序	通过转换程序，查看各自运行状态
	HMI 界面组件状态		通过 HMI 界面控制设备运行或反馈设备运行状态
调试运行	检查控制系统之间的通信		试运行时无故障信息显示
	自动运行		手动测试无误，自动循环运行

9.4.6　项目总体运行

工业机器人自动包装工作站运行时，将工作站操控模式改为自动模式，按下启动按钮，工作站将按照工艺流程对物料进行包装处理。实际上，工作站在运行时，不仅仅是机器的运行，更是项目整体的运行。

9.5　项目验证

9.5.1　效果验证

工业机器人自动包装工作站自动运行说明，见表 9.3。

表 9.3　工业机器人自动包装自动运行

序号	图例	说　明
1		初始化设备
2		将手动模式改为自动模式
3		QJR6S-1 及 QJR10-2 工业机器人安全位置
4		产品激光打标
5		QJR6S-1 工业机器人抓取物料
6		QJR10-2 工业机器人抓取包装盒
7		QJR10-2 工业机器人将包装盒放置输送带上
8		包装盒激光打标
9		包装盒打开
10		QJR6S-1 工业机器人放置物料
11		包装盒关闭

9.5.2　数据验证

工业机器人自动包装工作站在运行时，钱江机器人、PLC、HMI 以及其他外围设备的运行情况，如 I/O 信号、传感器信号等，均可显示在程序的界面上，如图 9.28 所示，这些信号可以作为数据验证的依据。

IO 监控 1——上片&车边部分				
i0.0 红片到上位	Q0.0 红片电机 1	i6.0 存料红片盘检测 1	Q6.0 存料红盘电机 1	
i0.1 红片有无检测	Q0.1 红片电机 2	i6.1 存料红片盘检测 2	Q6.1 存料红盘电机 2	IO 监控 1
i0.2 红片盘检测 1	Q0.2 红片电机 3	i6.2 存料红片盘检测 3	Q6.2	
i0.3 红片盘检测 2	Q0.3 红片挡盘气缸	i6.3	Q6.3	
i0.4 红片盘检测 3	Q0.4 红片定位气缸	i6.4	Q6.4	IO 监控 2
i0.5 红片挡盘上位	Q0.5 压机出料挡锅气	i6.5	Q6.5	
i0.6 红片挡盘下位	Q0.6	i6.6	Q6.6	
i0.7 红片定位上位	Q0.7	i6.7	Q6.7	
i1.0 红片定位下位	Q1.0	i7.0 存料蓝片盘检测 1	Q7.0 存料蓝盘电机 1	IO 监控 3
i1.1 红片是单张	Q1.1	i7.1 存料蓝片盘检测 2	Q7.1 存料蓝盘电机 2	
i1.2 红片是双张		i7.2 存料蓝片盘检测 3	Q7.2	
i1.3		i7.3	Q7.3	IO 监控 4
i1.4		i7.4	Q7.4	
		i7.5	Q7.5	
		i7.6	Q7.6	
		i7.7	Q7.7	IO 监控 5
i4.0 蓝片到上位	Q4.0 蓝片电机 1	i12.0 车床完成	Q12.0 吸真空	
i4.1 蓝片有无检测	Q4.1 蓝片电机 2	i12.1 车床就绪	Q12.1 破真空	
i4.2 蓝片盘检测 1	Q4.2 蓝片电机 3	i12.2	Q12.2 车床启动	主画面
i4.3 蓝片盘检测 2	Q4.3 蓝片挡盘气缸	i12.3	Q12.3 卷丝机启动	
i4.4 蓝片盘检测 3	Q4.4 蓝片定位气缸	i12.4	Q12.4	
i4.5 蓝片挡盘上位	Q4.5	i12.5	Q12.5	
i4.6 蓝片挡盘下位	Q4.6	i12.6	Q12.6	
i4.7 蓝片定位上位	Q4.7	i12.7	Q12.7	
i5.0 蓝片定位下位	Q5.0	i13.0	Q12.8	
i5.1 蓝片是单张	Q5.1	i13.1	Q12.9	
i5.2 蓝片是双张	Q5.2	i13.2	Q12.10	
i5.3	Q5.3	i13.3	Q12.11	
i5.4	Q5.4	i13.4	Q12.12	
i5.5	Q5.5	i13.5	Q12.13	
i5.6	Q5.6	i13.6	Q12.14	
i5.7	Q5.7	i13.7	Q12.15	

图 9.28　现场设备信号

9.6 项目总结

9.6.1 项目评价

本工业机器人自动包装工作站项目能够让读者学习到产品包装的流程，自动包装工作站知识点总结如图 9.29 所示。实际上，在包装行业领域，要将产品包装流程达到自动化程度，存在很大的难度。首先在包装材料要求上存在各种因素的制约；其次要设计符合产品包装的设备，对于工业机器人在包装行业的应用，机器人末端夹具的设计是提高效率的有效手段。

本项目在产品包装的美观度上，采用激光打标的技术手段，符合当下用户个性化定制的需求。本工作站自动包装的精巧之处在于简化了包装设计，既提高了产品包装的效率，又避免了自动包装过程中的烦琐流程。

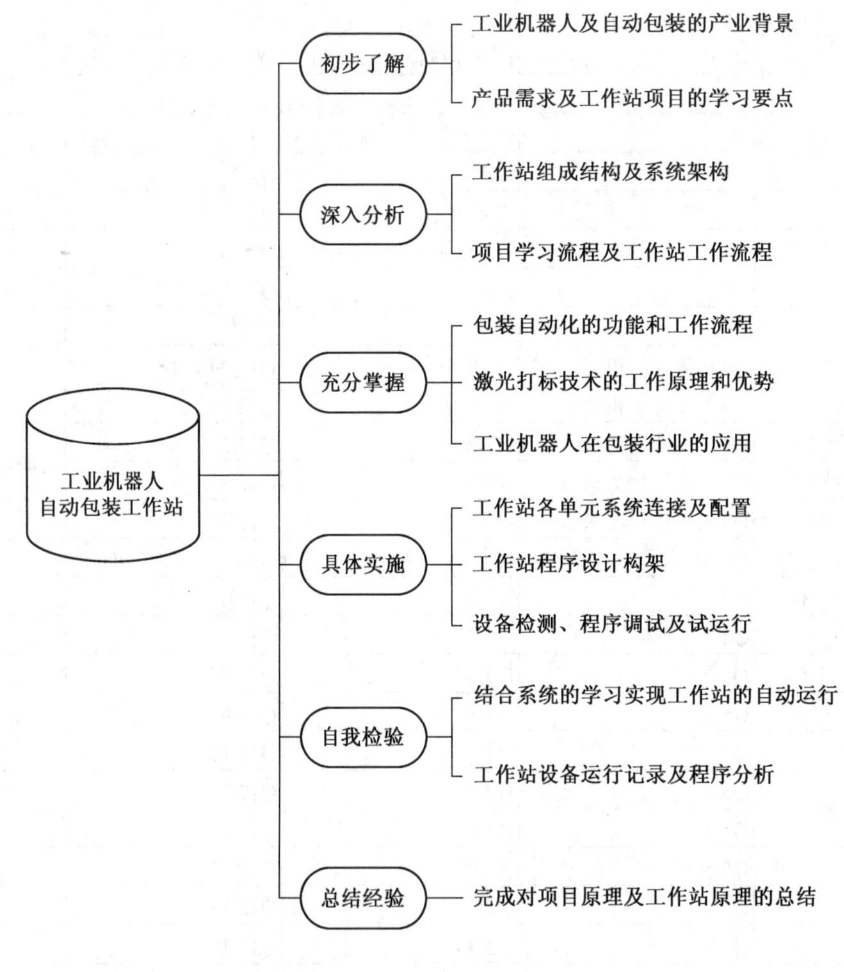

图 9.29　自动包装工作站知识点总结

9.6.2　项目拓展

工业机器人作为自动包装行业的核心设备，提高了产品包装的效率，同时保障了产品的洁净环境。结合本项目中的案例，以及以下工业现场情况（见图 9.30、图 9.31），请对应用案例进行分析。

拓展一：当钱江机器人应用于建筑行业时，如何剖析项目系统的原理？以及如何有效地应用工业机器人？

拓展二：当钱江机器人应用于机床行业时，如何剖析项目系统的原理？以及如何有效地应用工业机器人？

图 9.30　工业机器人用于砖块码垛

图 9.31　工业机器人用于压铸件激光打标

第10章　工业机器人智能仓储工作站

10.1　项目目的

※ 智能仓储工作站项目分析

10.1.1　项目背景

仓储作为物流装备的重要组成部分，在现代物流发展中起着至关重要的作用。高效合理的仓储可以帮助厂商加快物资流动的速度，降低成本，保障生产的顺利进行。随着物流业的迅猛发展，仓储企业对物流系统的要求也越来越高。

仓储物流机器人属于工业机器人的范畴，是指应用在仓储环节，可通过接受指令或系统预先设置的程序，自动执行货物转移、搬运等操作的机器装置，如图10.1所示。仓储物流机器人作为智慧物流的重要组成部分，顺应了新时代的发展需求，成为物流行业解决高度依赖人工、业务高峰期分拣能力有限等瓶颈问题的突破口。

图10.1　工业机器人智能仓储应用场景

10.1.2　项目目的

（1）初步了解工业机器人在智能仓储工作站中所发挥的作用。

（2）熟悉智能仓储的工艺流程，以及本项目控制系统之间的原理。

（3）全面分析智能仓储工作站及其设计要点，熟悉项目内容并形成总结。

10.2　项目分析

10.2.1　项目构架

在本智能制造生产线中，冲压成型、车削加工、焊接装配、自动包装等主要工艺流程，只是完成了产品的生产加工。种类多样的产品在仓储存放上，仍要进行科学管理，以便根据客户的订单需求，快速地响应，及时地分拣出库。智能仓储工作站平面布局图如图 10.2 所示，现场实物图如图 10.3 所示。

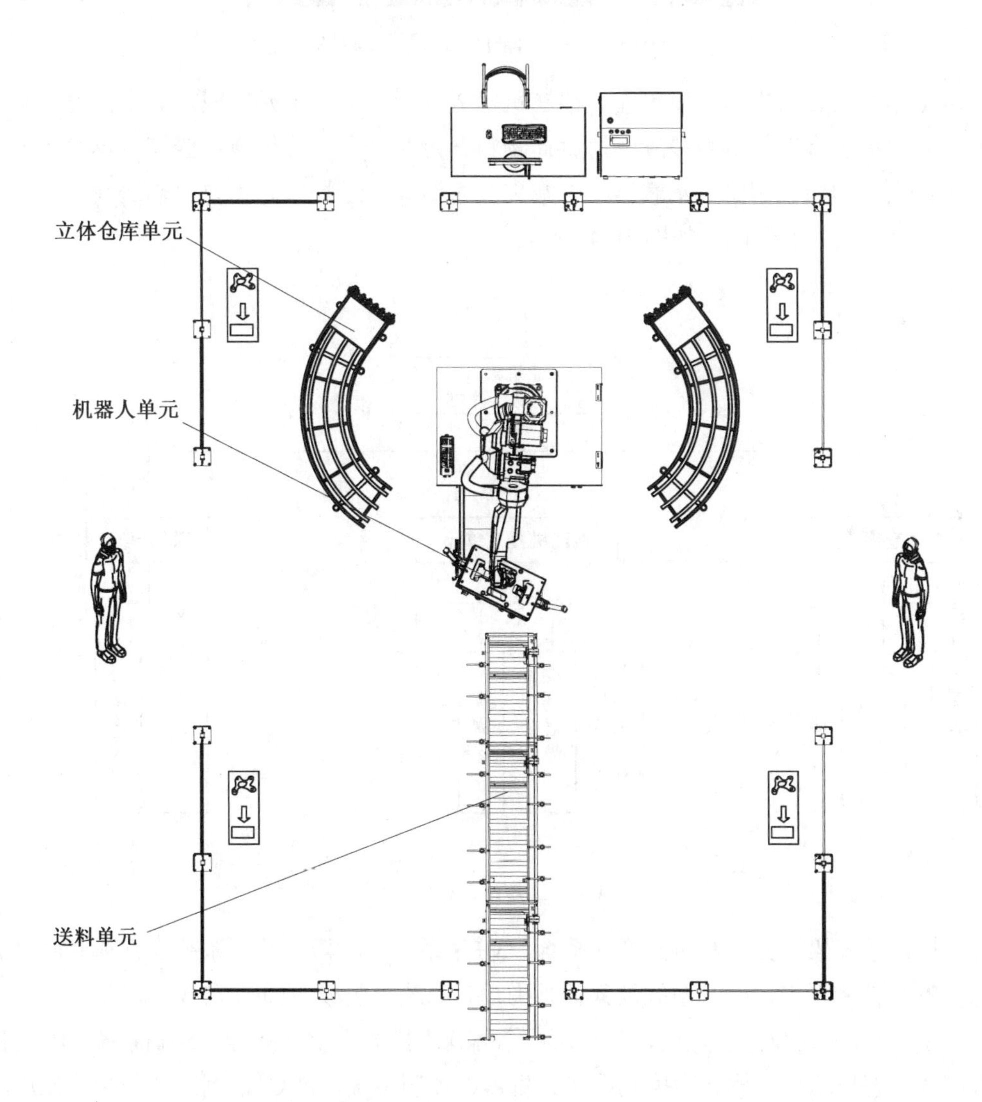

图 10.2　智能仓储工作站平面布局图

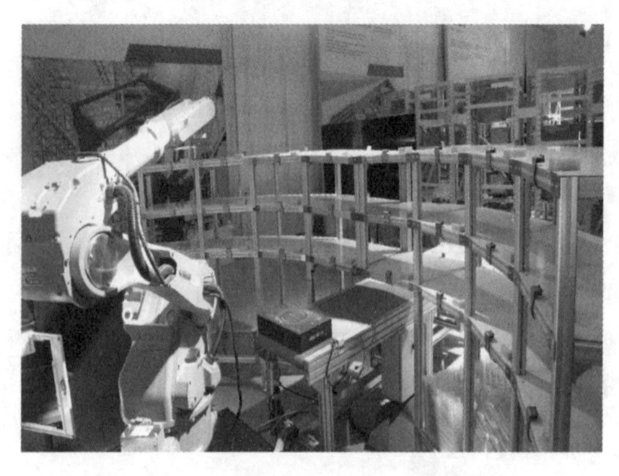

图 10.3　智能仓储工作站现场实物图

本工作站主要由立体仓库单元、钱江机器人单元、送料单元组成。其中，立体仓库单元主要由多层货架、检测装置、待存储物料（定制产品）等组成；钱江机器人单元主要由机器人本体、控制器、示教器、末端夹具等组成；送料单元主要由输送线、待出库物料（定制产品）等组成，如图 10.4 所示。

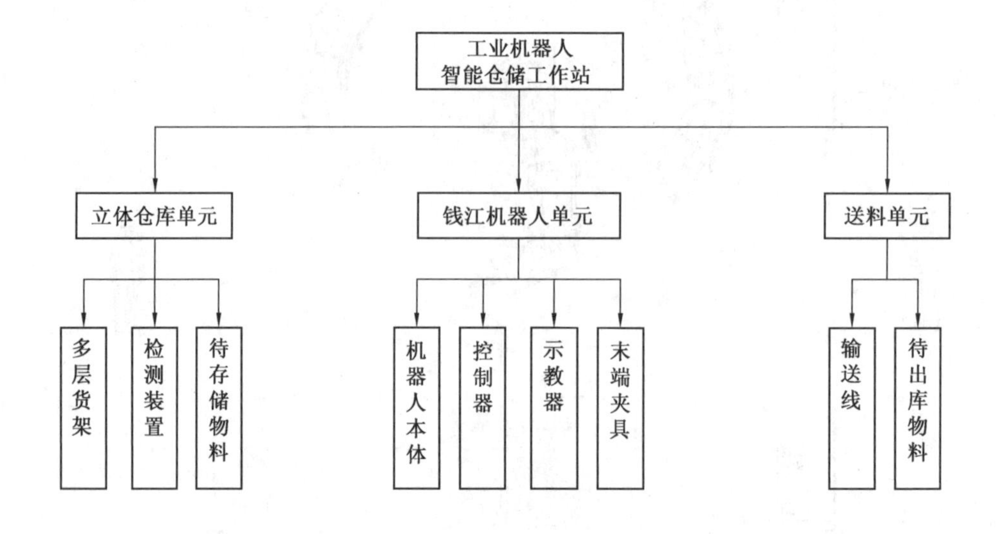

图 10.4　工作站结构组成图

在控制系统架构上主要由云管理系统、MES 系统、机器人控制系统、立体仓库控制系统、PLC 控制系统、检测系统及其他外围设备系统等组成，如图 10.5 所示。

其中 MES 系统作为管理层，实时监控立体仓库控制系统、机器人控制系统、PLC 控制系统的状态信息；立体仓库控制系统、机器人控制系统、PLC 控制系统作为控制层，对智能仓储工作站进行状态实时监控与智能控制。

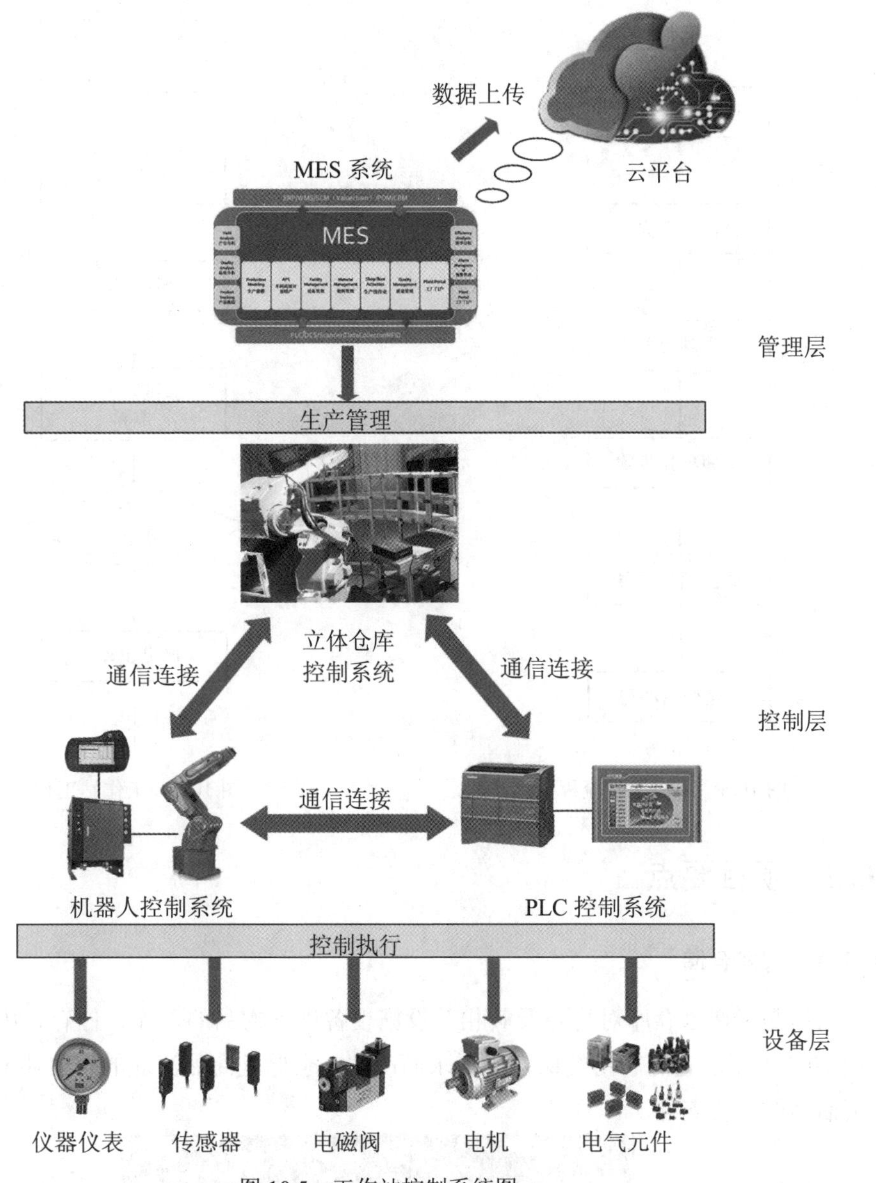

图 10.5　工作站控制系统图

10.2.2　项目流程

工业机器人智能仓储工作站项目的学习流程如图 10.6 所示。首先要明确项目目的，了解工业机器人智能仓储工作站的背景及学习目的；其次分析项目构架，对工业机器人智能仓储工作站中硬件组成、系统构架、工艺流程等进行剖析；再次掌握项目要点，理解工业机器人智能仓储工作站中的必要知识点；然后实施项目步骤，逐步掌握工业机器人智能仓储工作站的流程，如图 10.7 所示；接下来验证项目结果，比较项目设计预期效果与调试运行的结果；最后总结项目学习心得，对此次项目进行梳理，以及拓展本项目相关应用等。

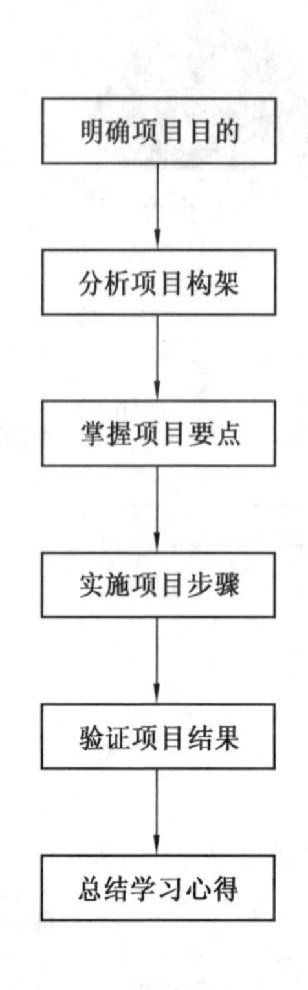

图 10.6　项目学习流程图

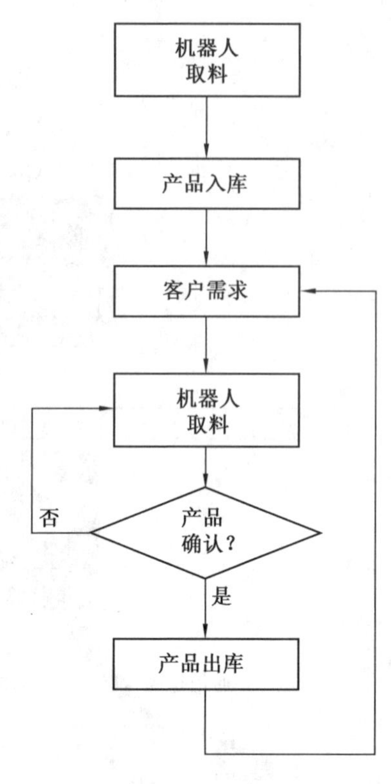

图 10.7　工作站工作流程图

10.3　项目要点

10.3.1　智能仓储

仓储是指通过仓库对物资及其相关设施设备进行物品的入库、储存、出库的活动，如图 10.8 所示。它随着物资储存的需求而产生。仓储是商品流通的重要环节之一，也是物流活动的重要支柱。

图 10.8　仓储物流效果图

物品入库是仓储的基本作业内容。在物流和供应链的角色上，首先，仓储是物流与供应链中的库存控制中心；其次，仓储是物流与供应链中的调度中心；再次，仓储是物流与供应链中的增值服务中心；最后，仓储还是现代物流设备与技术的主要应用中心。从仓储的概念上讲，仓储具有五个内涵：物流活动、仓储活动、仓储目的、仓储条件、仓储方法。

在仓库管理上，要符合效率、经济效益、社会效益等基本原理，只有进行有效的仓储管理，才能很好地发挥仓储管理在供应链中的作用。仓储管理主要包括半成品加工、包装及包装器具的管理、成品待发、成品出入库、库位规划、生产拉动、最低库存额、订单分解、安全库存量、不良品进出库等。

现代仓储系统内部不仅物品复杂、形态各异、性能各异，而且作业流程复杂，既有存储，又有移动，既有分拣，也有组合。因此，以仓储为核心的智能物流中心，经常采用的智能技术有自动控制技术、智能机器人堆码垛技术、智能信息管理技术、移动计算技术、数据挖掘技术、物联网技术等。

通过以上对智能仓储的定义、作用、管理等介绍，本工业机器人智能仓储工作站从智能制造生产线项目需求出发，在智能仓储的设计规划上，秉着避繁就简的原则，将智能仓储工作站设计得更合理化。在前面几章中讲解了产品生产加工的多个流程，实际上，在整个产品加工过程中，都由仓库管理系统（WMS）进行生产管理。智能仓储系统应用场景如图 10.9 所示。

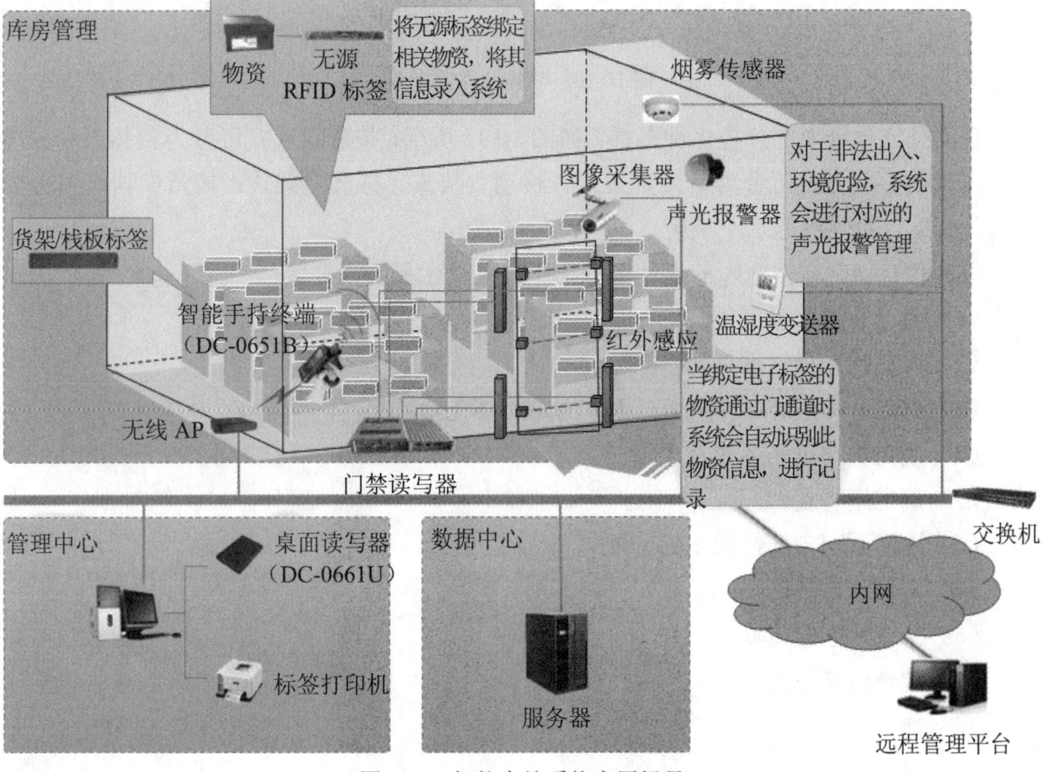

图 10.9　智能仓储系统应用场景

在硬件系统的配置上，依然将钱江机器人作为搬运机构，输送线等作为运输机构，立体仓库作为仓储机构。在实际生产时，生产效率完全能够满足用户的需求，仓储的功能机构也能满足整个产线的运作。

10.3.2 立体仓库

自动化立体仓库又简称高层货架仓库，一般采用几层、十几层乃至几十层的货架来储存单元货物，由于这类仓库能充分利用空间储存货物，故常形象地将其称为“立体仓库”，如图 10.10 所示。

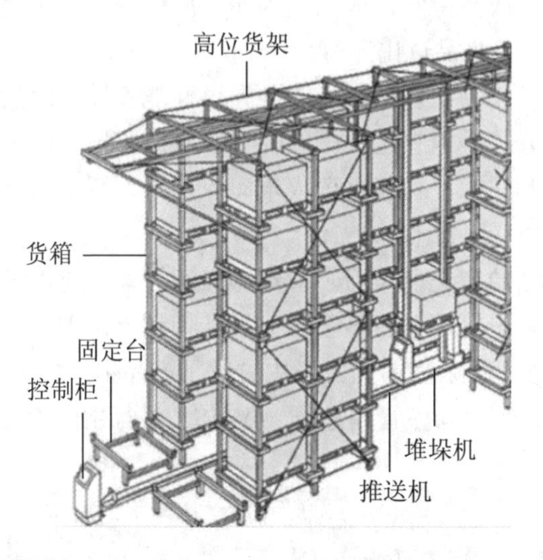

图 10.10 立体仓库效果图

自动化立体仓库的分类多种多样，如图 10.11 所示，按建筑形式可分为整体式和分离式；按货物存取方式可分为单元货架式、移动货架式、拣选货架式；按货架构造可分为单元货格式、贯通式、水平旋转式、垂直旋转式等。

每一种自动化立体仓库的设计都分为下述几个主要阶段。

（1）设计前的准备工作。

（2）库场的选择与规划。

（3）确定仓库形式、作业方式和机械设备参数。

（4）确定货物单元形式及规格。

（5）确定库容量。

（6）库房面积与其他面积的分配。

（7）人员与设备的匹配。

（8）系统数据的传输。

（9）整体运作能力。

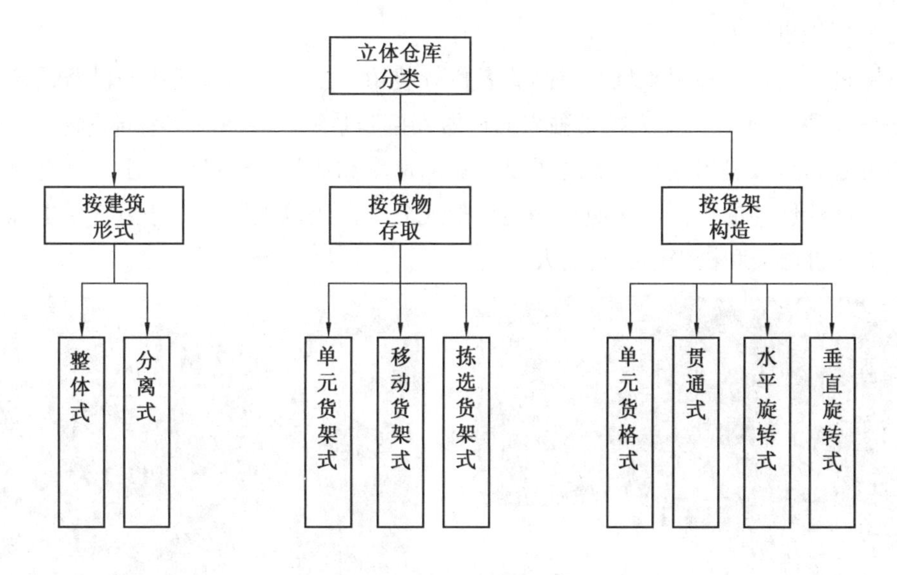

图 10.11　立体仓库分类图

本智能仓储工作站，结合产品生产的种类和数量，在立体仓库的规划上有严格的要求，在场地排布上分为左右两侧对称的立体仓库，用于存放不同颜色、不同定制化的产品。实际上，从用户下单时起，系统就根据算法规划确定了产品在立体仓库的位置；生产过程中，机器人最终将产品放置对应的位置即可，从而完成产品自动入库。

10.3.3　工业机器人应用

根据应用场景的不同，仓储物流机器人可分为 AGV 机器人、码垛机器人、分拣机器人、AMR 机器人、RGV 穿梭车五大类，如图 10.12 所示。

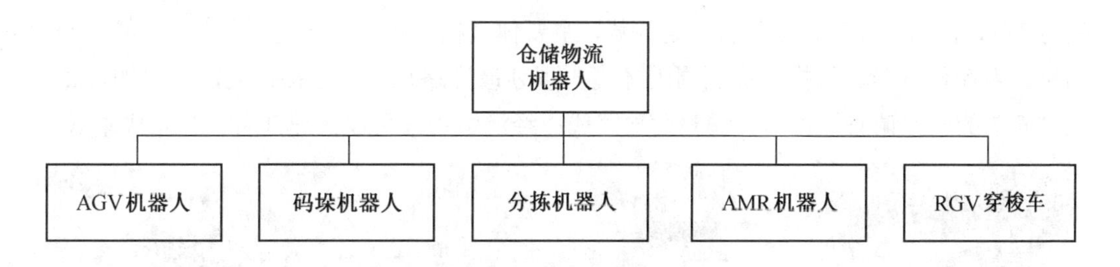

图 10.12　仓储物流机器人分类

（1）AGV 机器人。

AGV 机器人（Automatic Guided Vehicles）又称为自动引导车，是一种具备高性能的智能化物流搬运设备，主要用于货物的搬运和移动，如图 10.13 所示。自动引导车可分为有轨和无轨引导车。顾名思义，有轨引导车需要铺设轨道，只能沿着轨道移动。无轨引导车则无须借助轨道，可任意转弯，灵活性及智能化程度更高。自动引导车运用的核心技术包括传感器技术、导航技术、伺服驱动技术、系统集成技术等。

（2）码垛机器人。

码垛机器人是一种用来堆叠货品或者执行装箱、出货等物流任务的机器设备，如图 10.14 所示。每台码垛机器人携带独立的机器人控制系统，能够根据不同货物，进行不同形状的堆叠。码垛机器人进行搬运重物作业的速度和质量远远高于人工，具有负重高、频率高、灵活性高的优势。按照运动坐标形式分类，码垛机器人可分为直角坐标式机器人、关节式机器人和极坐标式机器人。

图 10.13　AGV 机器人应用效果图

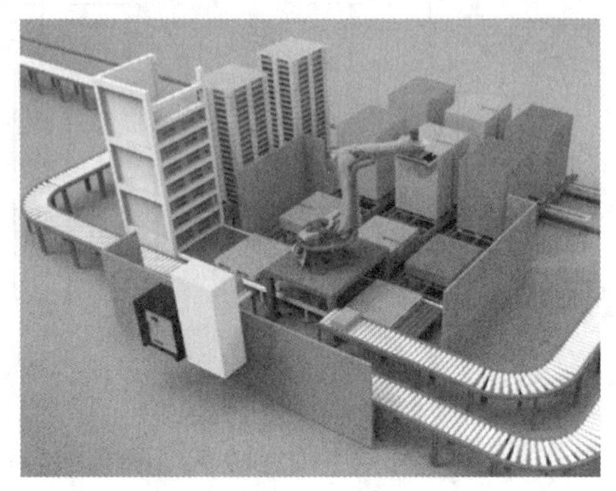

图 10.14　码垛机器人应用效果图

（3）分拣机器人。

分拣机器人是一种可以快速进行货物分拣的机器设备，如图 10.15 所示。分拣机器人可利用图像识别系统分辨物品形状和位置，用机械手抓取物品，然后放到指定位置，实现货物的快速分拣。

（4）AMR 机器人。

AMR 机器人（Automatic Mobile Robot）又称为自主移动机器人，如图 10.16 所示。其与 AGV 自动引导车相比具备一定优势，主要体现在：智能化导航能力更强，能够利用相机、内在传感器、扫描仪探测周围环境，规划最优路径；自主操作灵活性更加优越，通过简单的软件调整即可自由调整运输路线；经济适用，可以快速部署，初始成本低。

图 10.15　分拣机器人应用效果图

图 10.16　AMR 机器人应用效果图

（5）RGV 穿梭车。

RGV 穿梭车是一种智能仓储设备，可以配合叉车、堆垛机、穿梭母车运行，实现自动化立体仓库存取，如图 10.17 所示，适用于密集存储货架区域，具有运行速度快、灵活性强、操作简单等特点。

图 10.17　RGV 穿梭车应用效果图

如前文所述，在本智能仓储工作站中，使用一台钱江机器人（QJR10-2）对产品进行入库和出库，即可满足产线的生产效率。

10.4　项目步骤

10.4.1　应用系统连接

※ 智能仓储工作站项目步骤

工业机器人智能仓储工作站总共由三部分组成：立体仓库单元、钱江机器人单元、送料单元。在应用系统连接时，需要对这三个单元进行机械组装、电气装配、控制系统连接等操作，如图 10.18 所示。

（a）送料单元

（b）钱江机器人单元

（c）立体仓库单元

图 10.18　系统连接图

10.4.2　应用系统配置

工业机器人智能仓储工作站在运行之前，需要对整个系统进行配置，以保证每次运行之前，所有单元处于初始状态。

1. 立体仓库单元配置

首先确认立体仓库的货格中无杂物，保证传感器检测信号正常，如图 10.19 所示。若有备料时，货架和物料不能轻易挪动，以免造成位置点发生偏移。

图 10.19　立体仓库单元初始状态

2. 钱江机器人单元配置

钱江机器人在运行之前，确保各轴处于安全位置（如机械零点），机器人周边无杂物，避免机器人在运行时，出现碰撞等严重问题，如图 10.20 所示；机器人电气连接正确无误，I/O 信号处于初始状态，如图 10.21 所示；机器人夹具安装正确且牢固，吸盘能正常工作，初始状态时吸盘无物料存在，如图 10.22 所示。

图 10.20　机器人本体安全位置状态

系统监视

通用输入IO

输入	状态	使用	注释
X03	●	无	
X04	●	无	
X05	●	无	
X06	●	无	1111
X07	●	无	
X08	●	无	
X09	●	无	
X10	●	无	
X11	●	无	

图 10.21　机器人 I/O 信号初始状态

图 10.22　机器人夹具安装初始状态

3. 送料单元配置

保证输送带能正常运行，且在输送带上无杂物和产品堆积，如图 10.23 所示。

图 10.23　送料单元初始状态

10.4.3　主体程序设计

工业机器人智能仓储工作站的主体程序主要由钱江机器人程序构成，主要包括上料程序、仓储程序、下料程序，如图 10.24 所示。

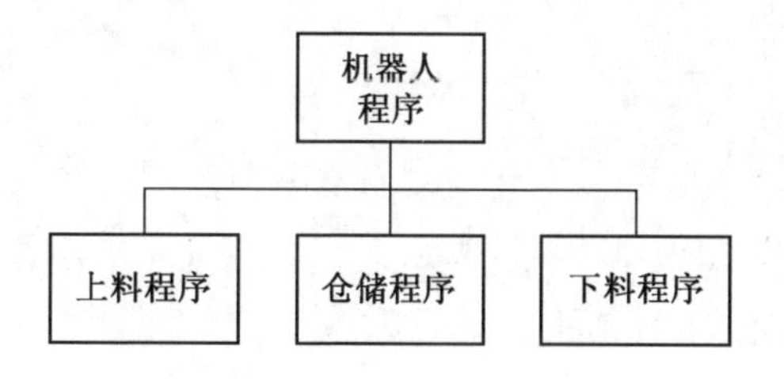

图 10.24　主体程序设计图

上料程序实现的功能是当检测到物料生产加工完成时，机器人通过运动指令抓取物料，并放置到立体仓库内，如图 10.25 所示。

```
WAIT(DI23==1)
WAIT(DO11==1)
MJ GP0  V=100.00%  B=50  U=9
CALL*25 取料*
ML GP20  V=1500.00 mm/s  B=50  U=9
ML GP21  V=1500.00 mm/s  B=50  U=9
ML GP22  V=1500.00 mm/s  B=50  U=9
DO24=0
ML GP22  V=1500.00 mm/s  B=50  U=9
WAIT(DI24==1)
ML GP21  V=1500.00 mm/s  B=50  U=9
ML GP20  V=1500.00 mm/s  B=50  U=9
PULSE  DO22=1  T=1000 ms
MJ GP0  V=100.00%  B=50  U=9
```

图 10.25　上料程序

仓储程序实现的功能是当机器人抓取物料时，立体仓库闲置货格的信号发送给机器人，机器人按照定制产品的种类进行存放，如图 10.26 所示。


```
MOVJ  V=40.00%  BL=0.00  VBL=0.00
PULSE  DO1.09  T=1.00  s
MOVJ  V=40.00%  BL=0.00  VBL=0.00
* 2
SET  I10=1
IF  DI1.05==1  THEN
SET  I10=0
MOVJ  V=40.00%  BL=0.00  VBL=0.00
MOVL  V=1500.00mm/s  BL=0.00 VBL=0.00
DOUT  DO1.12=1
DOUT  DO1.04=1
WAIT  DI1.13=1  T=0.00  s B1
MOVL  V=1200.00mm/s  BL=0.00  VBL=0.00
DOUT  DO1.04=0
```

图 10.26　仓储程序

下料程序实现的功能是当机器人将物料放置到立体仓库后，会自动计算所存放的数量和位置，如图 10.27 所示。

```
VA0=0
#层数
VA1=0
#工件个数
VA2=0
VA3=0
#工件行列数
VA4=0
VA5=0
VA6=0
#工件 X\Y\Z
VA110=95
#取料点上方
VA111=20
```

图 10.27　下料程序

10.4.4　关联程序设计

工业机器人智能仓储工作站的关联程序主要由PLC程序及HMI界面构成，如图10.28所示。PLC程序由反馈信号程序段、逻辑控制程序段，手/自动转换程序段组成，如图10.29所示。HMI界面主要涉及界面设计及变量的关联等，用于监控PLC及外围设备状态，如图10.30所示。

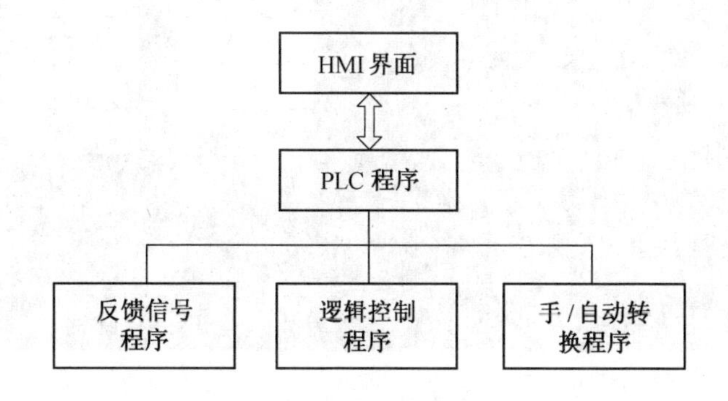

图 10.28　关联程序设计图

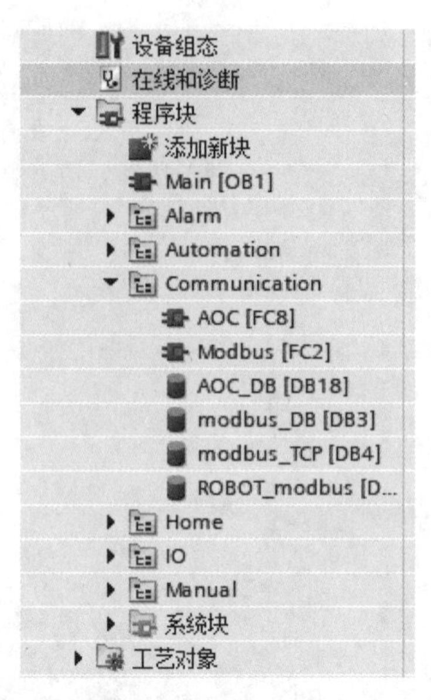

图 10.29　PLC 程序

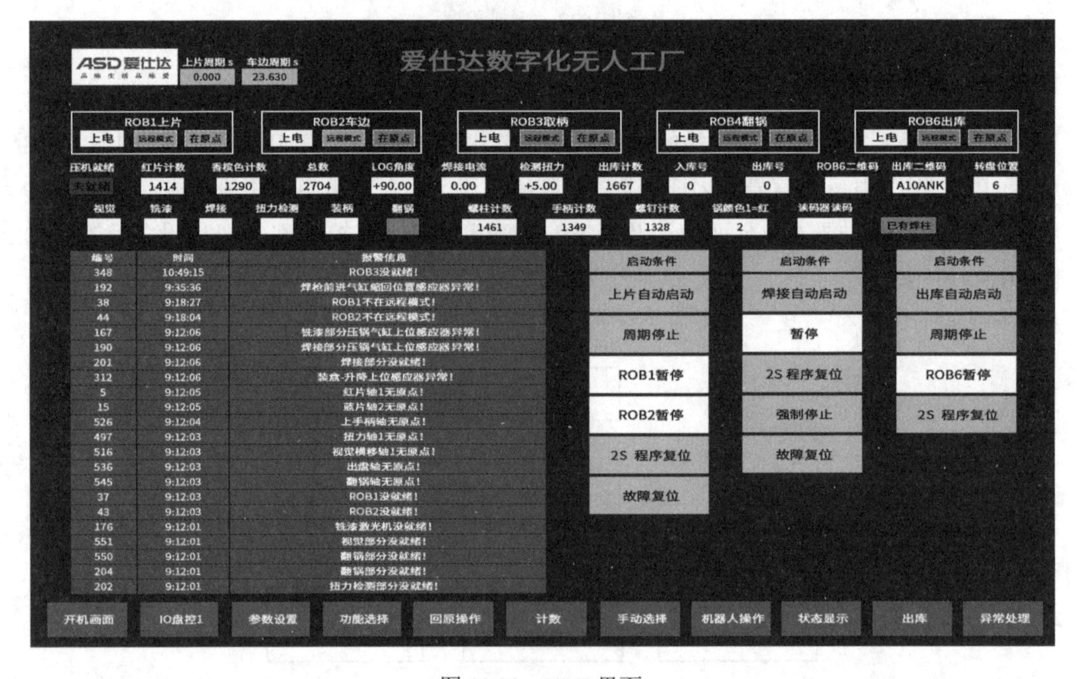

图 10.30　HMI 界面

10.4.5　项目程序调试

程序调试主要是对机器人程序、PLC 程序、HMI 界面等相关程序进行测试，保证配置信号的正常，以使设备能够按照预期的效果运行，程序调试过程记录表见表 10.1。例如，通过钱江机器人 I/O 信号控制吸盘的开合，或通过 PLC 程序控制输送线的启停，然后在 HMI 界面上查看设备运行的状态等。

表 10.1 程序调试过程记录表

调试步骤	调试内容		调试方法
硬件设施	线路接线及装配件检查		使用万用表、螺丝刀等工具检测或紧固
	传感器及仪器仪表检测		观察传感器指示灯、仪器仪表指针变化
	电磁阀及电动机检测		观察电磁阀线圈吸合、电动机正反转的状态
	其余电气元件检测		观察元件指示灯等工作状态
程序逻辑	机器人程序	上料程序	单步低速运行程序指令
		仓储程序	
		下料程序	
	PLC 程序	反馈信号程序	通过改变传感器等状态查看程序
		逻辑控制程序	通过程序控制电磁阀等查看状态
		手自转换程序	通过转换程序，查看各自运行状态
	HMI 界面组件状态		通过 HMI 界面控制设备运行或反馈设备运行状态
调试运行	检查控制系统之间的通信		试运行时无故障信息显示
	自动运行		手动测试无误，自动循环运行

10.4.6 项目总体运行

工业机器人智能仓储工作站运行时，将工作站操控模式改为自动模式，按下启动按钮，工作站将按照工艺流程实现物料出库、入库操作。实际上，工作站在运行时，不仅仅是机器的运行，更是项目整体的运行。

10.5 项目验证

工业机器人智能仓储工作站自动运行说明，见表 10.2。

表 10.2 工业机器人智能仓储工作站自动运行

序号	图例	说　明
1		初始化设备
2		将手动模式改为自动模式
3		工业机器人安全位置
4		工业机器人抓取物料
5		工业机器人放置物料
6		工业机器人安全位置
7		工业机器人抓取物料
8		工业机器人放置物料
9		输送线传送物料

输入监控5

Q6.0封印盒检测	Q26.0横移真空阀	i30.0皮带允许放盒	Q30.0皮带启动	
Q6.1开盒盒检测	Q26.1横移破真空	i30.1盒到尾部	Q30.1	IO监控1
Q6.2横移真空OK	Q26.2开盒真空阀	i30.2	Q30.2	
Q6.3开盒真空OK	Q26.3开盒破真空	i30.3	Q30.3	
Q6.4升降上位	Q26.4升降阀	i30.4	Q30.4	IO监控2
Q6.5升降下位	Q26.5横移阀	i30.5	Q30.5	
Q6.6横移取盒位	Q26.6开盒阀	i30.6	Q30.6	
Q6.7横移放盒位	Q26.7盒激光启动	i30.7	Q30.7	IO监控3
Q7.0盒激光就绪	Q27.0			
Q7.1盒激光完成	Q27.1			
Q7.2开盒开位	Q27.2	i32.0库位1	i34.0库位17	
Q7.3开盒关位	Q27.3	i32.1库位2	i34.1库位18	IO监控4
Q7.4	Q27.4	i32.2库位3	i34.2库位19	
Q7.5	Q27.5	i32.3库位4	i34.3库位20	
Q7.6	Q27.6	i32.4库位5	i34.4库位21	
Q7.7	Q27.7	i32.5库位6	i34.5库位22	IO监控5
Q8.0系统就绪	Q28.0上电	i32.6库位7	i34.6库位23	
Q8.1在远程模式	Q28.1程序启动	i32.7库位8	i34.7库位24	
Q8.2在运行中	Q28.2暂停/恢复	i33.0库位9		
Q8.3在原位	Q28.3加载文件	i33.1库位10		主画面
Q8.4发生报警	Q28.4故障复位	i33.2库位11		
Q8.5反馈文号1	Q28.5送料停止	i33.3库位12		
Q8.6反馈文号2	Q28.6程序选择1	i33.4库位13		
Q8.7反馈文号3	Q28.7程序选择2	i33.5库位14		
Q9.0反馈文号4	Q29.0程序选择3	i33.6库位15		
Q9.1反馈文号5	Q29.1程序选择4	i33.7库位16		
Q9.2反馈文号6	Q29.2程序选择5			
Q9.3程序启动完成	Q29.3程序选择6			
Q9.4开盒区域外	Q29.4允许放出料皮带			
Q9.5出库完成	Q29.5			
Q9.6入库完成	Q29.6			
Q9.7开盒取盒完成	Q29.7			

10.6 项目总结

10.6.1 项目评价

通过工业机器人智能仓储工作站项目的学习，能够让读者了解产品仓储管理过程和模式。作为物流系统的重要组成部分，仓储环节在物流发展中具有重要作用。对于仓储过程的机构来说，立体仓库是货物存放过程的产物，通过合理化的设计，不仅充分利用了空间，也能将定制化产品分类仓储，更有利于仓储管理系统的应用。实际上，在仓储活动中，往往根据应用场景的特点选择不同的物流机器人，以提高产品分拣及输送的效率。智能仓储工作站知识点总结如图 10.31 所示。

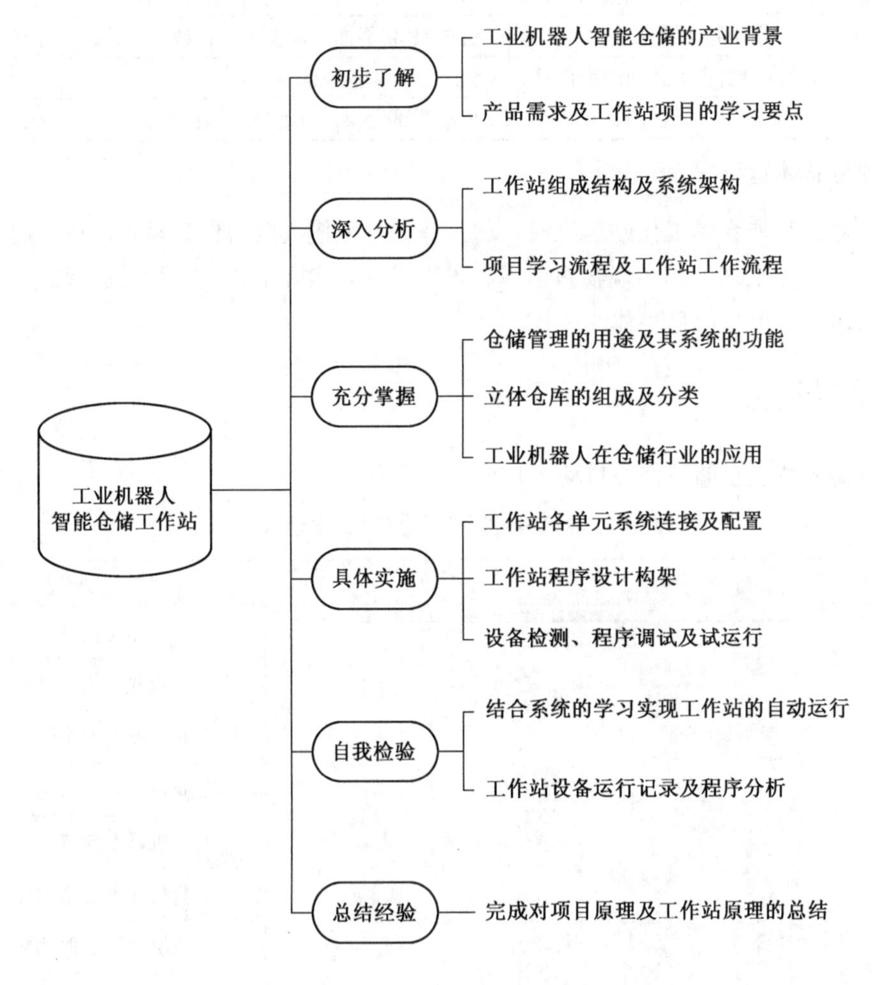

图 10.31　智能仓储工作站知识点总结

10.6.2　项目拓展

智能仓储工作站离不开工业机器人的应用，本项目中钱江机器人实现了自动搬运、机床上下料，具有很强的产品优势。除此之外，钱江机器人还可应用于3C电子、家电、汽车、卫浴等行业。结合本项目中的案例，以及以下工业现场图片（见图10.32），请对其他行业进行案例分析。

当钱江机器人应用于饮料行业时，如何剖析项目系统的原理？以及如何有效地应用工业机器人？

图10.32　工业机器人用于饮料包装箱码垛

第 11 章　数字化管理系统

11.1　项目目的

11.1.1　项目背景

数字化管理是指采用数字化的手段对制造过程、制造系统与制造装备进行定量描述、精确计算、可视模拟与精确控制。数字化管理系统是在数字技术与制造技术的基础上，以系统化的管理思想，为企业提供决策运行手段的管理平台。

※ 数字化管理系统项目分析

数字化管理系统的主要功能是生产资源计划、制造、财务、销售、采购，还有质量管理、实验室管理、业务流程管理、产品数据管理，存货、分销与运输管理，人力资源管理和定期报告系统等。数字化管理系统能够实现产品全生命周期管理的信息化，为决策者提供及时有效的分析决策手段，降低了企业经营成本，提高了企业的经营效益。

11.1.2　项目目的

（1）初步了解数字化管理系统在产业中的作用及意义。

（2）熟悉数字化管理系统中的数字工厂建设总体规划及系统设计方案。

（3）全面分析物流管理、生产管理、质量管理、设备管理等系统的原理和作用。

11.2　项目分析

11.2.1　项目构架

从智能制造生产线整体信息化架构上，构建生产计划、生产执行、质量控制、资源管理的一体化平台，逐步实现透明化、精准化的数字化工厂，建立以数据为驱动的全制造过程管控平台。智能制造信息化构架如图 11.1 所示。

11.2.2　项目流程

智能制造生产线项目规划建设时，主要经过项目准备、现状分析、规划设计、交付等重要阶段。其中，在现状分析、规划设计和交付阶段要经过项目的变革管理，管理模式的改变将有助于推进项目的进行，使项目管理和企业管理上升一个新的高度。智能制造产线项目阶段如图 11.2 所示。

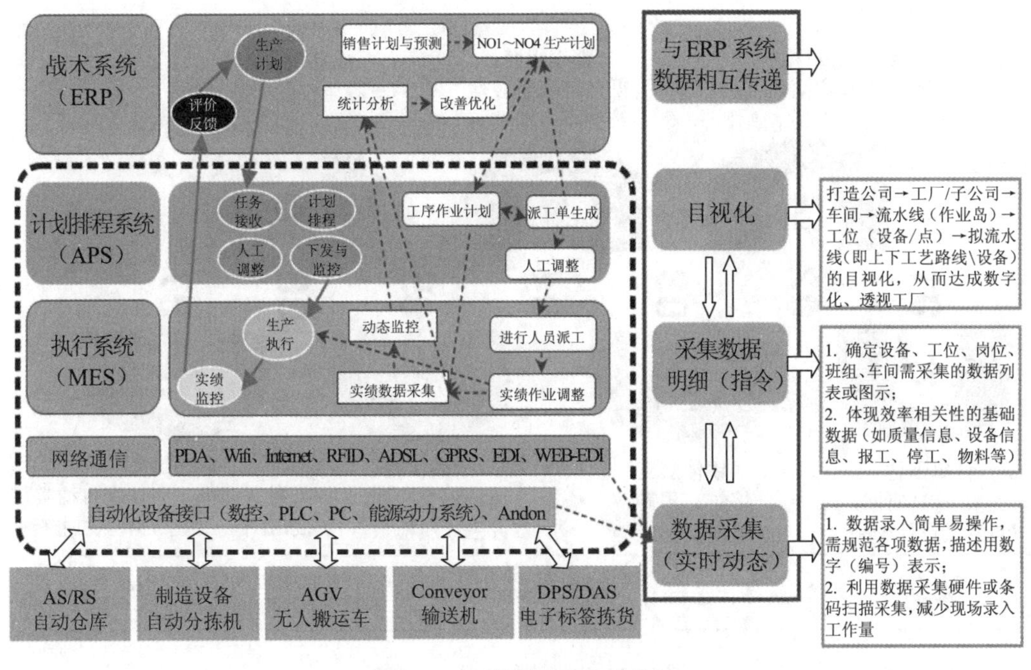

图 11.1　智能制造信息化构架

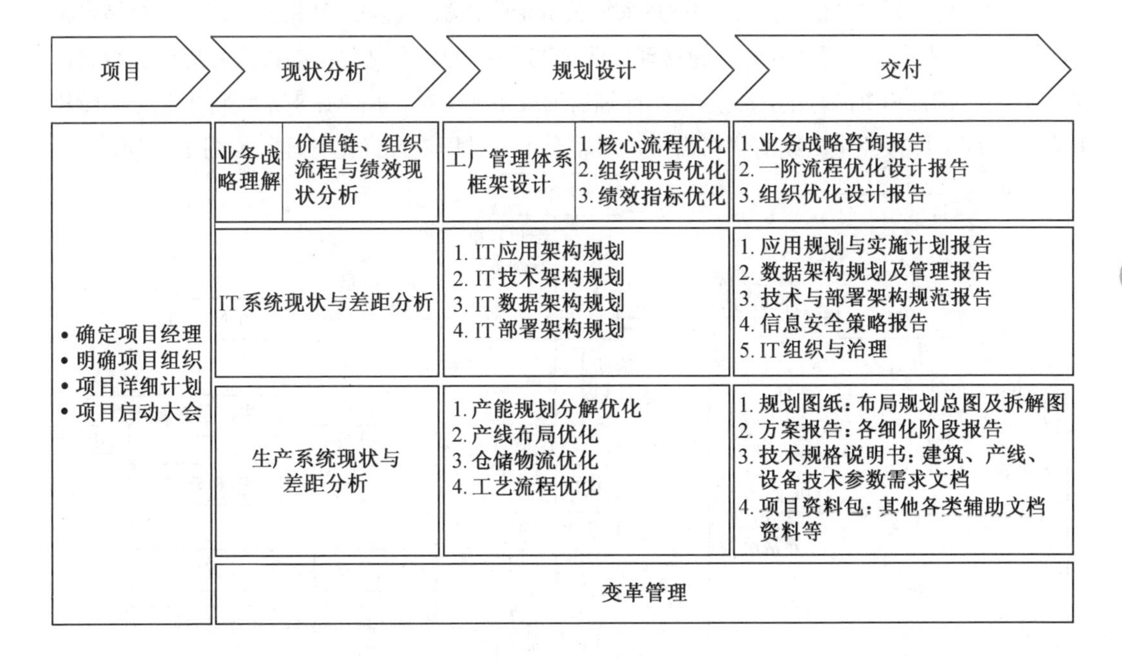

图 11.2　智能制造产线项目阶段

通过前几章节对智能制造生产线组成部分的讲解，结合数字化管理系统，在智能制造生产线的各项生产任务中，从订单下达、订单排产、锅体加工、整锅组装、成品检验、成品包装入库到成品出库，每一个阶段都经过数字化管理系统的跟踪和服务，确保了生产加工过程的质量和效率。生产流程与数字化管理如图 11.3 所示。

订单排产
订单提交到 APOLLO 计划模块，实现精确排产

整锅组装
部件齐套组装，锁螺丝，清洗等

成品包装入库
检测合格的产品包装完后，自动入成品库

01 02 03 04 05 06 07

订单下达
登录 ASD 官网，自定义设计产品

锅体加工
熔炉、压铸、喷涂、车床等

成品检验
通过视觉检测，并生成质检报告

成品出库
依据发货订单，立体库自动实现成品出库，并由 TMS 规划路线

订单信息实时采集跟踪

零件加工工艺数据过程采集，建立追溯体系

成品装配无纸化操作指导、防错、物料绑定

产品质量信息自动采集分析及预警

库位号与订单号采集绑定，精装出库

图 11.3　生产流程与数字化管理

在数字化管理系统的应用上，ERP 系统负责企业资源的管理，WMS 系统负责仓储资源的管理，PDM 系统负责产品数据的管理，而 APS 系统的作用是，主要将三者提交的数据信息进行生产排程和资源分配，制定生产计划后形成生产工单，由 MES 系统将生产工单转化成生产工序，即按照生产线的物料需求，对整个生产过程进行优化管理，如图 11.4 所示。

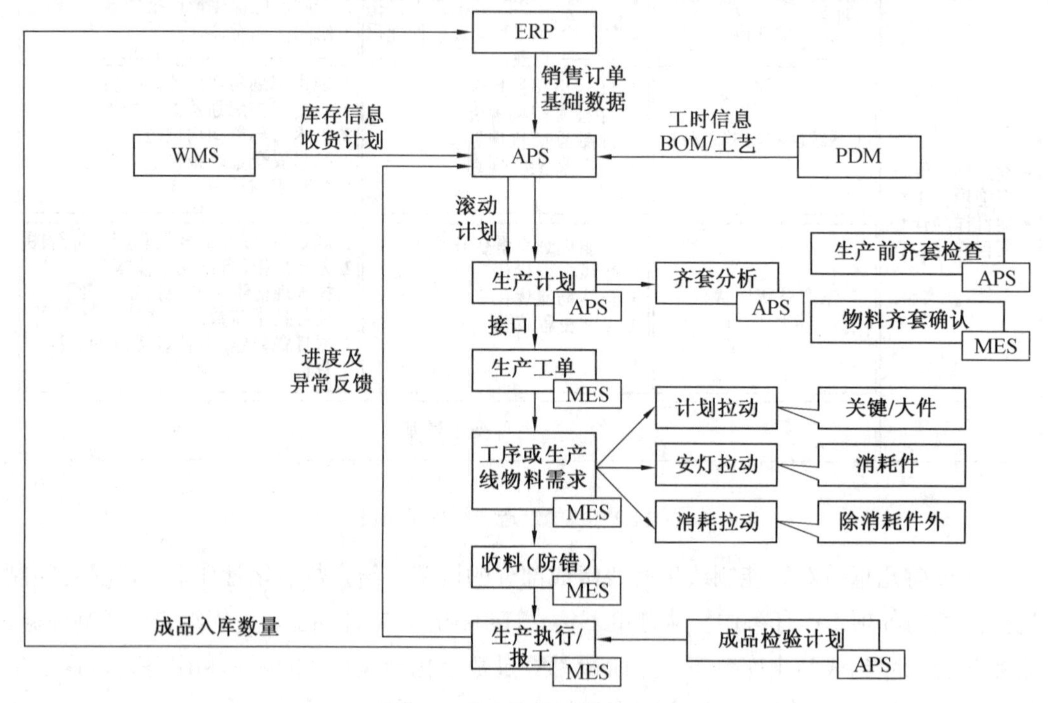

图 11.4　数字化管理系统流程

11.3　项目要点

11.3.1　MES 系统

在智能制造生产线管理系统中，最具代表性的是 MES 系统。制造执行系统 MES 能够帮助企业实现生产计划管理、生产过程控制、产品质量管理、车间库存管理、项目看板管理等，提高企业制造执行能力，如图 11.5 所示。

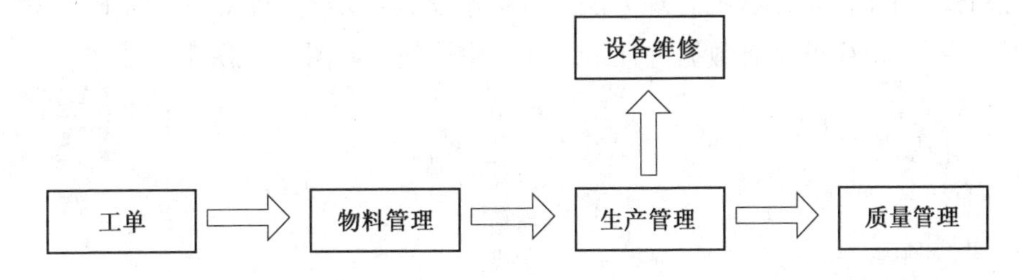

图 11.5　MES 系统工作流程

其工作原理如下：MES 系统从 ERP 中获取订单，MES 将其转化为工单，并将工作进行细化、调度、排产，对制造过程进行指引、控制，采集制造过程中的原料批次信息、生产信息和质量信息，并将采集到的生产信息及时反馈到 ERP 中，从而使 ERP 及时掌握生产现场的信息。在采集到信息的基础上实现产品、部品之间的双向追踪和统计报表功能。在制造业信息平台中，MES 制造执行系统在计划管理层与底层车间生产控制之间建立了联系，填补了两者之间的空隙。

MES 作为制造执行系统，能通过信息传递，对从订单下达到产品完成的整个生产过程进行优化管理，其主要功能分为七大板块：质量管理、生产调度、物料跟踪、库房管理、过程管理、设备管理、文档管理、库房管理等，本智能制造生产线的 MES 系统在应用功能上，具备七大板块的功能要素，本节主要从 MES 系统的基础数据、物流管理、生产管理、质量管理、设备管理等功能进行讲解，如图 11.6 所示。

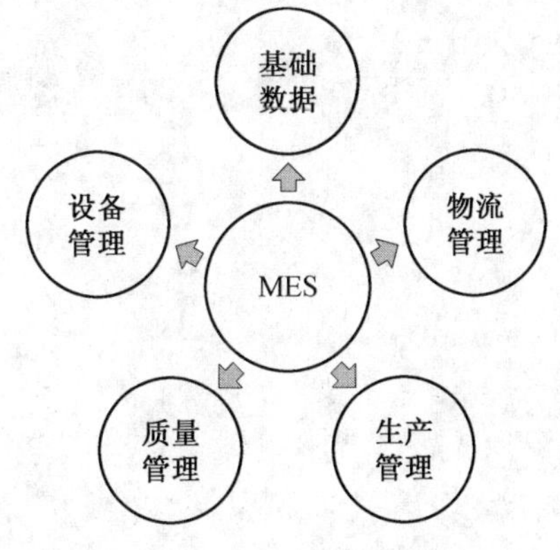

图 11.6　MES 系统主要功能

1. 基础数据功能

（1）模块/功能概述。

以标准化、统一化、规范化的数据基础为项目实施原则，支持且优先考虑从 ERP、PDM 等现有系统通过集成实现基础数据的互联互通，保证基础数据的一致性。

（2）核心功能。

基础数据的核心功能主要包括：物料类别数据、物料及产品数据、BOM 表等功能。

通过该项目生产基础数据管理方法，以标准化、统一化、规范化的基础数据管理收集和应用模板，对生产基础数据进行系统统一化管理，如图 11.7 所示。

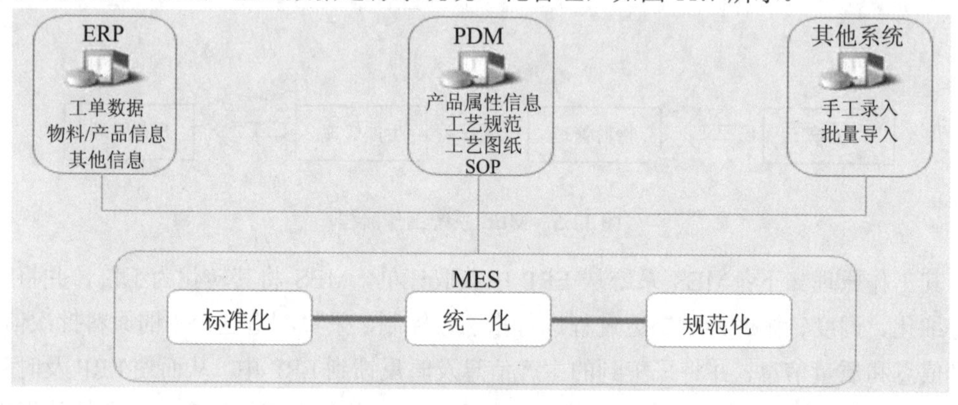

图 11.7　生产基础数据管理方法

（3）基础数据维护。

本系统拥有完整的数据维护体系支撑整套基础数据的维护，且下载的数据也允许在系统中进行信息细化维护。基础数据的维护主要支持三种方式：通过 ERP 从其他企业信息系统中导入，通过标准数据导入模板（Excel），手工维护、收集和整理数据后批量导入。基础数据模型类别如图 11.8 所示。

图 11.8　基础数据模型类别

2. 物流管理功能

针对在库物料、在制半成品、成品的管理现况，该功能引入条码整体解决方案，并结合移动终端扫码采集方式，进行高效仓储管理和在制品 WIP 管理，打通物料到半成品、物料到成品的物流管理过程，改善现场管理方式，实现物料流转过程的透明化管理，如图 11.9 所示。

图 11.9　物流管理过程

此外，MES 系统结合精益拉动思想，在入库、出库配送时自动匹配 ERP 系统相关事务，并依据水位预警的配送模式实现物料拉动，减少生产线边库存，加快物料的流动。在与 ERP 系统进行仓库业务处理时，MES 系统对接 ERP 系统进行自动仓储账务流处理，取消人工做账动作，减少纸质单据的使用，降低财务、仓储等相关人员的工作量；同时，实时、准确地运用系统数据，确保数据的一致性和可靠性，如图 11.10 所示。

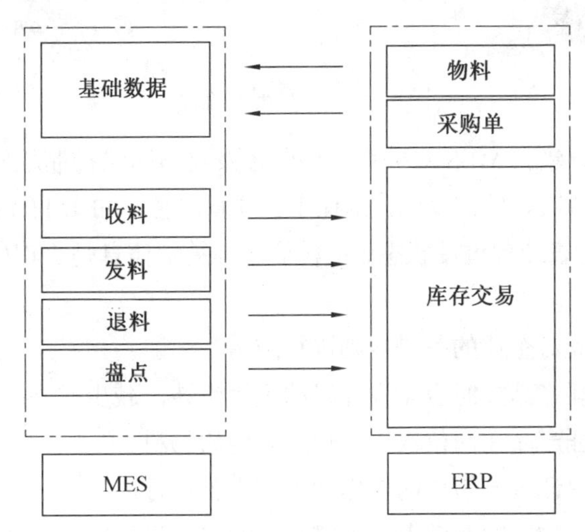

图 11.10　MES 系统与 ERP 系统的对接

在物流管理的细分模块上，又包括多种管理功能：科学化的仓库货位管理、仓库业务管理、物料标签管理、供应商来料接收、物料入库上架、备料拣料、发料出库、多维度实时库存信息可视化、物料超期管理等功能。丰富的物流管理功能使操作变得简单，库存的数据更加准确，工作量明显降低，仓库的人员需求减少。

3. 生产管理功能

（1）模块/功能概述。

系统支持从 ERP 通过集成接口下载工单到 MES，再进行派工到机台，同时支持将工单与生成的条码序列传递给自动化生产线控制系统。

（2）核心功能。

生产管理的核心功能主要包括：ERP 工单接口、工单导入、工单管理、工单派工等功能。

系统在从 ERP 下载工单时，也允许手工录入工单，多种方式的应用便于配置工单，确保工单的灵活度。工单配置流程如图 11.11 所示。

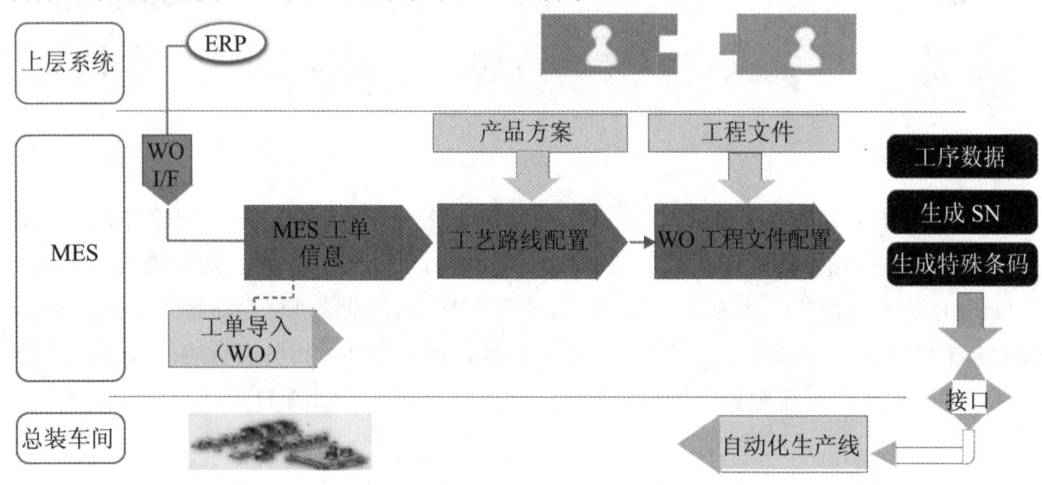

图 11.11　工单配置流程

按产品工艺流程，建立 MES 对关键工序管控及物料防错控制规则，避免生产过程中出现工序跳站、物料用错等异常发生，确保工艺质量可控，如图 11.12 所示。通过工艺线路、工序 BOM 自动检查装置过站状态、上料信息等关键信息是否正确，下面给出一些可配置的防错设定：

①条码规则：验证对企业的条码规则进行防错。

②流程验证：保证产品按照事先设计好的流程流转，减少跳站、漏测等行为。

③物料验证：保证产品在岗位操作上使用规定的物料。

④完整性验证：保证每一岗位的操作动作都完整执行。

⑤可用性验证：对物料的有效期，半成品是否完工进行验证。

⑥冲突性验证：防止多个产品实物使用同一产品序号，确保实物与产品序号对应的唯一性。

⑦状态验证：防止生产线上产品误流转，如测试不良的产品下线。

图 11.12　防错设定验证

4. 质量管理功能配置

产品质量是企业的生命线，MES 通过质量模块对质量标准进行管理，从生产过程质量控制、不良品处理、成品质量检验，到 SPC/CPK 质量数据分析，覆盖生产品质控制全流程，如图 11.13 所示。

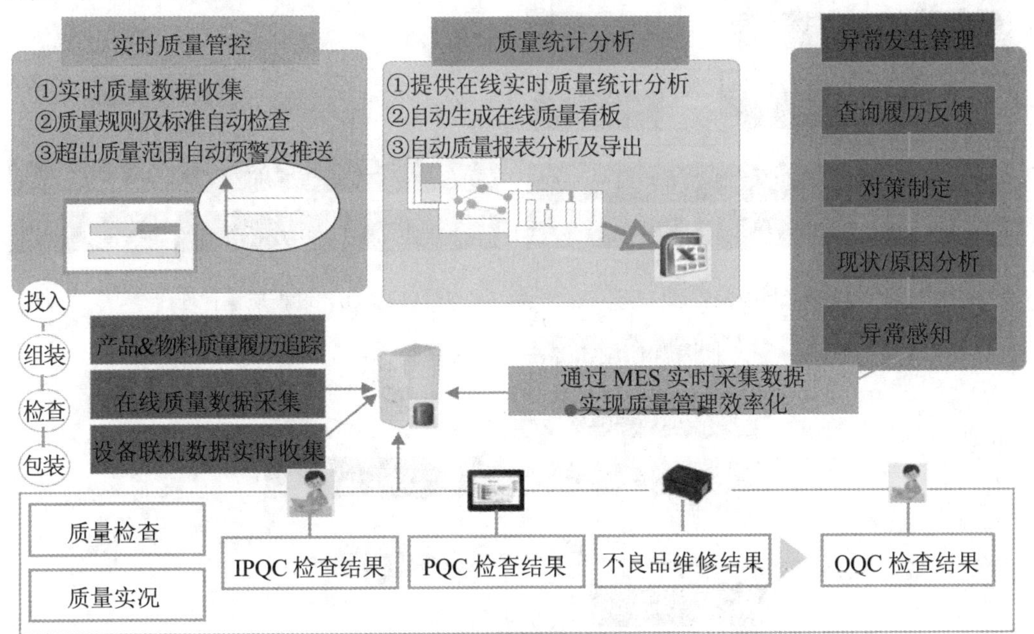

图 11.13　质量管理及质量统计分析

（1）来料检验管理（IQC）。

在 MES 中进行检验标准及检验基础信息管理，通过 MES 自动生成 IQC 报检单，通过 IQC 检验看板实时显示检验优先级、检验进度、检验结果等信息。

检验标准及基础管理：

建立单独的质量分类，根据分类维护检验周期、抽样方案、缺陷代码、检验项目、特采设置及严格度（如免检次数、超期报检、有害物质检测定期判定）等信息。

（2）过程质量管理（PQC）。

过程质量管理在基础设置上，可以设置产品的工艺路线，并定位每道工序的缺陷且编码化方便现场扫描，制定工序检验标准用于检验项目等。

过程质量管理的检测方式主要是：首件检查、在线巡检、在线全检。

（3）成品质量检验（OQC）。

在成品质量检验上要进行抽检项目设定、规则设定、批次大小设定等，如图 11.14 所示。在抽检作业上，要进行记录与判定，以及样本批的检验，其最主要的功能为生成报检批、样本检验、批判定、借还机、黑名单管理等。

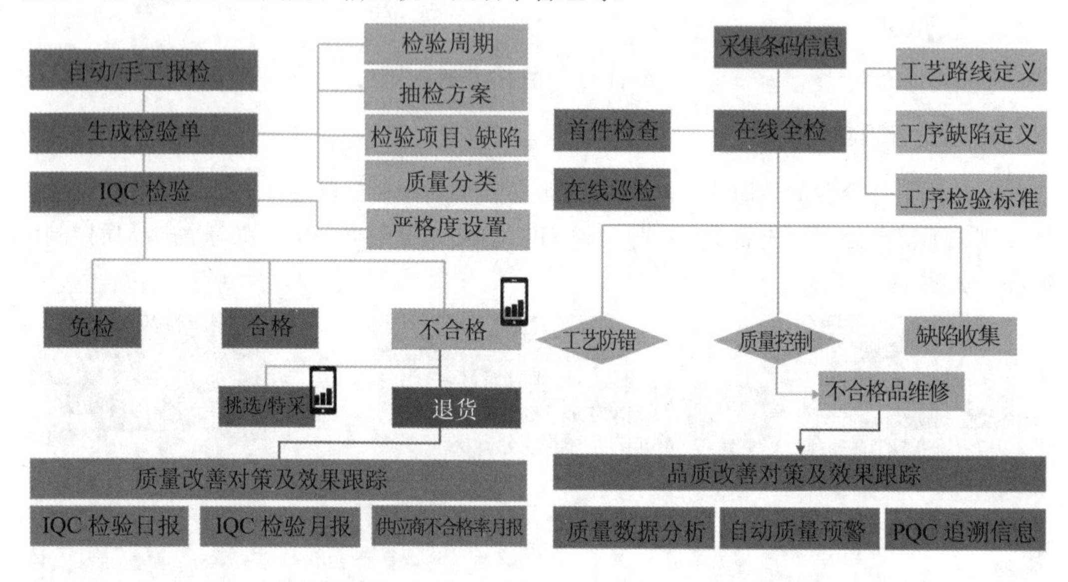

（a）来料检验管理　　（b）过程质量管理

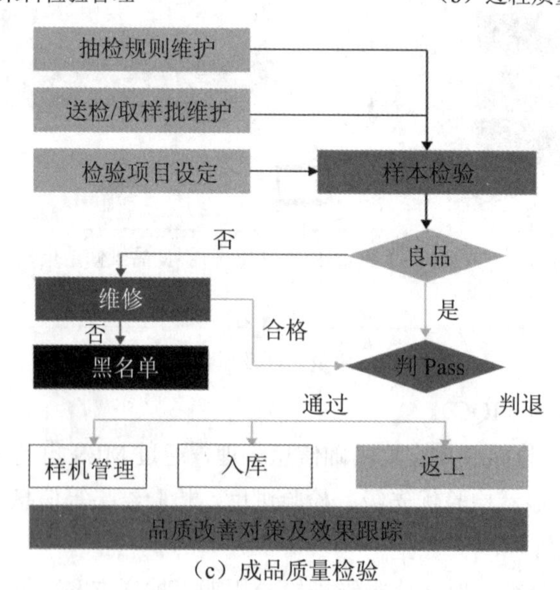

（c）成品质量检验

图 11.14　质量检验流程

5. 设备管理功能

设备管理功能可以实时统计设备数据，如工序、PLC、设备 PC 等；通过履历分析设备稼动率等状态；设备预防维护及故障维修；实时的设备监控及履历管理；模具的周期管理、修理、保养、生命周期管理等，如图 11.15 所示。

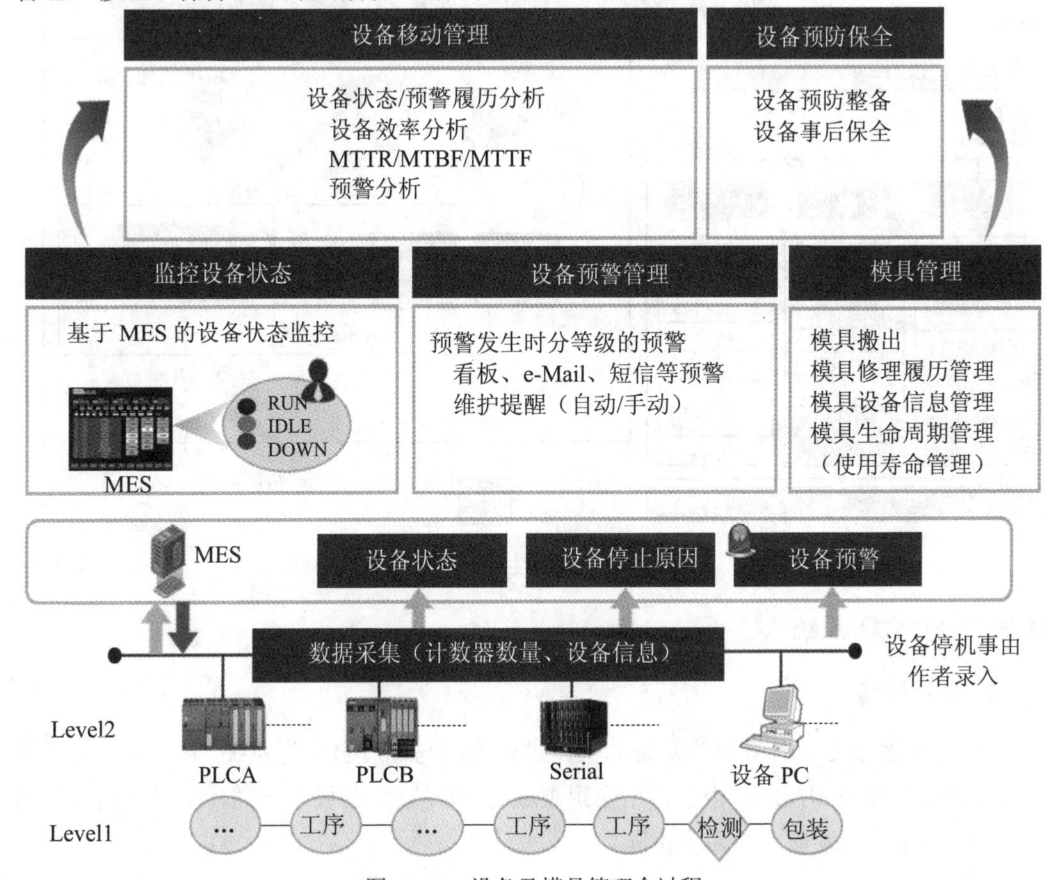

图 11.15　设备及模具管理全过程

在设备管理过程中，模具管理是最主要的管理功能之一。

（1）模块/功能概述。

模具管理要建立起模具从入库、使用、清洗、维修、报废到使用次数管控等一系列生命周期管理体系，如图 11.16 所示。

（2）核心功能。

模具管理的核心功能包括类型管理、生命周期管理、管理使用次数超限和非法使用警告。

建立模具信息化管理体系，为产品质量的提升提供了保障。

除以上功能外，MES 系统还包括异常管理、可视化呈现、系统接口等功能。丰富的功能设计，对整个产线生产过程进行优化，实时收集生产过程数据，并做出相应的分析和处理，与计划层和控制层进行信息交互，最终实现了生产过程的透明化和实时监控。

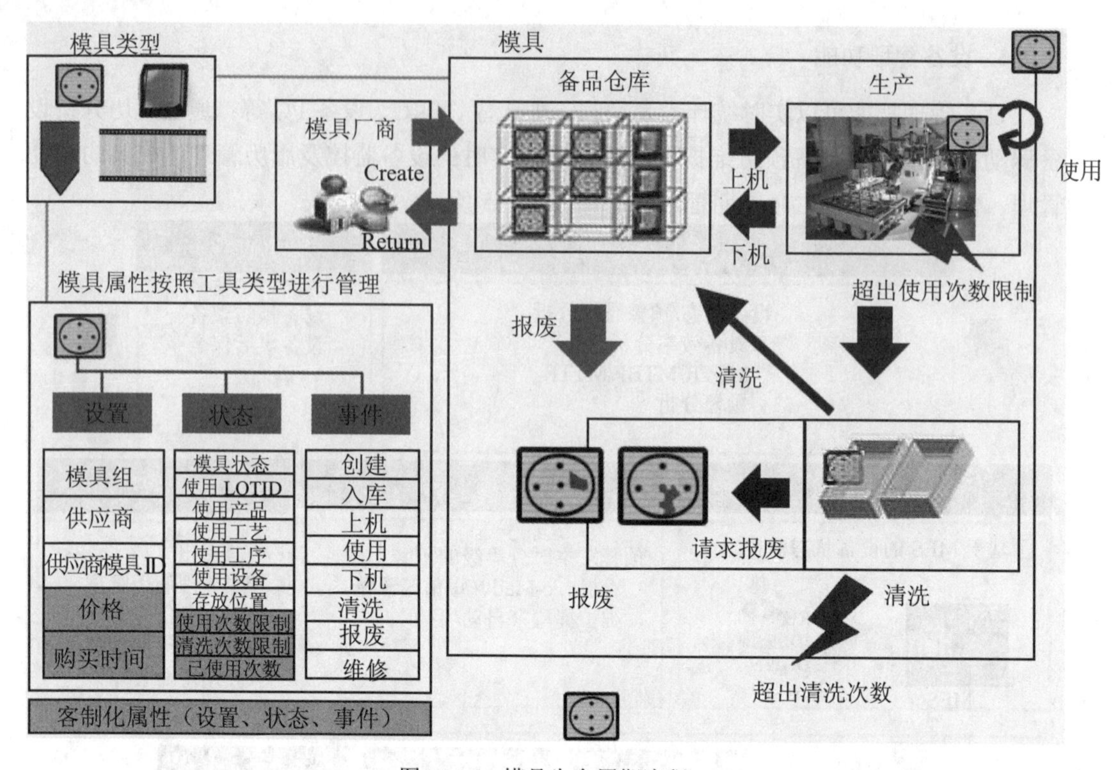

图 11.16 模具生命周期流程

11.3.2 SCADA 系统

1. 系统概述

SCADA 系统是以计算机为基础的生产过程控制与调度自动化系统。它可以对现场的运行设备进行监视和控制。由于各个应用领域对 SCADA 的要求不同，所以不同应用领域的 SCADA 系统发展也不完全相同。

2. 体系结构

（1）系统组成。

通常 SCADA 系统分为两个层面，即客户/服务器体系结构。服务器与硬件设备通信，进行数据处理和运算。而客户用于人机交互，如用文字、动画显示现场的状态，并可以对现场的开关、阀门进行操作。还有一种“超远程客户”，它可以通过 Web 发布在 Internet 上进行监控。硬件设备（如 PLC）既可以通过点到点方式连接，也可以以总线方式连接到服务器上。点到点连接一般通过串口（RS232），总线方式可以是 RS485、以太网等连接方式。

（2）硬件架构。

SCADA 系统主要由以下部分组成：监控计算机、远程终端单元（RTU）、可编程逻辑控制器（PLC）、通信基础设施、人机界面（HMI），如图 11.17 所示。

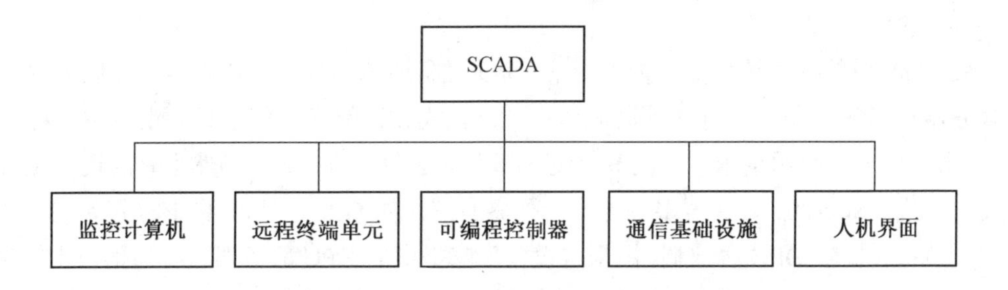

图 11.17　SCADA 系统的硬件架构

使用 SCADA 概念可以构建大型和小型系统。这些系统的范围可以覆盖几十到几千个控制回路，具体取决于应用。

（3）服务架构。

SCADA 由很多任务组成，每个任务完成特定的功能，如图 11.18 所示。位于一个或多个机器上的服务器负责数据采集和数据处理（如量程转换、滤波、报警检查、计算、事件记录、历史存储、执行用户脚本等）。服务器间可以相互通信。有一些系统将服务器进一步单独划分成若干个专门服务器，如报警服务器、记录服务器、历史服务器、登录服务器等。各服务器逻辑上作为统一整体，但物理上可能放置在不同的机器上。分类划分的好处是可以将多个服务器的各种数据统一管理、分工协作，缺点是效率低，局部故障可能影响整个系统。

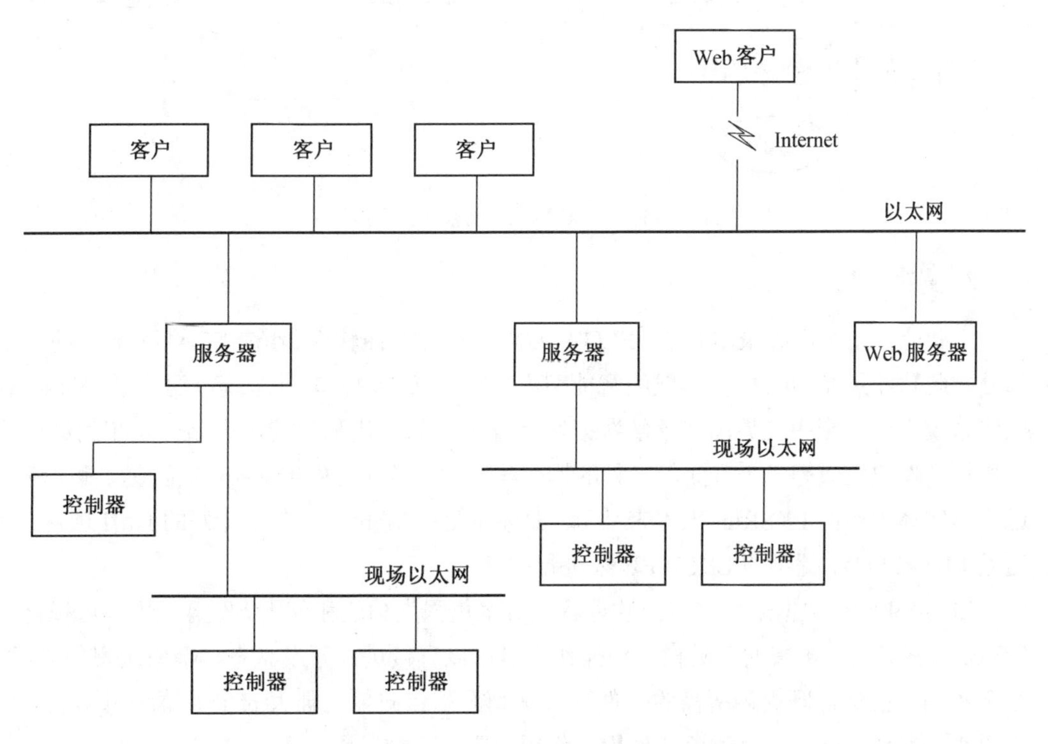

图 11.18　SCADA 系统的服务架构

（4）通信方式。

SCADA 系统中的通信分为内部通信、I/O 设备通信和外界通信。客户与服务器间以及服务器与服务器间一般有三种通信形式：请求式、订阅式与广播式。设备驱动程序与 I/O 设备通信一般采用请求式，大多数设备都支持这种通信方式，当然也有的设备支持主动发送方式。SCADA 可通过多种方式与外界通信，如 OPC，如图 11.19 所示。SCADA 系统一般都会提供 OPC 客户端，用来与设备厂家提供的 OPC 服务器进行通信。因为 OPC 标准的统一，所以 OPC 客户端无须修改就可以与各家提供的 OPC 服务器进行通信。

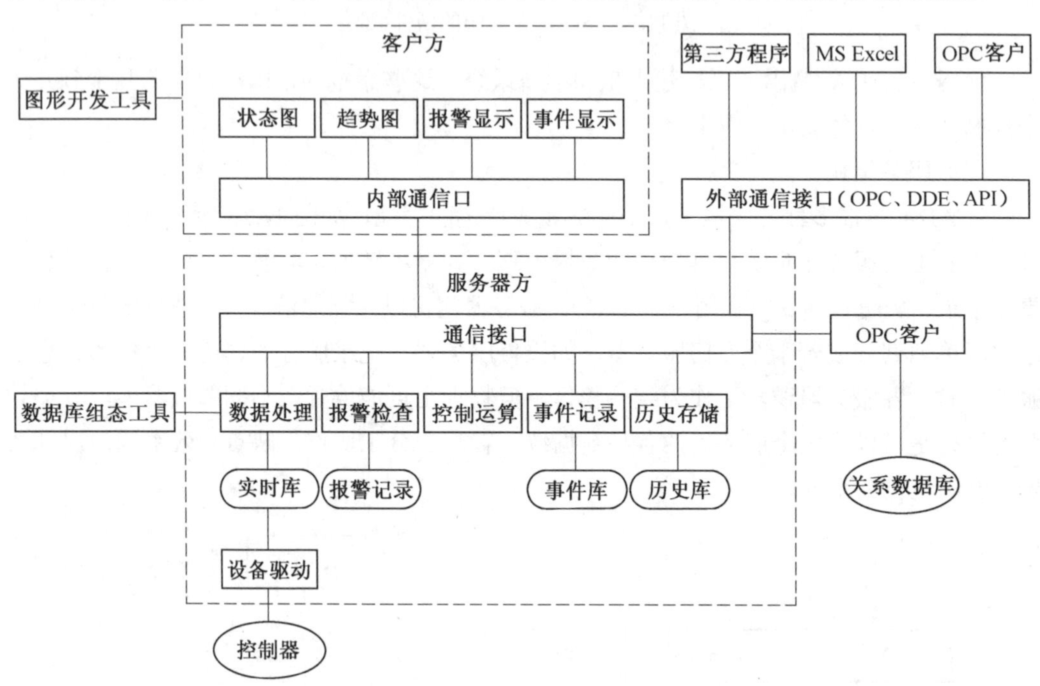

图 11.19　SCADA 系统的通信方式

3. 解决方案

本智能制造生产线采用 LKS-iFLOW 数据采集与监控软件，作为 SCADA 系统的核心部分，此软件是在 PC 机上开发的智能型人机接口（HMI）软件系统，运行于 Windows 操作系统平台，全中文界面。该解决方案涉及工程的构建和管理、产品的发布到最后的可执行文件的生成等多个方面。工程的构建与管理主要由 LKSDesign 来完成，而工程的运行与解释主要由 LKSRun 工程来负责。如果需要在 Web 上发布设计好的 HMI 项目，则通过 LKS-iFLOW 提供的 LKSWEB 来进行。

LKS-iFLOW 数据采集与监控软件解决方案集强大功能和使用方便于一体。可视化的 Office 风格界面、丰富的工具栏，使操作人员可以直接进入开发状态，节省宝贵的时间；上千种图形控件，既提供所需的组件，又是画面制作向导；强大的全屏幕编辑功能，提供更大的制作空间；渐进颜色的使用，将用户带入三维动画世界。

11.3.3　ARX 系统

1. 发展规划

ARX 系统即物联网云平台，基于典型离散型制造业用户数字化车间工艺流程和数字化信息模型的研究，建设可复用、可推广的、以智能机器人为核心数字化车间与自动化产线模板，形成面向工业机器人等智能装备的应用开发与试验验证公共服务平台、在线检测验证平台和应用发布与推广平台，如图 11.20 所示。

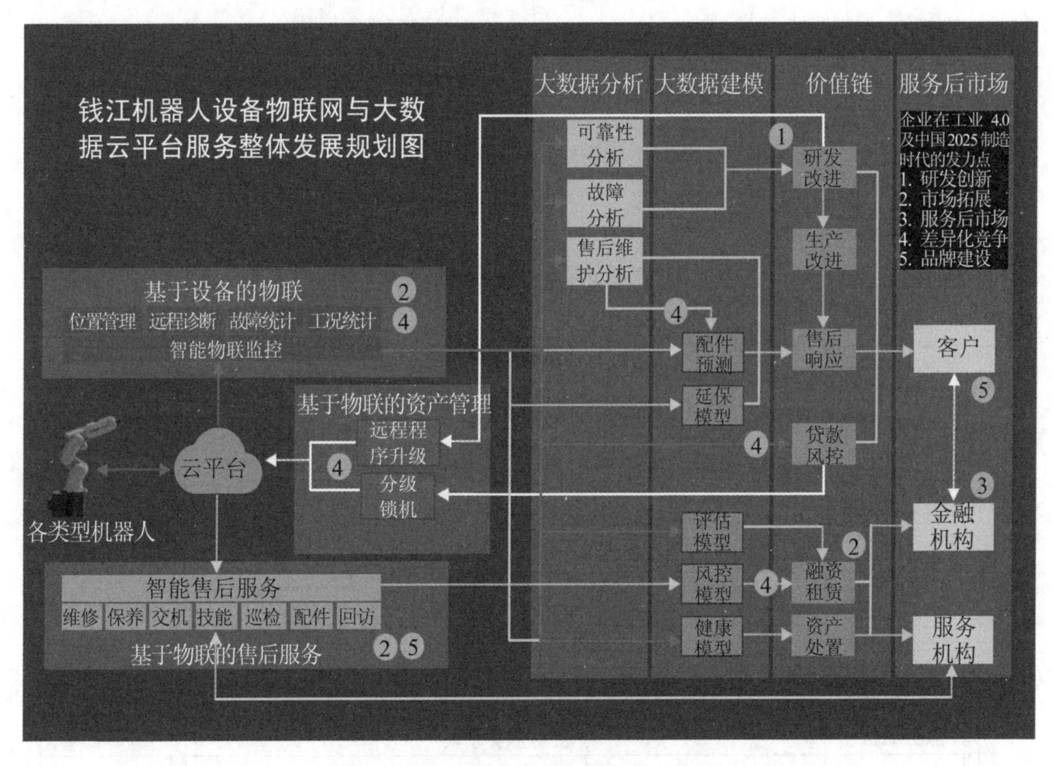

图 11.20　物联网云平台服务发展规划

2. 硬件架构

系统的物联网硬件架构相对比较简单，主要由物联网平台端的服务器及机器人控制器组成。针对不同的现场硬件设备情况，可采用边缘网关，通过网络连接、协议转换等功能连接物理和数字世界，提供轻量化的连接管理、实时数据分析及应用管理功能，如图 11.21 所示。

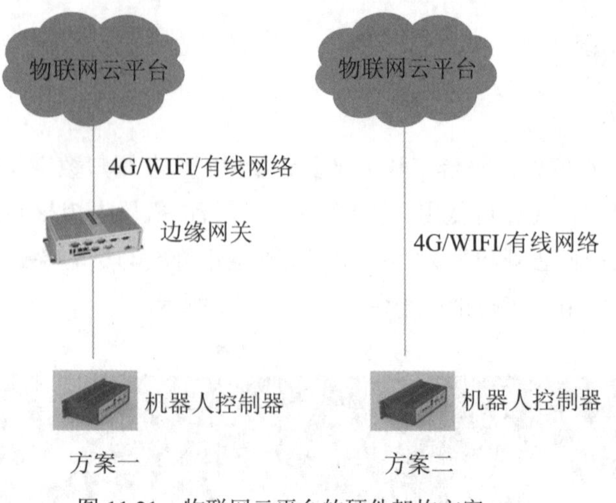

图 11.21 物联网云平台的硬件架构方案

3. 技术框架

ARX 物联网云平台在技术框架上，主要由五层结构组成：资源层、服务层、负载层、WEB 层、访问层，如图 11.22 所示。

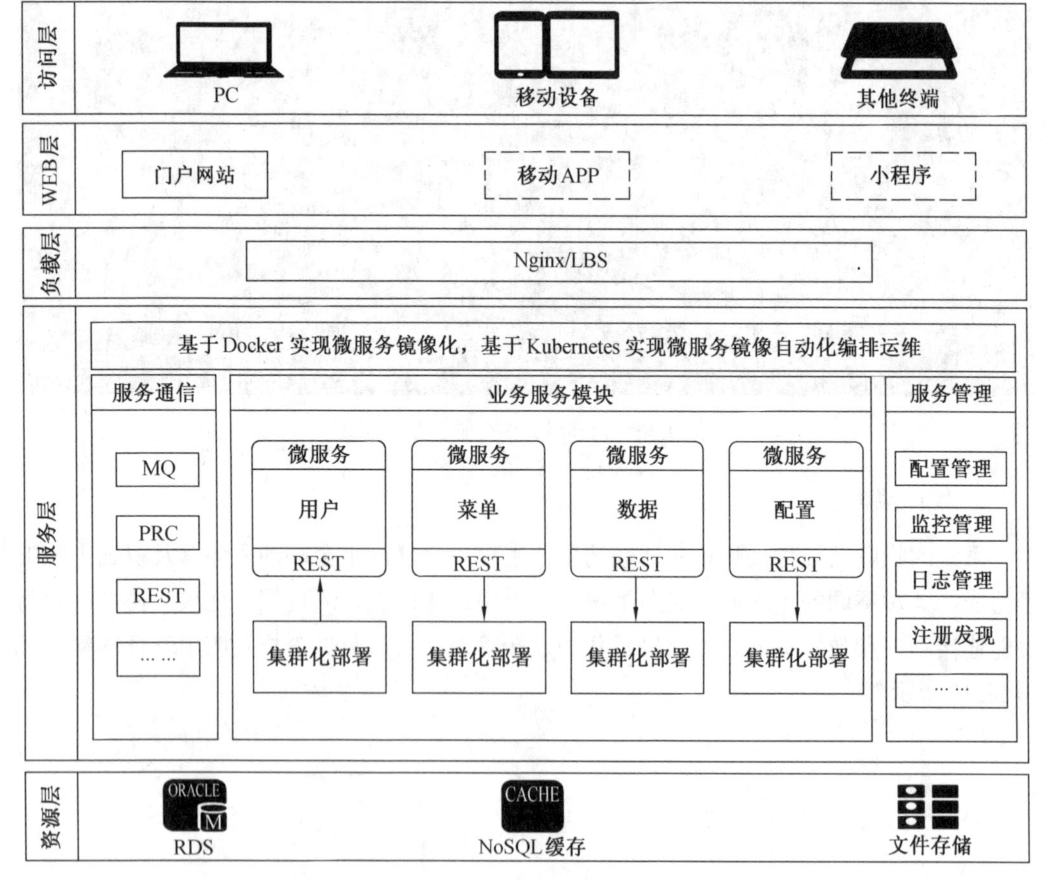

图 11.22 物联网云平台技术框架

4. 物联网云平台电脑端

物联网云平台基于智能制造生产线的运维数据，对设备资产进行在线实时监控、故障分析、预测性维护等管理，可以帮助提升在用设备的管理和运营能力，包括工业机器人的管理（在岗状态、工作状态）、维保管理（维修记录、维保提醒、人员管理）、租赁管理（租赁到期提醒、远程锁机）、售后服务（备件预估、维修调度）等功能。

（1）登录界面。

物联网云平台可以创建多个用户进行登录访问，如图 11.23 所示。

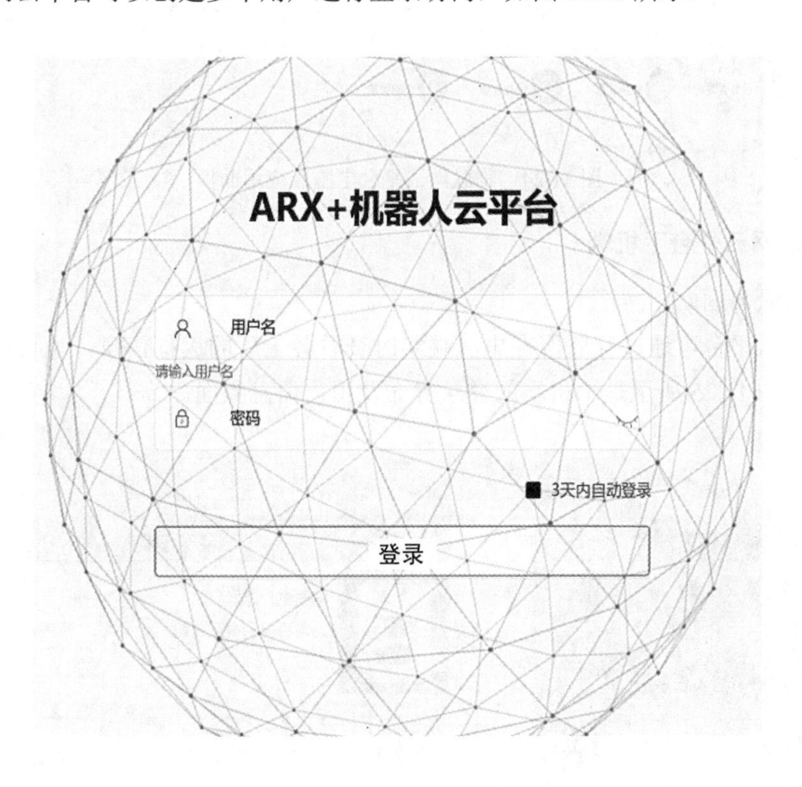

图 11.23　物联网云平台电脑版登录界面

（2）应用面板。

在应用面板中，具有设备地图、设备管理、实时监控、统计分析、能耗分析、报警统计、工单管理等功能，如图 11.24 所示。可以查看工业机器人的重要参数，预测设备劣化状态及部件剩余寿命，为机械设备的保养维护提供建议，当故障发生时能被及时定位诊断，快速确定解决方案，就近调配维修资源，就近采购配件，规避临时加急和异地采购维修配件的成本，帮助企业提升维修效率，降低综合维护成本。

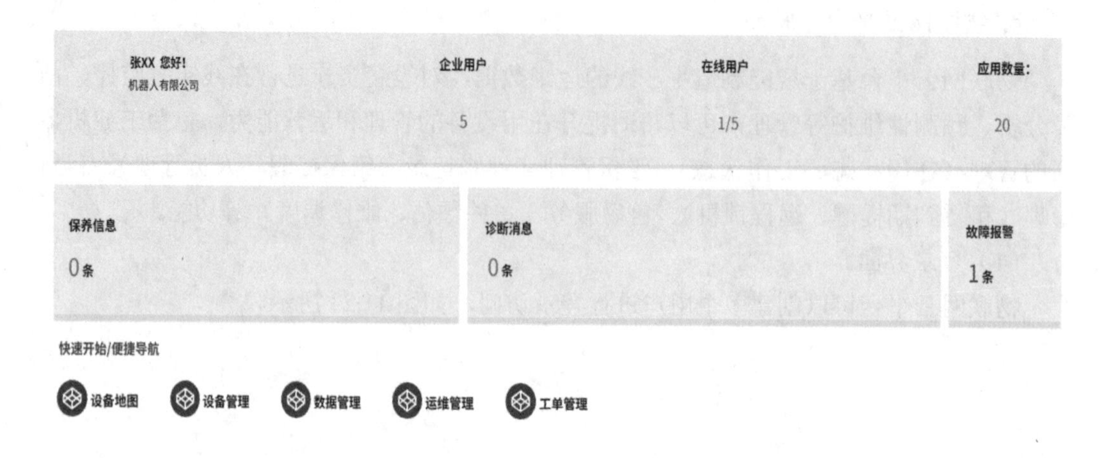

图 11.24　物联网云平台电脑版应用面板

5. 物联网云平台手机端

（1）登录界面。

物联网云平台可通过互联网在电脑端实时查看各工厂的运行信息，也可以在手机端快速查看。图 11.25 所示是手机端的登录界面及用户信息界面。

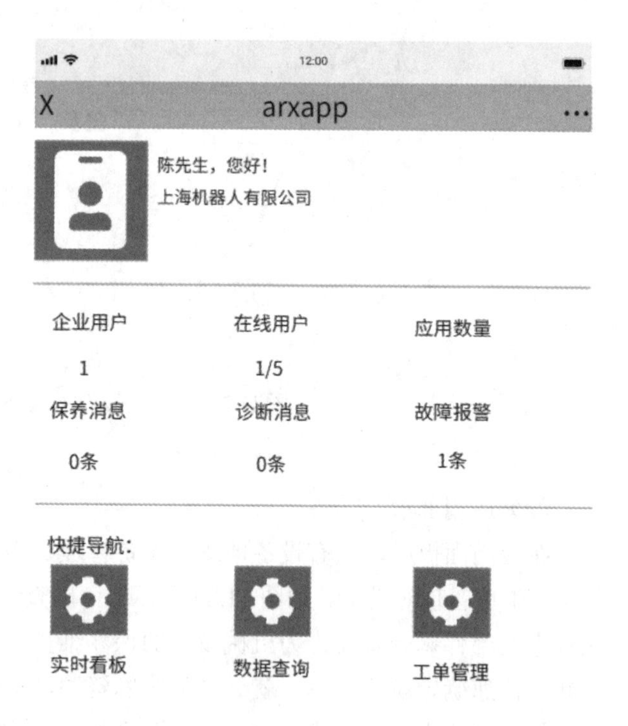

图 11.25　物联网云平台手机版登录界面

（2）应用面板。

物联网云平台手机端的功能与电脑端类似，只是在应用面板上的布局有所不同。同样地，可以在手机上查看工单列表、报修记录，也可以实时查看生产任务、不良率、能耗状况、负载率等，如图 11.26 所示。

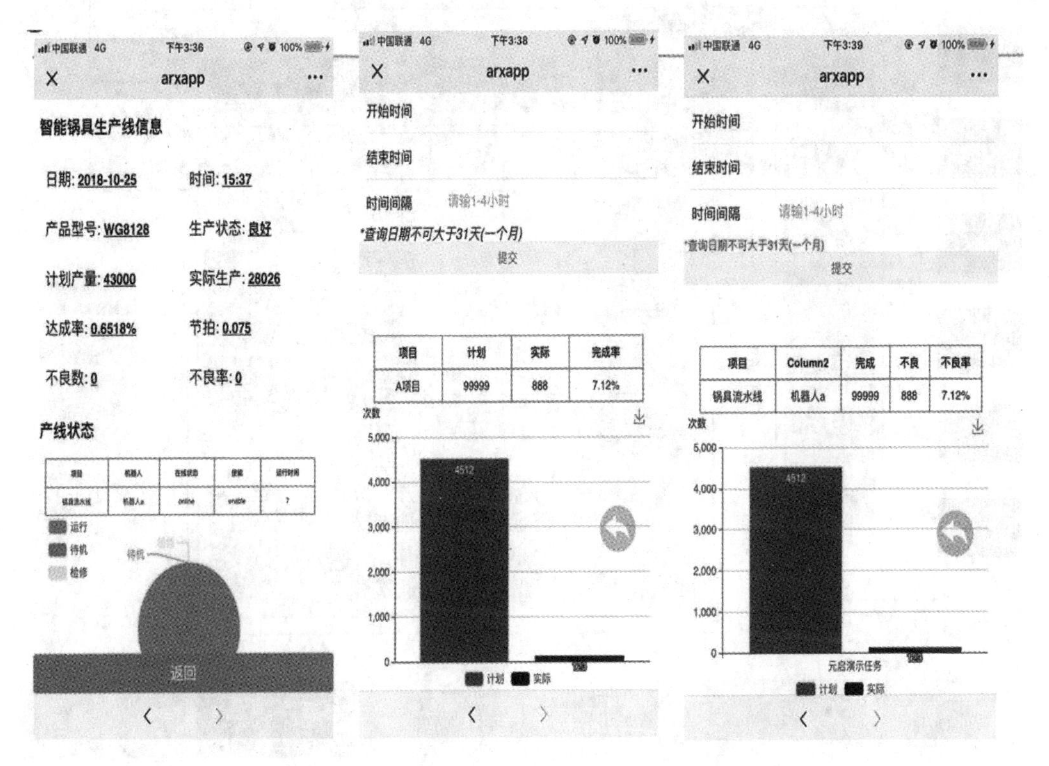

图 11.26　物联网云平台手机版应用面板

11.4　项目步骤

※ 数字化管理系统项目步骤

11.4.1　系统组成结构

数字化生产管理系统的结构组成，从应用系统的总体上分析，主要包含三个单元：设备单元、SCADA 平台单元、工业云平台单元。实质上，数字化生产管理系统，基本上都是从设备层、控制层及管理层进行管控。本书项目中的工作站控制系统结构组成的详细说明，如图 11.27 所示。

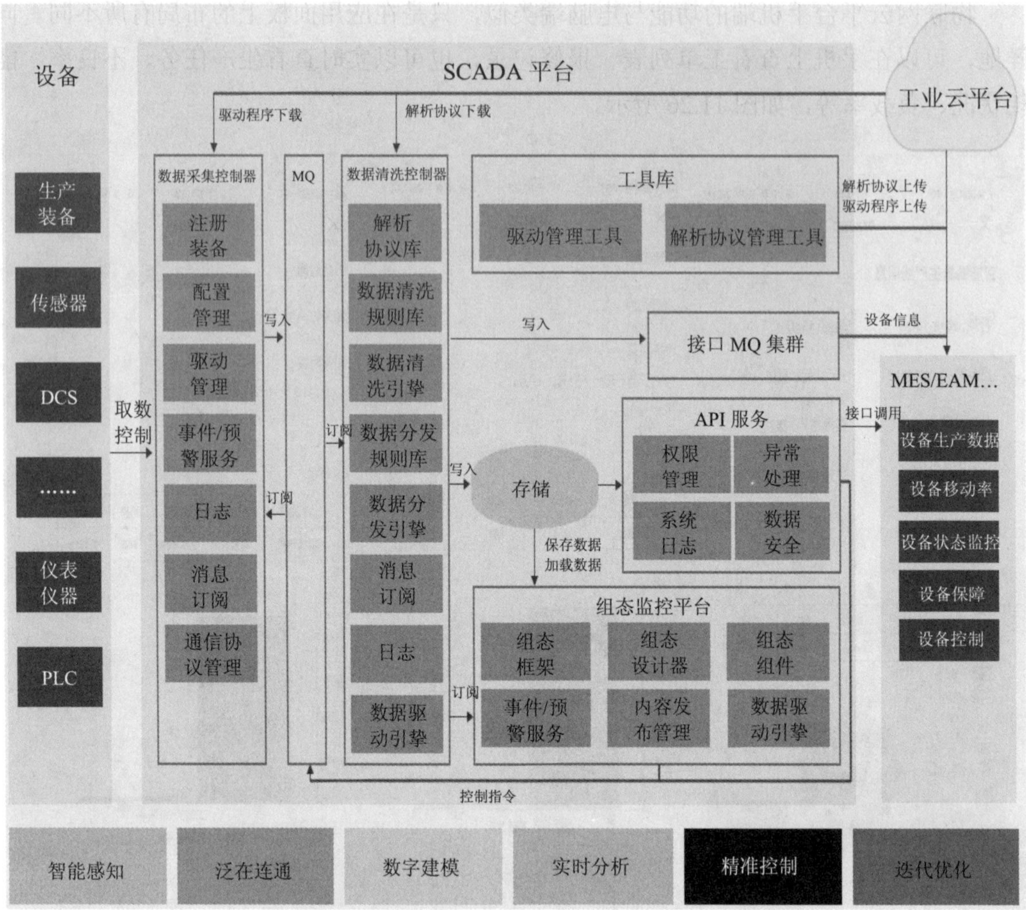

设备
SCADA 平台
工业云平台
驱动程序下载
解析协议下载
生产装备
传感器
DCS
……
仪表仪器
PLC
取数控制
数据采集控制器
注册装备
配置管理
驱动管理
事件/预警服务
日志
消息订阅
通信协议管理
写入
订阅
MQ
订阅
数据清洗控制器
解析协议库
数据清洗规则库
数据清洗引擎
数据分发规则库
数据分发引擎
消息订阅
日志
数据驱动引擎
工具库
驱动管理工具
解析协议管理工具
解析协议上传
驱动程序上传
写入
接口 MQ 集群
设备信息
MES/EAM…
写入
存储
API 服务
权限管理
异常处理
系统日志
数据安全
接口调用
设备生产数据
设备移动率
设备状态监控
设备保障
设备控制
保存数据
加载数据
订阅
组态监控平台
组态框架
组态设计器
组态组件
事件/预警服务
内容发布管理
数据驱动引擎
控制指令
智能感知
泛在连通
数字建模
实时分析
精准控制
迭代优化

图 11.27　系统结构组成

其中，云一体化平台集成多种生产管理系统，主要用于采集生产信息，从而完成生产管理的排程等工作。

11.4.2　管理系统连接

数字化生产管理系统硬件部署如图 11.28 所示，各生产线装备、机器人等设备通过区域总控 PLC 进行集中协调和管控。总控 PLC 通过内部数据寄存器标识各设备的当前状态，并根据内置逻辑向相关设备发送动作指令。数据采集服务器通过 OPC 协议实现与总控 PLC 的通信，并实时读取 PLC 相关数据地址中存储的当前数值，结合设备工作逻辑，对设备的当前状态、加工数量、加工时间进行判断和计算。

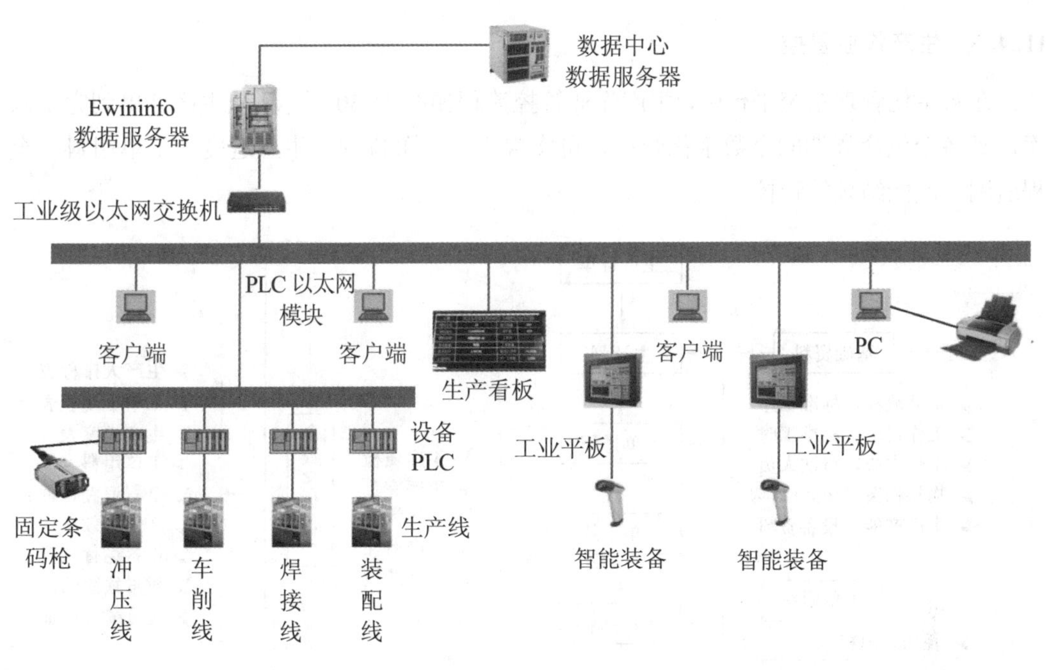

图 11.28　系统硬件架构

在数字化管理系统的程序部署上，系统功能模块数据流关系如下，以 MES 系统作为核心的管控单元，具备丰富的接口接入其他管理单元，如图 11.29 所示。

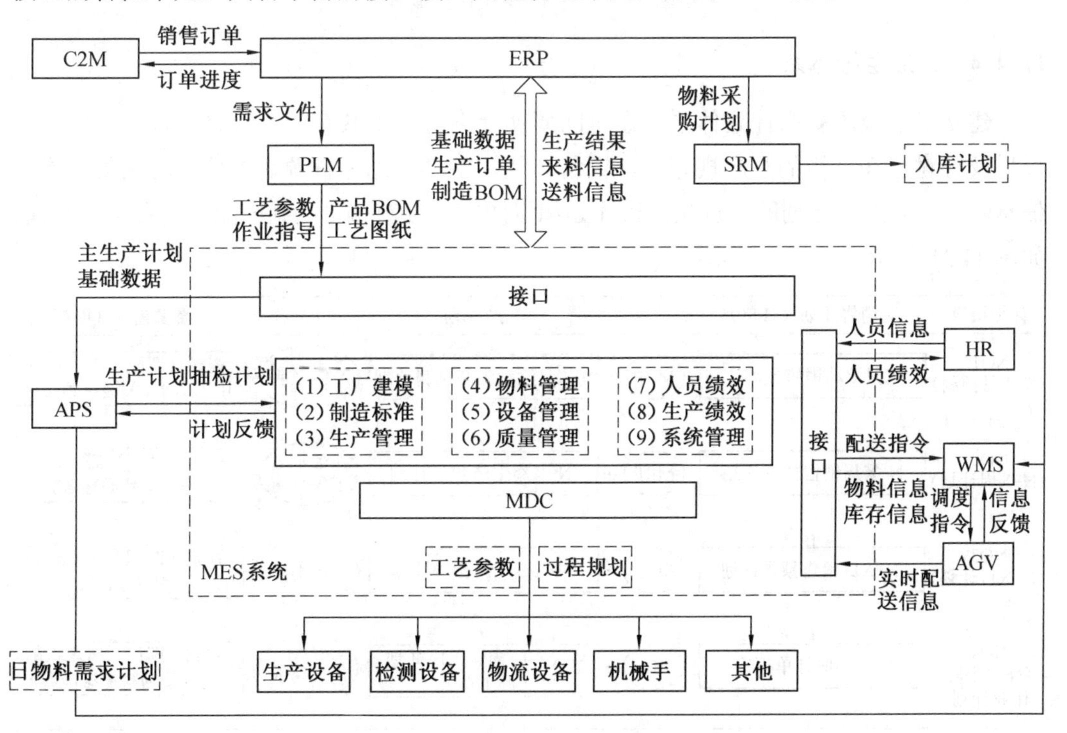

图 11.29　系统功能模块数据流关系

11.4.3 生产作业管控

在数字化管理系统平台中，生产作业管控流程如图 11.30 所示。从生产订单到完工入库，具备全生命周期的全数字化管控，可实现生产工单排程、生产进度、工单用料、全程追溯、产能绩效等管控。

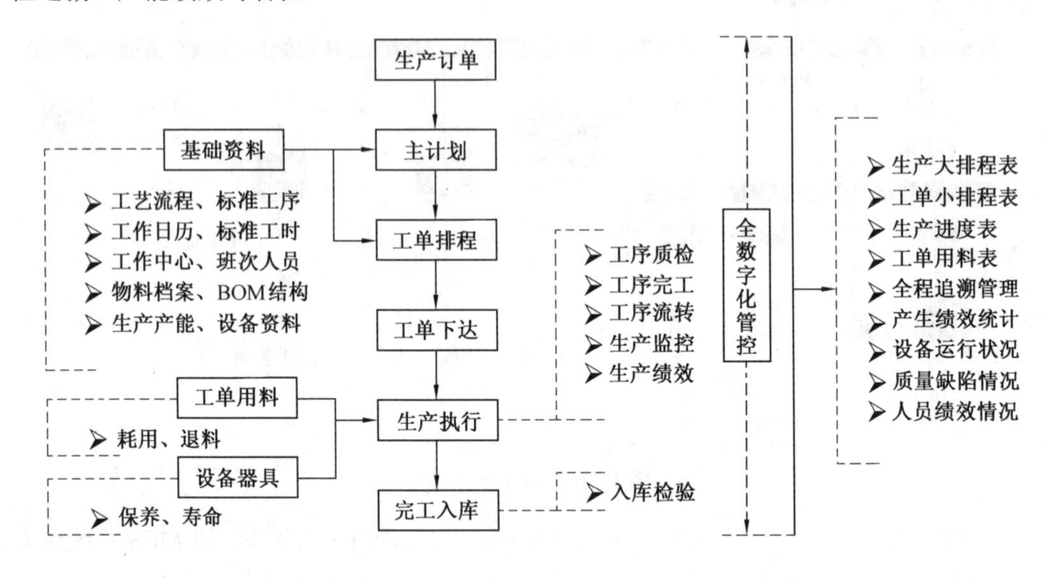

图 11.30 生产作业管控流程

11.4.4 计划层级体系

建立多层级的生产计划体系，在时间周期计划层级上共有四个等级：每月、每周、每日及每时。在平级的生产规划上，销售计划、生产计划及资源需求按照时间周期进行信息匹配，即生产计划的信息从销售计划和资源需求处获得，达到产能平衡和工序平衡，如图 11.31 所示。

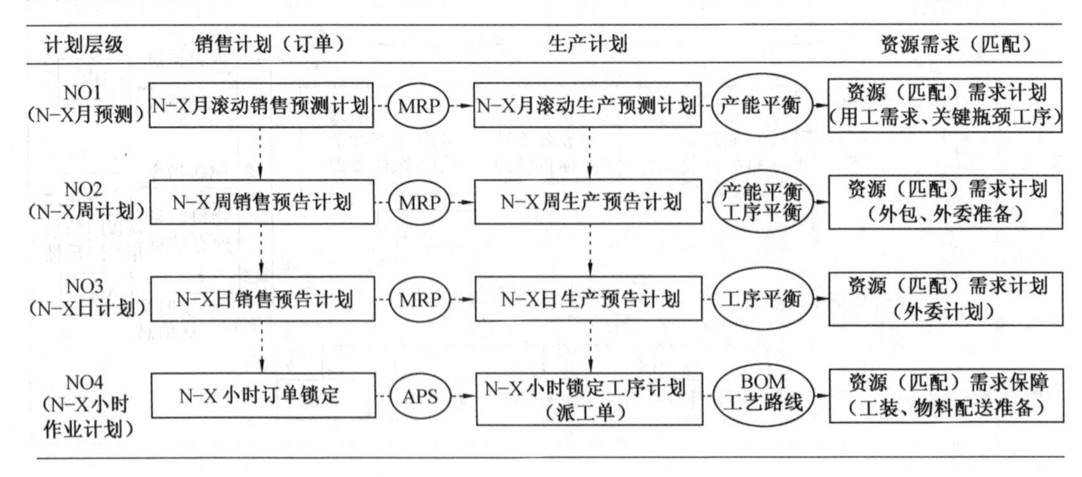

图 11.31 多层级生产计划体系

11.4.5　生产管理维护

为了实现从自动化到信息化的跨越，将产品的生产过程及系统的使用情况，以数字信息的方式反馈至生产管理系统中，作为生产管理系统的维护单元之一，可有效提高生产管理过程的数字化、信息化，如图 11.32 所示。

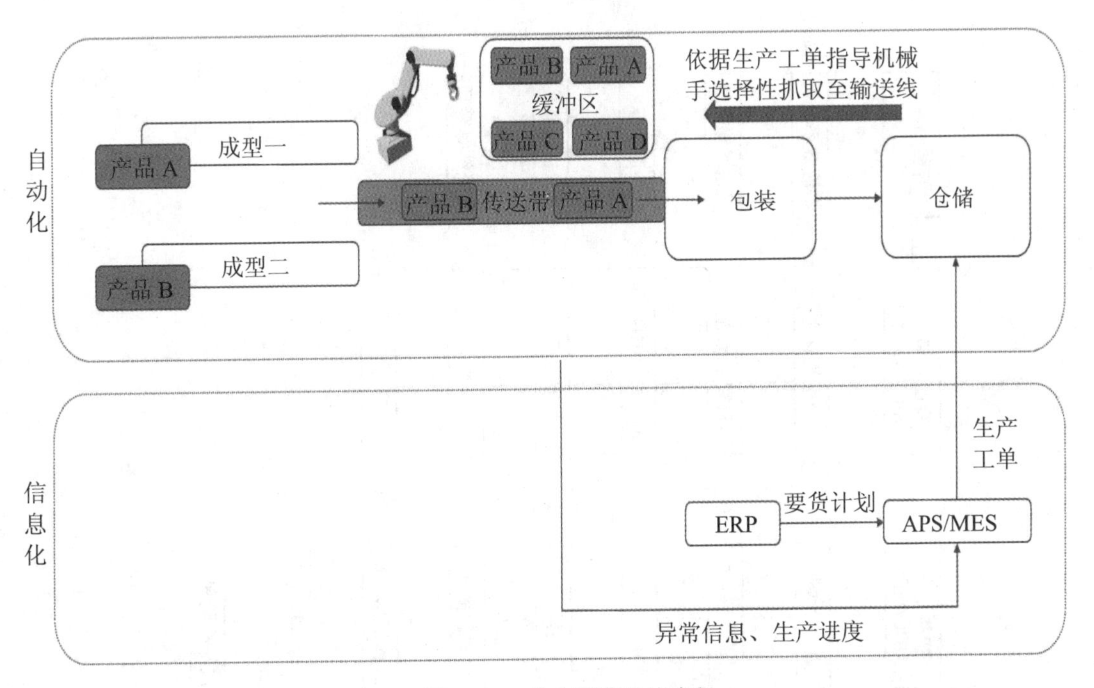

图 11.32　生产管理维护流程

生产管理的维护，主要实现对设备运行过程监控。首先要建立设备档案，其次对设备点检进行监控，然后建立设备维修的规范，最后对设备绩效进行统计和分析，如图 11.33 所示。

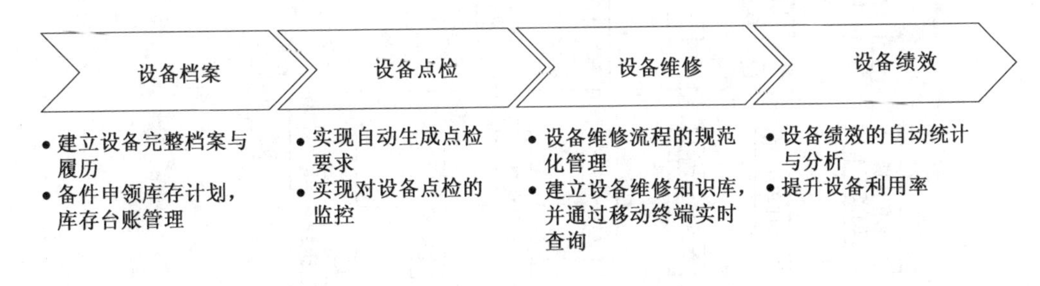

图 11.33　设备维护流程

11.4.6　项目总体运行

智能工厂订单服务业务流程规划如图 11.34 所示。

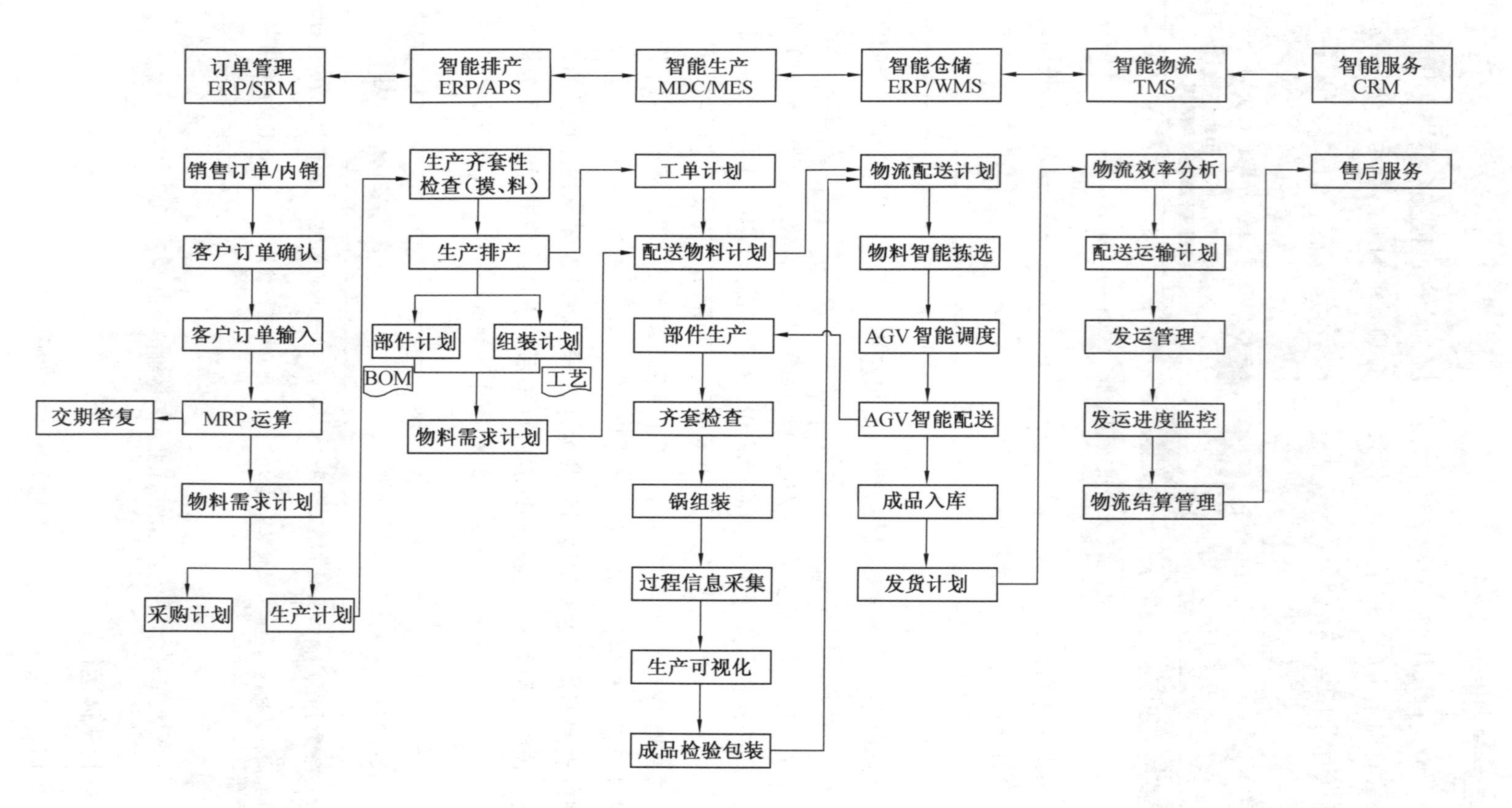

图 11.34　智能工厂订单服务流程图

智能工厂平台管理总体框架如图 11.35 所示。

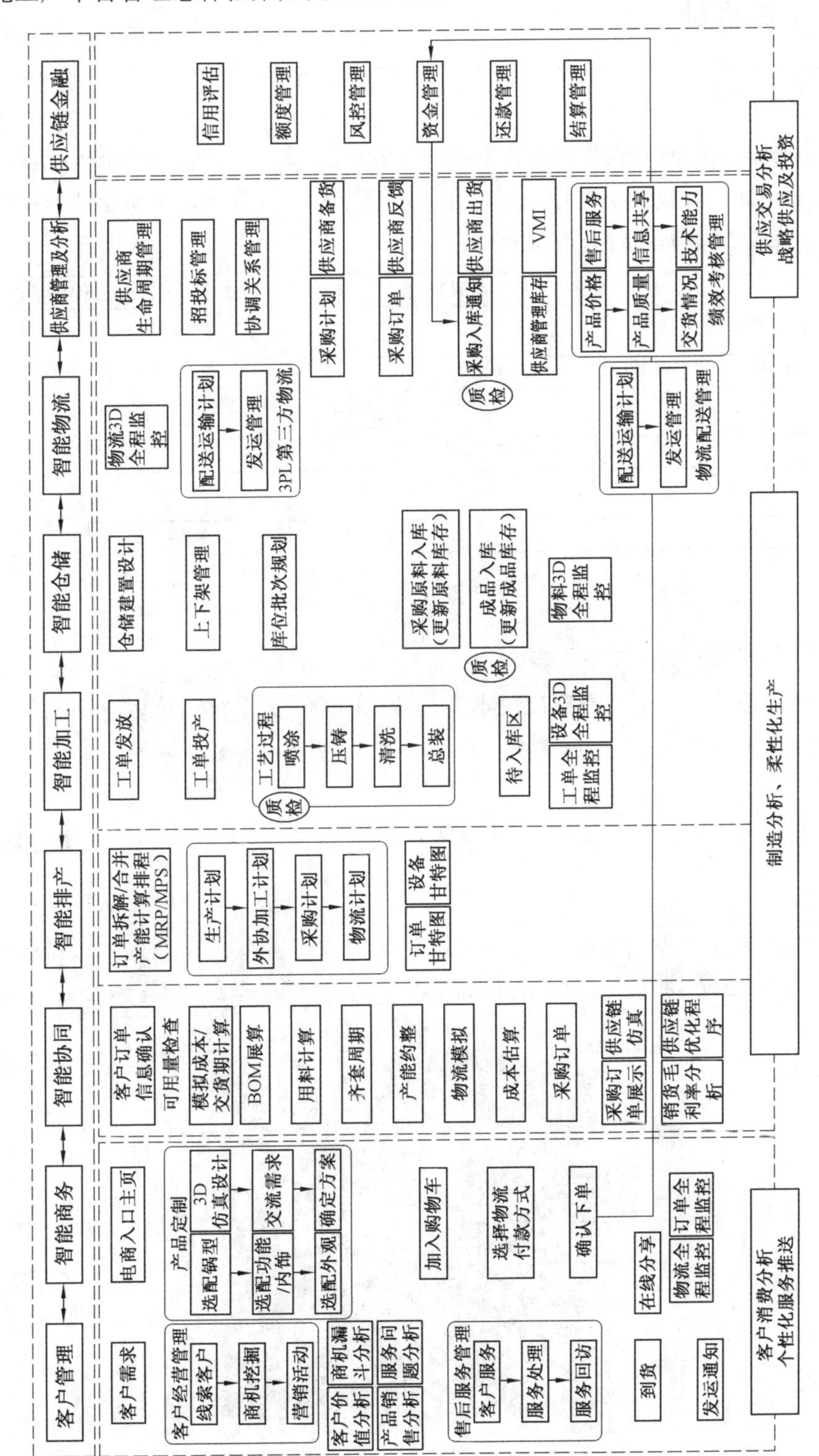

图 11.35　智能工厂服务管理框架

11.5 项目验证

11.5.1 效果验证

数字化管理系统的效果验证流程如图 11.36 所示。过程质量数据采集环节对 SCADA 系统、现场设备、检验结果进行采集，作为质量指标进行分析，以做出质量结果判定，并可对过程质量的数据进行查询。

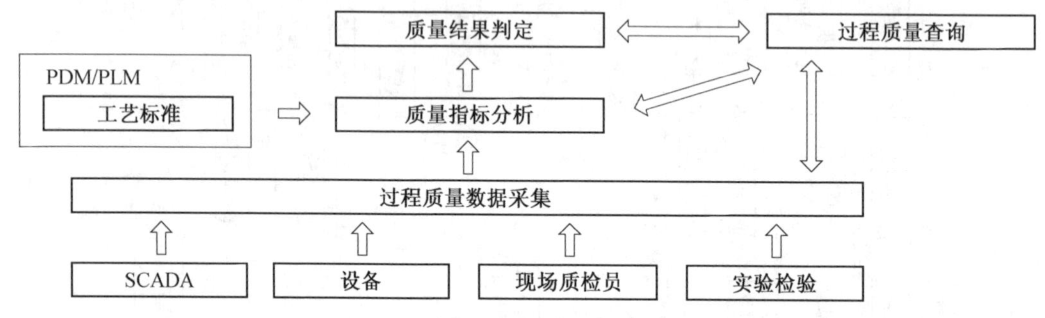

图 11.36　效果验证流程图

11.5.2 数据验证

数字化管理系统的生产看板比较丰富，数据图表形式多样，可以查询当前的产量，以及废品查询等，图 11.37 为质量统计查询样表。

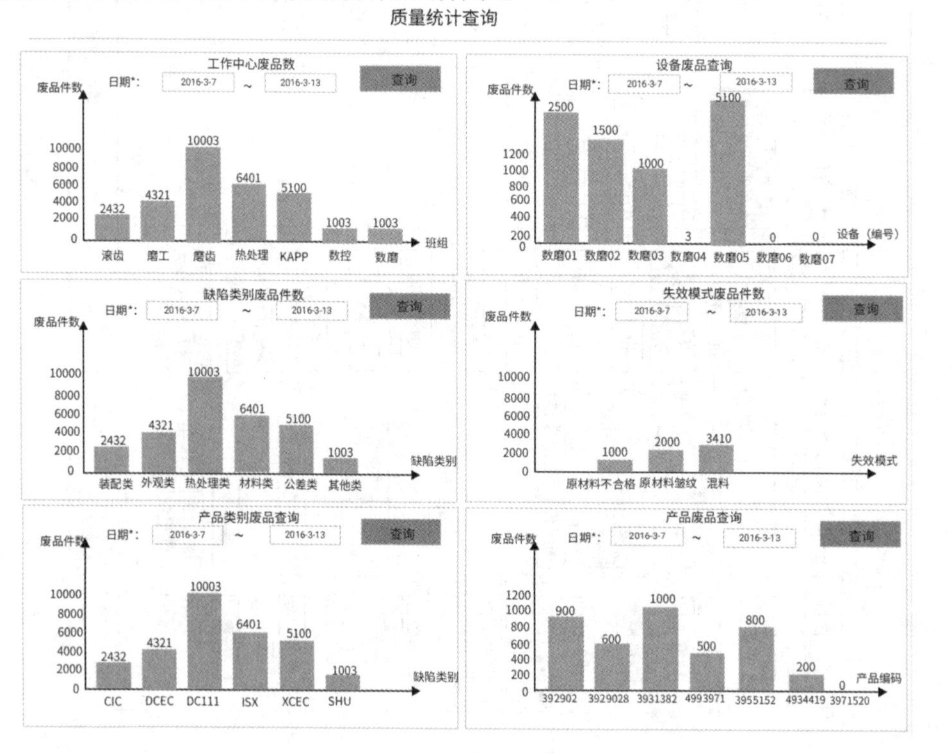

图 11.37　质量统计查询样表

11.6　项目总结

11.6.1　项目评价

通过数字化管理系统项目的学习，不单单只是掌握如 MES 系统、SCADA 系统等的原理，更要了解数字化管理系统在整个生产线项目中解决了企业的数据问题、流程问题和管理问题。从初始级到智能级，从供应链到客户，从订单到售后，从原料到成品，数字化管理系统都具备系统的管理，是金品质工程的金匙。

11.6.2　项目拓展

查询相关资料，结合前几章的工作站项目，当智能生产线用于 3C 电子、汽车、家电、卫浴等行业时，本项目的数字化管理系统应该做怎样的调整，以便适应于不同的行业需求？

第 12 章　润品科技智能工厂设计案例解析

12.1　案例简介

某院校在已定的资金范围内提出要以一个加工零件作为载体，建造一条具备工业情景的智能制造生产线。要求以制造执行系统 MES 为中枢，完成机械零件的全部加工制造，实现从毛坯到成品及检测的无人化操作，并具备院校高级人才培养功能。

※ 智能工厂设计案例介绍

12.2　整体方案设计

根据院校提出的要求，确定智能工厂设计应以切削加工为主体方向（轴型零件、箱体零件、复合型零件），具备全方位集成功能（系统与通信）、生产教学与对外加工等功能、可视化展示功能、MES 过程显示功能、自动检测功能、安全生产功能、自动加工功能、实时监控功能（看板方式）、机器人行走功能（七轴机器人）、加工零件清洗功能、立体仓库定位功能、RFID 扫描储存功能、现场及远程控制功能、数字化设计功能、高精度柔性夹具定位功能。

12.3　智能工厂设计步骤

以切削为载体的智能生产应适应多种零件的加工，在硬件配置上要充分考虑到零件加工中的运动节拍，合理确定机床、仓储、机器人、夹具、清洗设施、检测设备，在工序转换过程中，附加设施（如转换台，翻转台、接驳台等配置）应确保在整个加工过程中节拍流畅，使设备利用率达到 85%以上，从而达到高效、低耗、精准的效果。

12.4　整体设计步骤

机加工生产型智能制造生产线如图 12.1 所示。

该线是以机加工为载体的智能制造生产线，客户提供零件样品（见图 12.2）及加工图纸（见图 12.3），但在智能生产线设计中应考虑到多种类的零件加工。

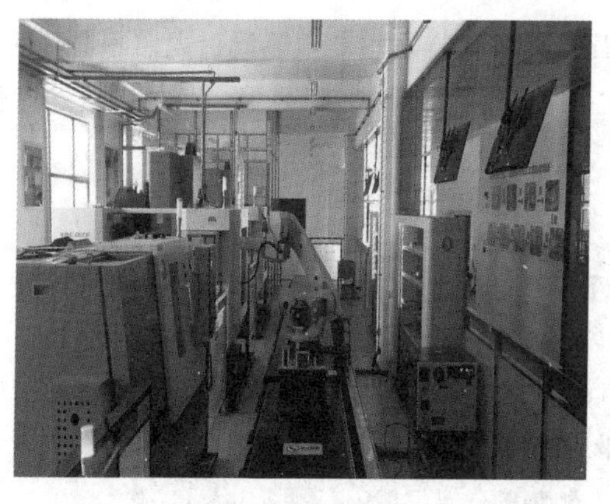

图 12.1　机加工生产型智能制造生产线

图 12.2　客户产品示例

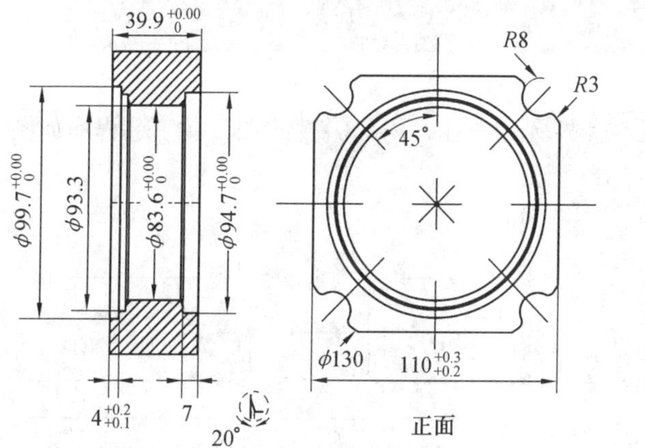

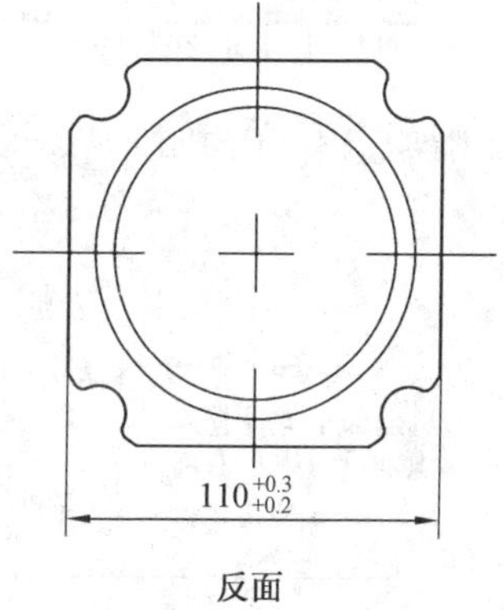

图 12.3　零件加工图纸示例

12.4.1　加工工艺

智能制造生产线设计的第一步为确定加工流程，如图 12.4 所示。

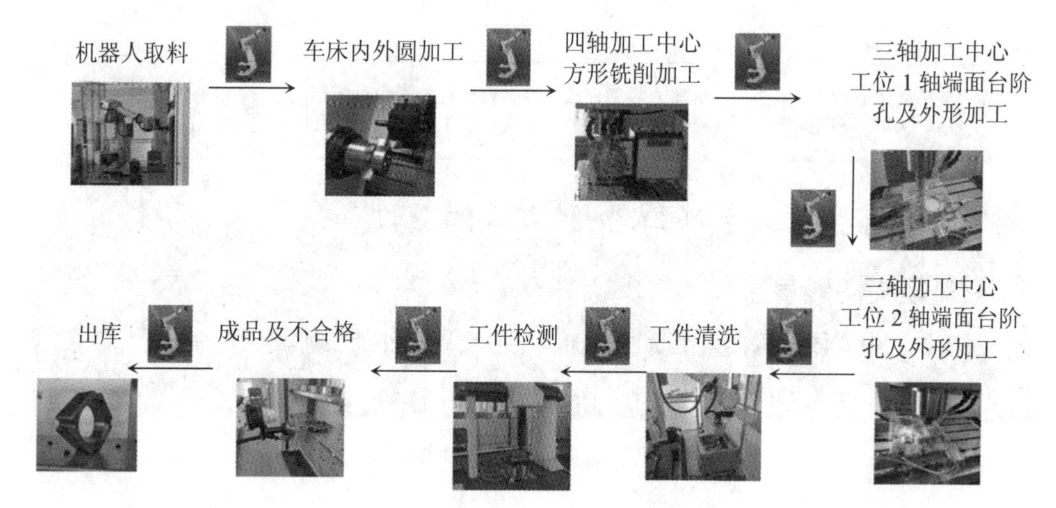

图 12.4　智能生产线零件加工工艺流程

根据以上确认的加工流程，可设定零件工艺。工艺分为六个工艺段：人工干预毛坯入库段、车削加工中心车削段、四轴加工中心段、三轴加工中心铣削段、检测中心检测段、人工干预收件段。

1. 人工干预毛坯入库段

人工干预毛坯入库段通过人工上料，然后将物料放入立体仓库备料区定位治具内，工艺程序如图 12.5 所示。

图 12.5　人工干预毛坯入库工艺程序

2. 车削加工中心车削段

车削加工中心车削段完成了零件外圆、内孔、内孔斜度的加工，工艺程序如图 12.6 所示。

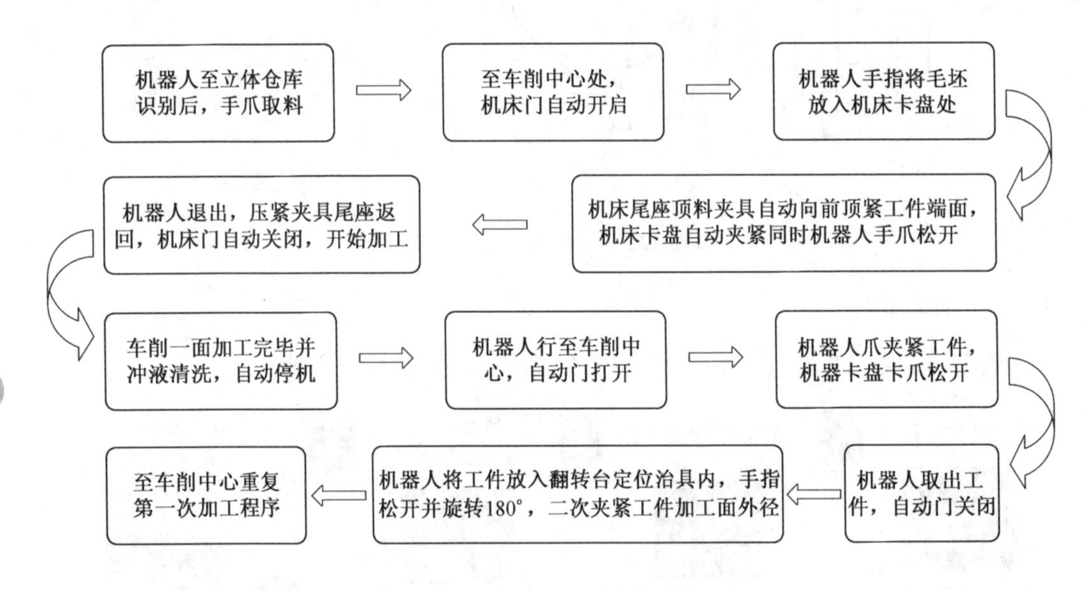

图 12.6　车削加工自动化工艺程序

3. 四轴加工中心段

四轴加工中心段由机器人配合四轴加工中心实现工件加工，工艺程序如图 12.7 所示。

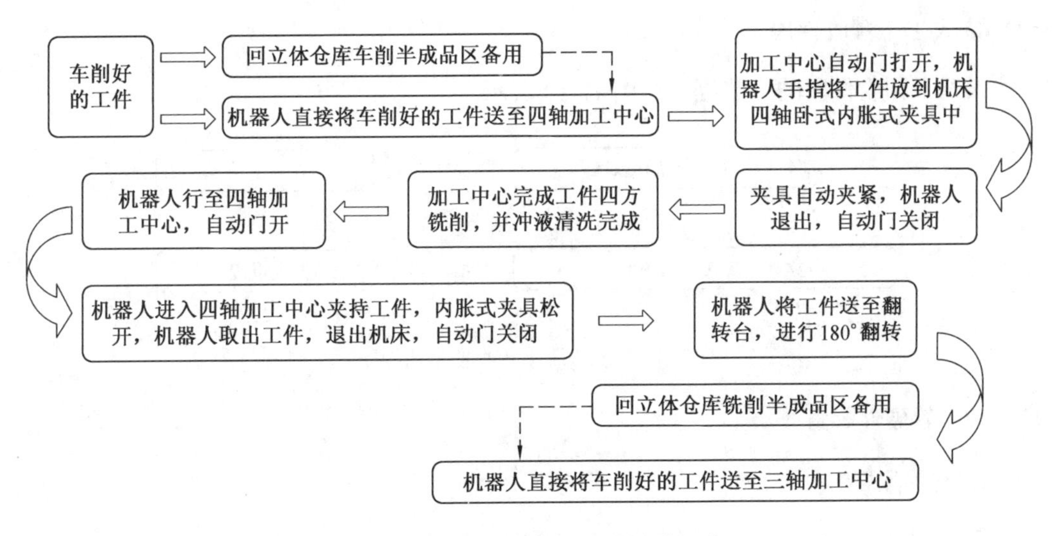

图 12.7　四轴加工中心自动化工艺程序

4. 三轴加工中心铣削段

三轴加工中心铣削段的工艺程序如图 12.8 所示。

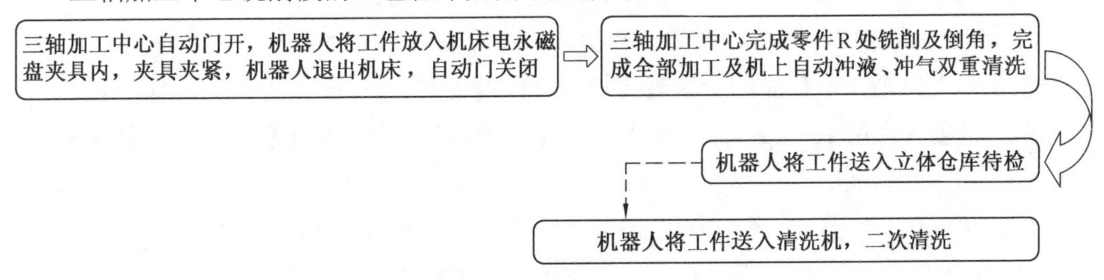

图 12.8　三轴加工自动化工艺程序

5. 检测中心检测段

检测中心检测段的工艺程序如图 12.9 所示。

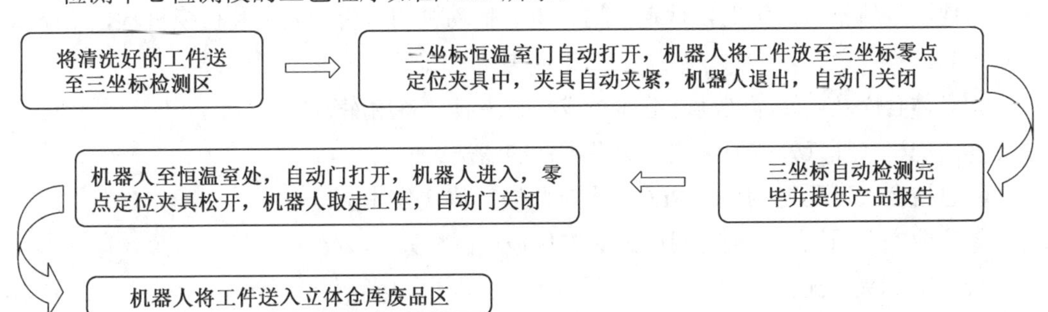

图 12.9　三坐标检测自动化工艺程序

6. 人工干预收件段

人工干预收件段的工艺程序如图 12.10 所示。

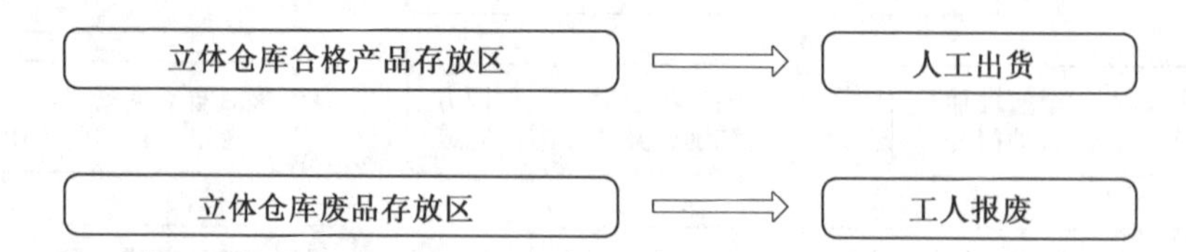

图 12.10　人工干预收件工艺程序

12. 4. 2　软硬件配置

1. 硬件配置

智能制造生产线设备选定应遵循以下原则：

➢ 能满足多类机件零件加工需求。

➢ 能满足零件加工中工艺节拍，使机台运用率达到 85%以上。如建线资金不足，加工节拍匹配不足时，可采用零件二次回库，设立工艺等候区的辅助设计。

➢ 满足集成通信、网络、视觉、教学、培训等需求。

根据以上原则，本智能制造生产线选择硬件设备如下：

（1）机器人采用 165 kg 一台，机器人行走地轨系统一套，满足机器人运动轨迹需求。

（2）机加工设备。

①CNC360 车削中心一台，满足ϕ360 直径以下工件的车削加工。

②CNC850 加工中心（四轴）一台，满足零件的联动加工。

③CNC850 加工中心（三轴）一台，满足零件的复合型加工。

（3）检测设备：三坐标检测仪及恒温室（根据资金状况选配），满足自动检测需求。

（4）非标设备配置。

①地面导轨本体，第七轴行走机构，电力拖动机构，机器人夹具快换机构，安全保护系统等。

②立体仓库及旋转库（满足毛坯、成品、夹具、备用库等）。

③清洗机（冲气式或冲洗式）满足零件的清洗。

④总控台（可配置 MES、PLC，实时监控一体式分体台）。

⑤工业安全围栏（可配置网板式或钢化玻璃围栏）。

（5）非标夹具配置。

①机床零点定位夹具、托盘行走夹具、机器人手抓夹具。

②机器人自动换爪系统。

③夹具预调台。

④各类翻转台。

⑤各类接驳台（含 AGV 小车）。

（6）设备控制计算机，以满足 MES、PLC 及编程、设计等工作站需求。

（7）生产过程动态实时监控设备与 MES 控制端通信，如图 12.11 所示，以满足生产过程监控、任务管理、历史查询、加工报警等需求，配置 6～8 个 40 寸显示屏（看板）及一个 65 寸显示屏。

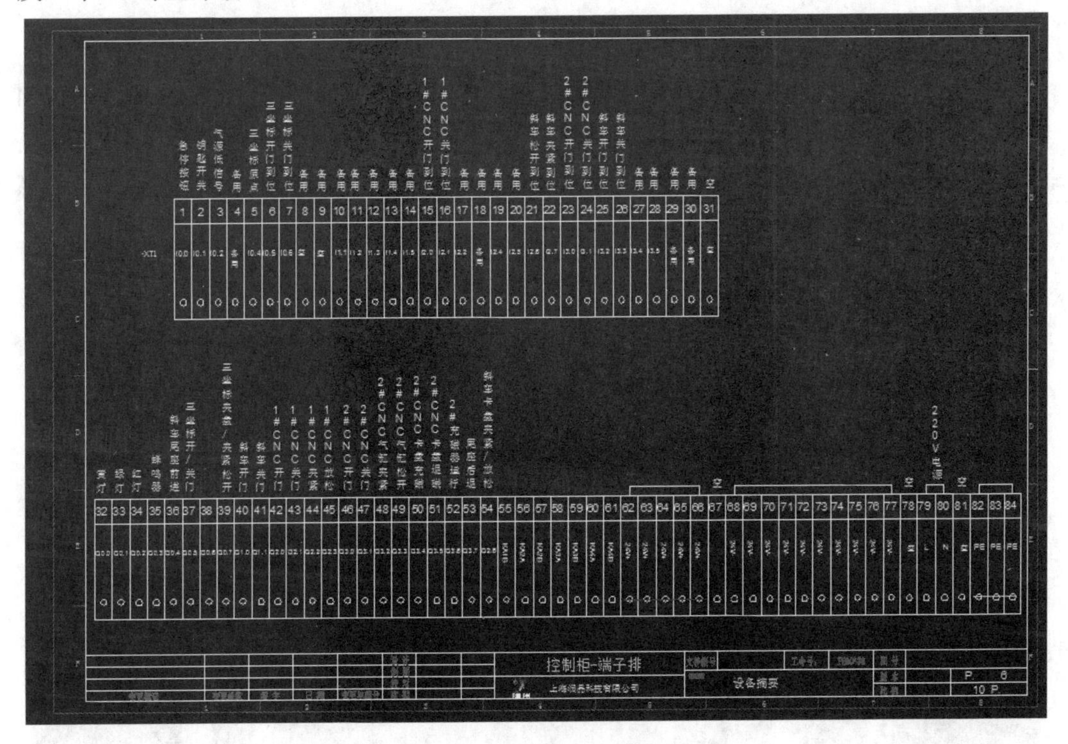

图 12.11　控制柜接线图

（8）供气系统：配置变频双螺杆空压机，冷冻干燥机，立式储气罐，三级空气过滤器，以满足供气系统干燥、干净、气源恒压。

（9）工业物联网芯片及识别系统采用 RFID 芯片及识别系统，以满足与 MES 的通信及传输，如图 12.12 所示。

图 12.12　RFID 芯片

（10）弱电与通信：以光、电、磁等感应的通信配置，以满足各类设备设施的动作通信需求。

（11）PLC：在智能产线中，主要是对机器人及所有设备设施进行运动控制，要求逻辑编程与输出能满足生产线运动的要求，模组配置应有足够的空间，在国内的系统中多采用三菱或西门子。

2. 软件配置

本生产线中的智能控制系统应能直接与PLC及线上设备通信，并由ERP、4CP、MOM组成，是一个开发引导式及可视化智能控制信息化制造系统，如图12.13所示。该系统基于RFID能实现自动控制、生产调度、任务分配、编程操作、工艺管理、产品设计、信息上传、对外通信等功能，如图12.14所示。

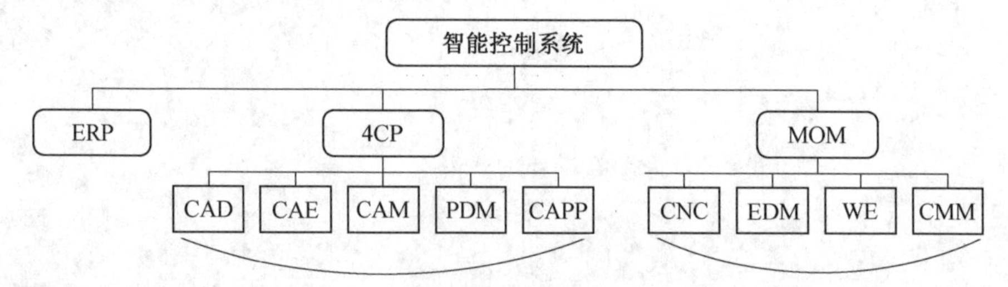

图12.13　智能控制系统的组成

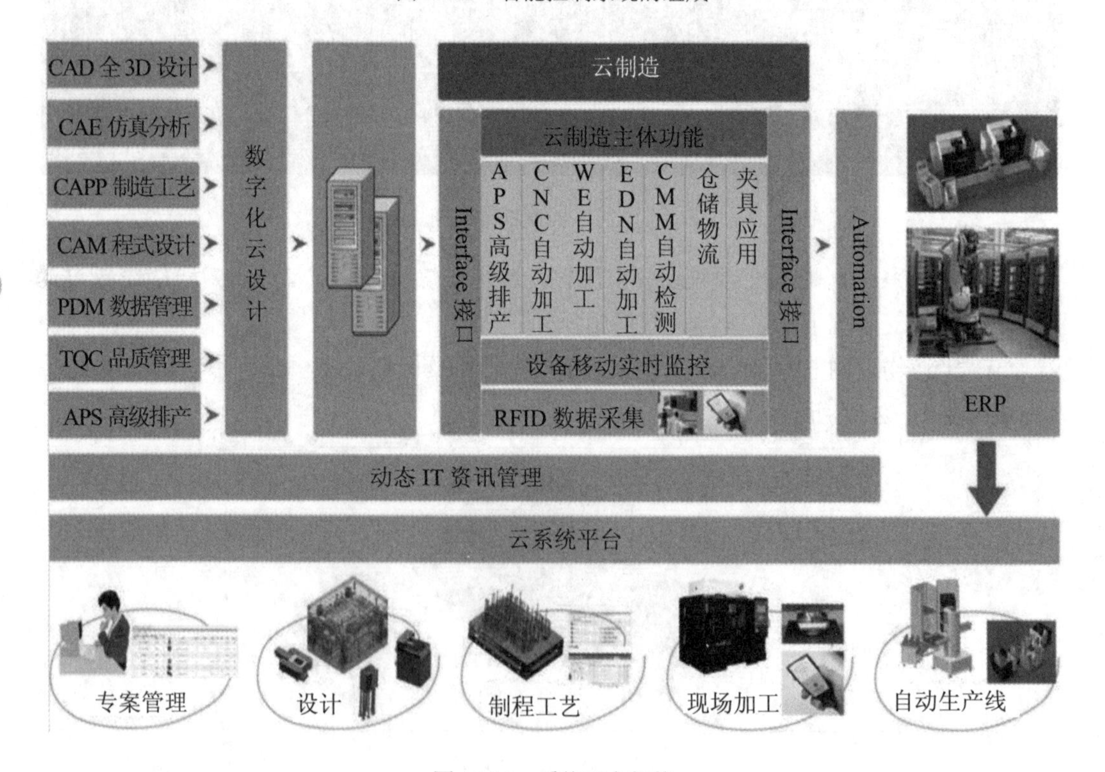

图12.14　系统平台架构

智能控制系统的主要功能模块包括项目管理、设备监控与驱动、智能设计、品质管理、PDM 系统、成本管理、工艺管理、采购管理、计划排产、仓库管理、商业智能（BI）、车间管理、CAM 管理、智慧工厂，如图 12.15 所示。

项目管理
- 客户管理、订单管理
- 项目主计划

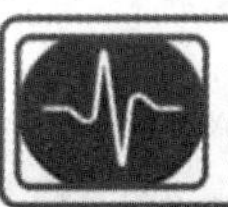

设备监控与驱动
- 设备实时状态监控、稼动率统计
- 报警监控、设备驱动

智能设计
- 全 3D 设计、无 2D 图纸
- 零件标准化、颜色管理、自动 BOM

品质管理
- 检测数据分析
- 品质异常流程

PDM 系统
- 设计图纸版本管理
- CAM 档案版本管理

成本管理
- 订单成本分析
- 企业经验分析

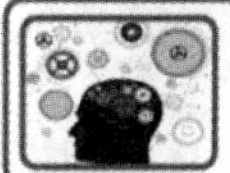

工艺管理
- 工艺管理、工艺审核
- 标准工艺库、加工参数管理

采购管理
- 待采购管理、询价及审批管理、交货提醒、对账请款、请款审批

计划排产
- 日程、APS、车间计划、生产预警、生产负荷、外协管理

仓库管理
- 刀具管理、半成品管理
- 标准件管理、治具管理

车间管理
- 报工管理、加工中心/放电/检测自动化、设备保养、无纸化

商业智能（BI）
- 决策报表
- 移动终端查看

CAM 管理
- 快速 NC 程式设计、三坐标检测脱机编程、电子工单

智慧工厂
- 全自动化生产线
- 智慧工厂

图 12.15　系统平台功能模块

12.4.3　平面布局设计

基于工艺二次开发后的工艺程序及硬软件设施确认后可进行平面布局设计。平面布局设计是指机器人按工艺流程运动轨迹，通过 3D 设计布局，对布局图通过机器人、机床、夹具及其他非标设备，全方位地模拟运动，以验证机器人的运动可靠性、稳定性、精准性、安全性，排除运动干涉、碰撞、过载、死角等不安全因素，提供最可靠的平面布局数据。本系统的机器人仿真运动轨迹图如图 12.16 所示。

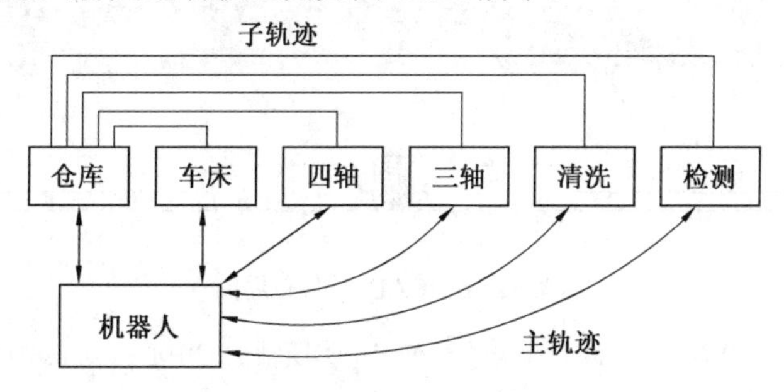

图 12.16　仿真运动轨迹图

图 12.17 为模拟运动后的 3D 布局图，该图对整体布局进行了全方位优化，可提供最为准确的 2D 平面布局图。

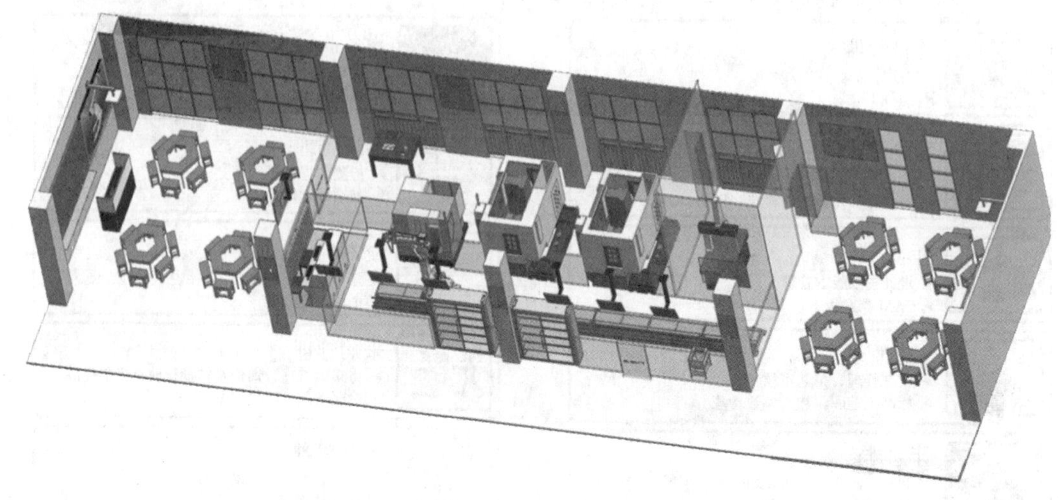

图 12.17　3D 布局图

最终确认的平面布局图是智能制造生产线最为重要的图纸文件，如图 12.18 所示，如果平面布局图有错误，将会造成生产线建设中的多方失误。

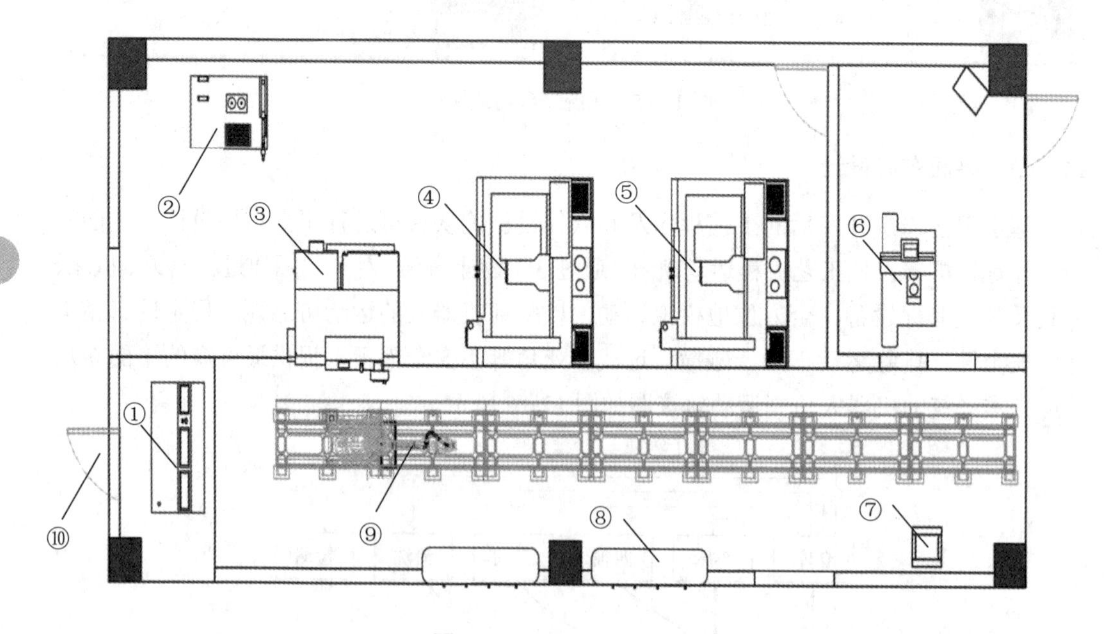

图 12.18　CAD 平面布局图

①总控台；②备料台；③斜床身数控车床；④四轴加工中心；⑤三轴加工中心；⑥三坐标检测；⑦清洗机；⑧立体仓库；⑨机器人；⑩推拉门

12.4.4　非标设备设计

非标设备是为满足智能制造生产线需求另行配置的特需设施，智能制造生产线由于被加工的对象不同，非标设备必须符合该生产线的工艺要求，必须单独设计。

1. 机器人第七轴行走系统的设计

机器人行走系统的设计，通常按三种形式组成，分别为 AGV 小车与机器人组合、桁架机器人及地面行走机器人。

（1）AGV 小车与机器人组合。

按照设定轨迹移动，完成机器人物流动作，此类方式多用于小型零件式物品的搬运，此类设计可保证地面干净，轻巧灵活，但定位精度较差，多用于加工零件品种较多或批量较大的立库环境，如图 12.19 所示。

（2）桁架机器人。

通过空中桁架导轨进行物流搬用，适用于配置轻型 6 轴机器人或直角式机械手，但由于臂展较短，运动半径有限，在智能制造生产线中适合工件直接与加工机床对接，并要配置多处接驳，不占用产线地面面积，电气布局在空中运行，是智能工厂常用的一种方式。由于负载较小，桁架机器人只适用中小型工件的加工，并需其他机器人协同，造价较高，如图 12.20 所示。

图 12.19　AGV 小车与机器人组合

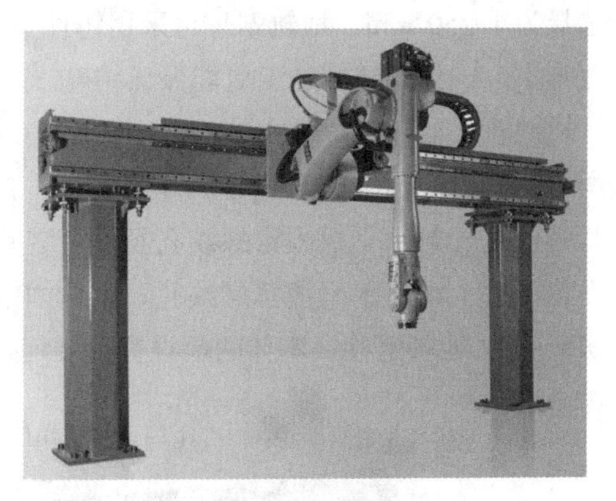

图 12.20　桁架机器人

（3）地面行走机器人。

地面行走机器人是一种重载、大臂展、机器人工作效率最高，利用率最广的一种设计，由于负载大、臂展长，可适应智能生产线每个工位的搬运，使机器人得到最大效率的运用，能实现一机多用，是智能生产线运用最多的设计方式。地面行走机器人虽然在生产线中占用地下面积，但安全可靠，无须多点接驳，造价性价比高，如图 12.21 所示。

图 12.21　地面行走机器人

以下我们对地面行走机器人的设计步骤进行介绍。地面行走机器人由地面导轨（简称地轨）本体、第七轴行走机构、电力拖动机构、机器人夹具快换机构和安全保护系统组成。

（1）地轨本体。

地轨的确定：首先导轨的跨距应根据机器人负载及臂展的参数，选择地面附着力最为安全的跨距：机器人负载在 125 kg、臂展在 1.8 m 以下，导轨跨距选择为 850 mm；机器人负载在 125 kg、臂展在 1.8 m 以上及负载在 320 kg、臂展在 2.5 m 以下的导轨，跨距选择为 1 250 mm。地轨本体可采用铸件 H250 和钢结构两种方式，但铸造式，经处理后变形小，一体式结构加工更能保证精度，是最为可靠的设计方式。

地轨采取分段拼装式结构，一般采用 2 m + 3 m 单元设计，每一单元本体（如图 12.22 所示）平面应设计有直线导轨基准凸台、直线导轨齿条、固定螺纹孔、直线导轨侧向锁紧螺纹孔、封闭平板固定螺纹孔及安全装置固定孔等，地轨本体下端应设计地脚固定凸台，凸台上设计水平调节螺纹孔、本体固定孔、底面固定板、水平调节垫块，一般放置 $\phi18$～$\phi22$ 地脚螺栓，本体两端设置拼装连接孔及本体起吊螺纹孔。

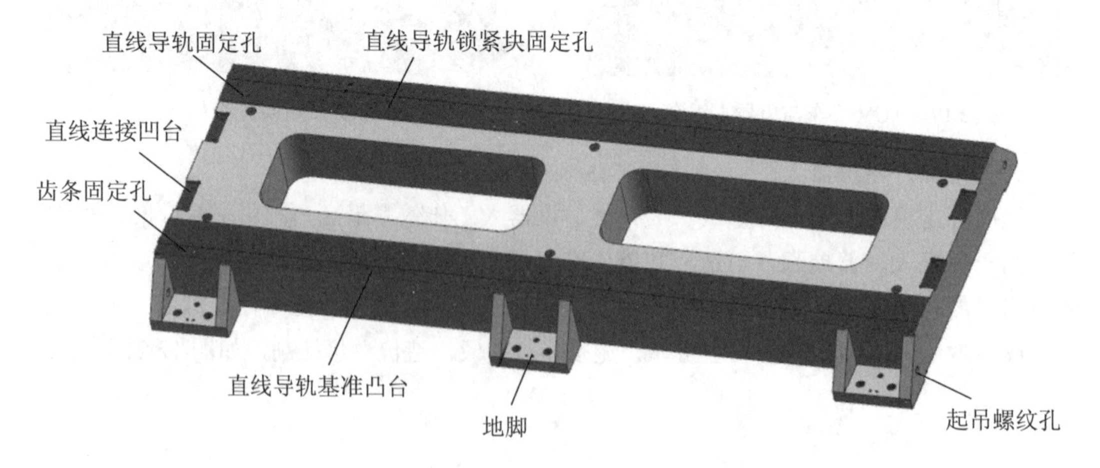

图 12.22　地轨本体

（2）第七轴行走机构的设计。

第七轴行走机构由直线导轨、斜齿条、机器人固定平台、减速机构、同行夹具快换架组成，直线导轨设计宽度为 35 mm 或 40 mm 两种，分别用于轻型和重型，斜齿条采用 M3～M5 范围。

若机器人移动速度为 0～30 m/min，减速机构参数采用摆线式减速机与机器人第七轴电机配置设计，机器人自动平台采用内镶式镶条与直线导轨滑块连接、机器人固定平板与镶条连接的方式组成可移动平台，同行夹具快换架与固定平台采用分体连接式设计，快换架应满足快换机构的安装需求，如图 12.23 所示。

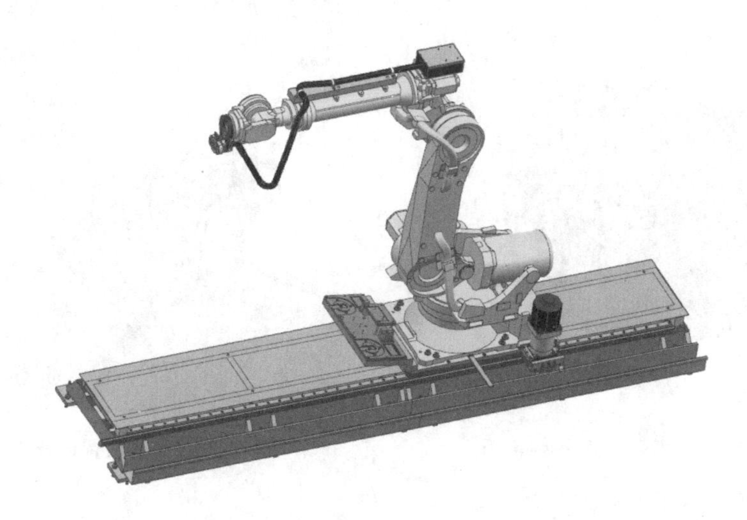

图 12.23　第七轴行走机构

（3）电力拖动机构设计。

七轴机器人电力拖动采用固定线槽+坦克链运动方式，机器人地轨侧面与线槽机构采用可拆装连接，并设计双重碰撞装置，以确保机器人运行安全，如图 12.24 所示。

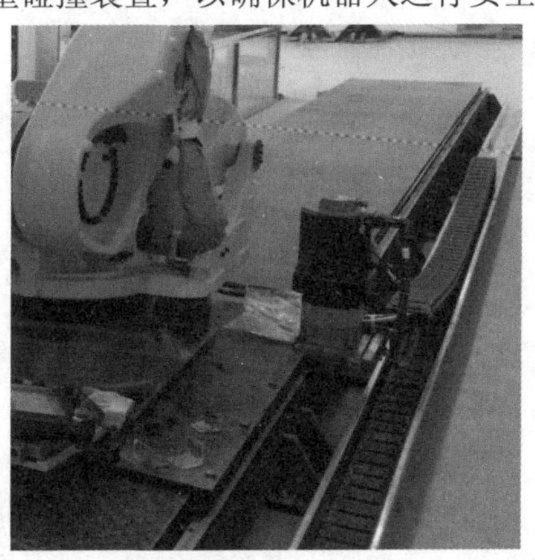

图 12.24　电力拖动机构

（4）机器人夹具快换机构设计。

机器人夹具快换机构，是机器人自动换爪交换台，由机器人末端夹具交换座和夹具放置台及工件翻转台两部分组成。

①机器人末端夹具交换座采用公用钢珠拉紧结构设计，并配置两个夹具导向孔，实现夹具先导入后定位功能，采用气动锁紧方式，设置气路通道和信号传递通道，并设有信号原件安装位，如图 12.25 所示。

②夹具放置台的台面应设计有手指夹具定位治具 2、3 个工位，托盘夹具 2 个治具工位，立式和卧式工件翻转治具工作台 2、3 个，如图 12.26 所示。

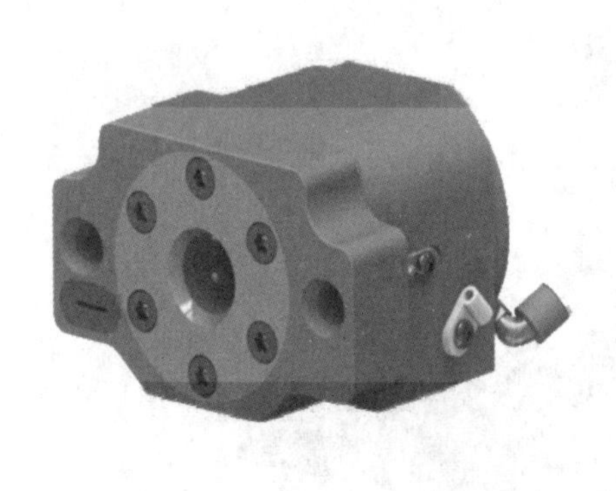

图 12.25　机器人末端夹具交换座

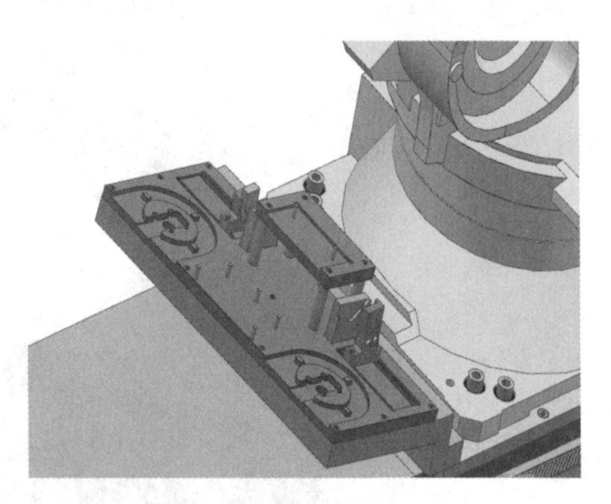

图 12.26　夹具放置台及工件翻转台

（5）安全防护系统设计。

机器人安全行走设计含地轨两端双重行程开关设计及最终防撞机构设计，行程开关第一层采用接近感应式开关，二层设计采用机械式接触开关，最终防撞机构采用柔性碰撞式设计，如图 12.27 所示。

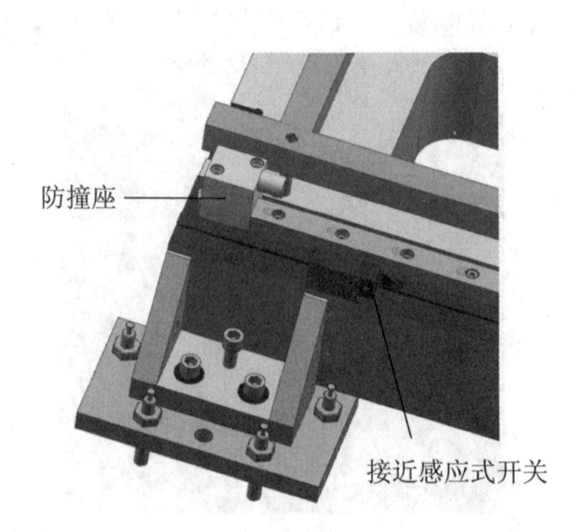

图 12.27　地轨行程开关及防撞机构设计

2. 立体仓储设计

立体仓库是根据产品特性产能大小来进行设计，可采用单双排高架（图 12.28），也可采用线上单排矮架（图 12.29）。每层应设置坐标孔，以利于安装尺寸不同的各类定位治具，线外高架设计还可通过智能举升机与 AGV 或智能输送滚道配合将工件送往线上机器人接台，线上矮架可由机器人直接抓取，所有立体仓库必须设计地脚与地面固定，以防机器人碰撞移位，造成 PLC 编程重新定位。

图 12.28　双排高架

图 12.29　单排矮架

3. 清洗机设计

清洗机是为三坐标提供清洁零件的必备设备，可分为高压水冲洗烘干（图 12.30）、超声波清洗烘干及多层高压风吹洗（图 12.31）等形式。

图 12.30　高压水冲洗烘干

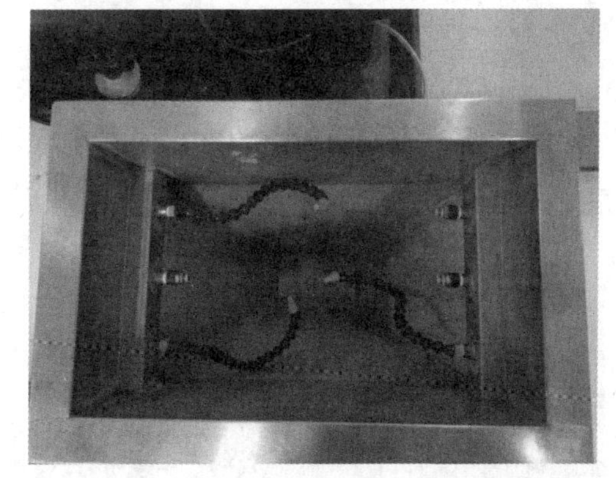

图 12.31　多层高压风吹洗

（1）高压水冲洗设计采用多喷头吹洗再热风烘干，多用于较大工件，以托盘式夹具由机器人送至清洗台自动夹紧，完成冲洗烘干后，由机器人抓出。

（2）超声波清洗烘干设计设有清洗池、烘干室和工件台，由机器人将工件用托盘夹具送至工作台定位夹具中自动夹紧，工作台降至清洗池，清洗完成后，上升至烘干室，烘干后升至始点，夹具松开由机器人取出工件。

（3）高压风吹洗设备：在吹洗风池内部有多点风嘴，机器人直接将工件放至风室，强风开启，机器人手抓进行旋转摇动，将工件清洗干净。此设备经济实用，得以广泛应用。

4. 总控台设计

总控台是智能生产线控制操作中枢，台内应设置 PLC 系统硬件、通信、电脑、交换机、MES 系统、服务器及局域网接收器等安装位置，台面应设计 2～3 台显示屏和触摸屏安装位置，以及总控、急停、报警消除、自动与手动转换按钮、报警灯位置及电脑键盘操作台面，以满足操作、编程、设计、机床加工程序编程等需求，如图 12.32 所示。

图 12.32　总控台

5. 工业安全围栏设计

安全围栏是保障智能制造生产线无人生产区的重要安全屏障，全封式高度为 1.8～2 m，半封式高度为 1.3 m，如图 12.33 所示。可采用工业网板或钢化玻璃，并设有安全门及门禁系统，全自动时门自动封闭，如有开启，全线急停，安全门配置指纹或人脸识别系统，确保非工作人员勿入，如图 12.34 所示。

图 12.33　工业安全围栏

图 12.34　工业安全围栏安装现场

6. 机床漏油盘设计

机床漏油盘是以机床俯视图形面作为参数，周边加大 10～15 cm，形成倒椎形，盘高 6～8 cm，防止机床油水流入地面，确保地面干净、环保。

12.4.5　非标夹具设计

1. 机床定位夹具设计

机床定位夹具设计可采用气动式或油压方式（以夹紧牢固为前提），按工件装夹特性设计不同方式的夹紧机构，如内胀式夹具（图 12.35）、电永磁夹具（图 12.36）、真空吸附夹具等，也可采用 EROWA 标准卡盘进行配置设计（图 12.37），并设置 RFID 芯片置入孔。

图 12.35　内胀式夹具

图 12.36　电永磁夹具

图 12.37　零点定位夹具

2. 托盘夹具设计

托盘夹具（图 12.38）多用于大型工件和多个小型零件的装夹，可设计成通用型（盘面布置坐标固定系统），也可设计专用式，多用于批量生产的大型零件及多个排列的小型零件。托盘应设置通用标准拉钉（图 12.39），以确保与机器人快换装置互换，托盘拉钉侧面设置 RFID 芯片置入孔。

图 12.38　托盘夹具

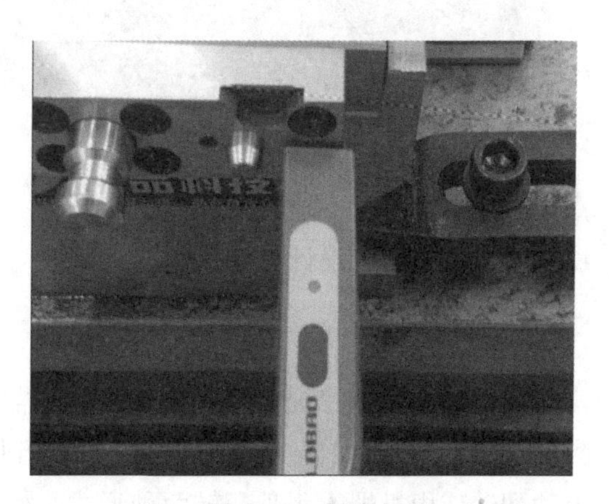

图 12.39　标准拉钉

3. 机器人手指夹具

机器人手指夹具模型如图 12.40 所示，实物如图 12.41 所示。夹具本体应设计气缸安装位、气道及内藏式信号传感布线槽。

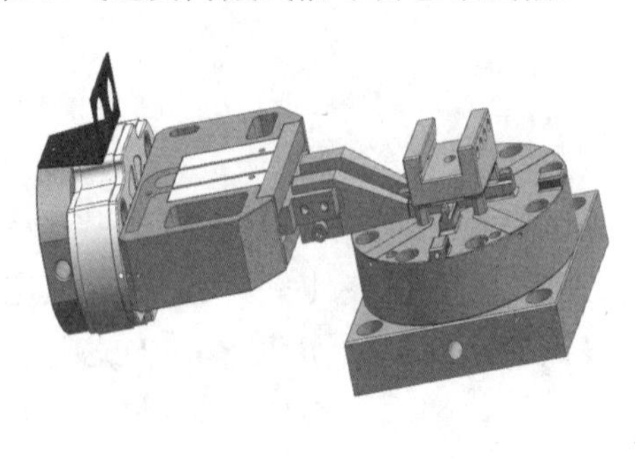

图 12.40　机器人手指夹具模型图

图 12.41　机器人手指夹具

4. 非标治具设计

在智能生产线中，智能仓库中的工件、毛坯等都需设计固定的存放位置，在快换台、工件翻转台及机床辅件等存放处，都需配置各种不同形状的定位治具才能使机器人精准地抓取物料。在治具设计中，工作台上坐标定位孔设计成可调整治具，对于圆形工件不少于三点定位，方形工件不少于四点定位，异形工件应避开机器人手爪抓取位置，采取多点定位，定位方式可采用定位柱、定位块、轮廓定位框等方式，其定位高度应不干涉机器人手爪抓取，如图 12.42 所示。

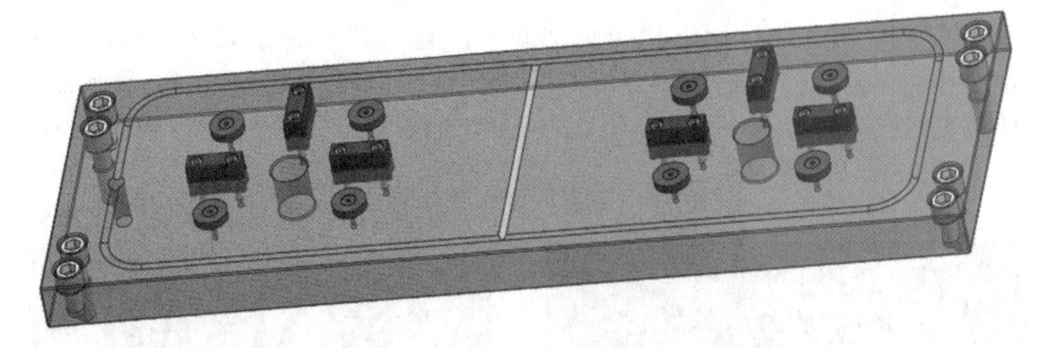

图 12.42　非标治具模型图

12. 4. 6　附加设施设计

1. 翻转台

零件加工完一个面需要换面加工时，需设置给机器人翻转取件的过渡平台，翻转台应设计工件定位治具，整体设计不能干涉到机器人手爪抓取，可设计成工件在翻转台上自动翻转或由机器人手爪翻转两种形式，如图 12.43 所示。

2. 接驳台

AGV 或两台以上机器人进行物流交驳的交换平台，此平台可以设计成直接定位平台，也可设计为与接驳轨道为一体的智能平台，设计应满足物料的双向流动需求，备有存放台，出件台和收件台，交替使用，如图 12.44 所示。

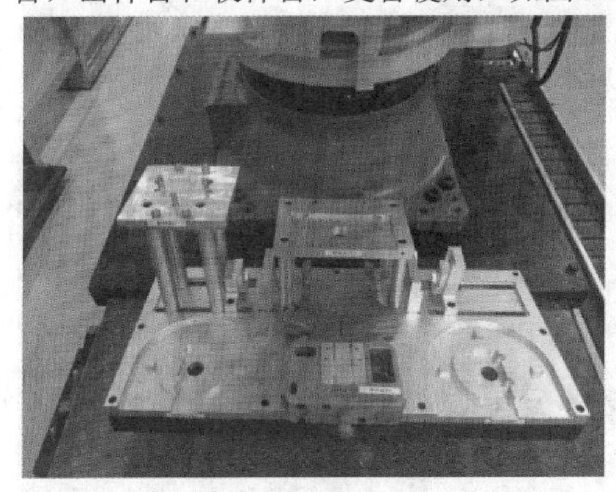

图 12.43　翻转台

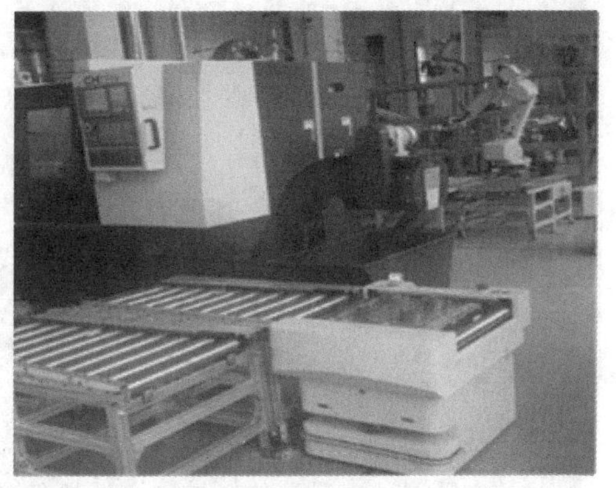

图 12.44　接驳台

3. 预调台

提供夹具检测装配调正的工作台，设计采用大理石平板式双零级铸铁平板，设计配置 X、Y 平面相互垂直的高精度直线导轨，并在滑块平面上配置设计高精度高度仪及千分表测量仪，以满足夹具治具 3D 方位的装配、调整需求，如图 12.45 所示。

图 12.45　预调台

12.4.7　强电布局设计

智能生产线的强电布局设计如下：首先计算智能生产线所有设备设施用电总功率加上 15%左右的超载量，确认智能生产线输入线路线径；再计算大功率设备功率总量，确认生产线电路线径及分线路线径，绘制强电布局图；电力总控柜设计应配置输入控制开关、所有设备电器开关、过流、漏电的安全保护电器原件，采用三相五线制，配置电流电压显示仪表等；布线方式可采用空中桥架式布线或地槽布线两种方式，建议采用空中桥架式，如图 12.46 所示。

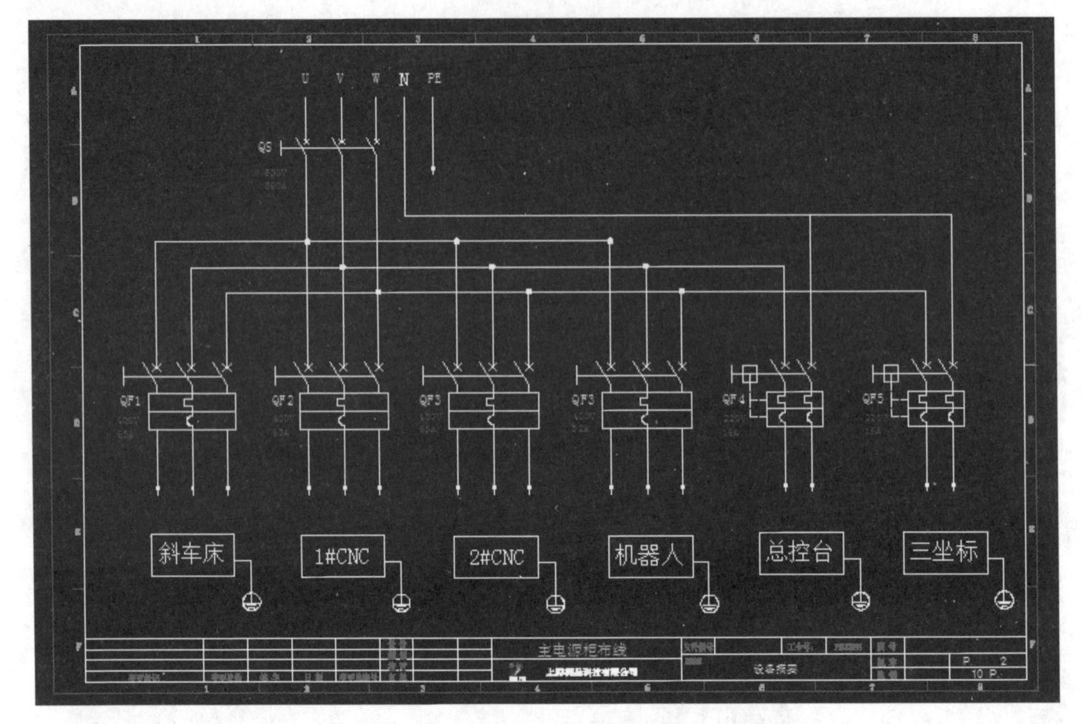

图 12.46 主电源柜布线图

该智能生产线采用空中桥架式设计，所有线路采用线管线槽配置，如图 12.47 所示。为防止数控设备在电网中与强电冲击，应设立公共地线保护，地线终端应选择离智能生产线较近的场外，采用地下 1.5 m 左右深处埋置ϕ50 mm～ϕ60 mm 的铜棒，并在周围埋置工业栏，用土埋实，铜棒末端设置接线桩，如图 12.48 所示，确保强电网电流冲击和雷电干扰。

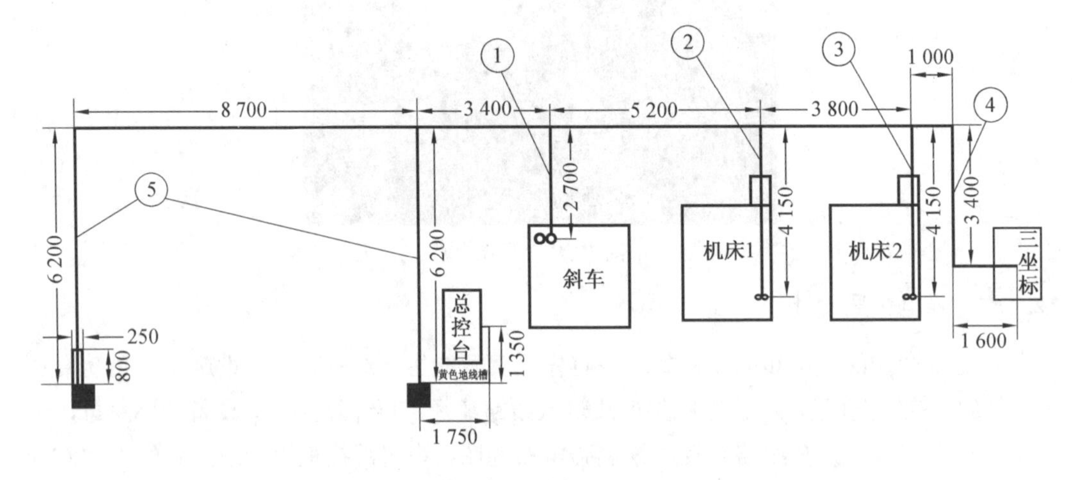

图 12.47 线槽布局图

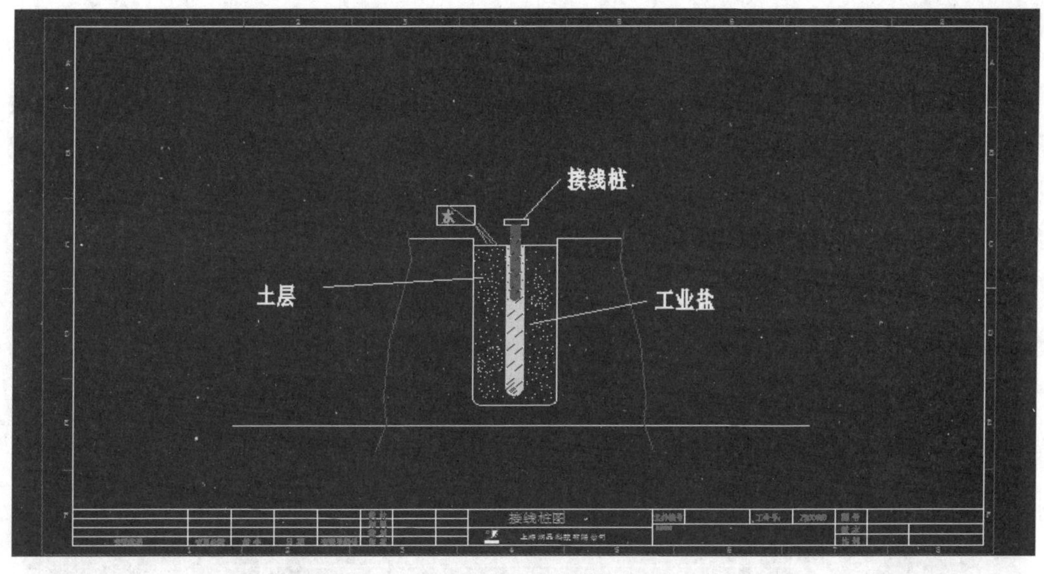

图 12.48　接线桩图

12. 4. 8　供气系统设计

供气系统主要用来满足智能生产线加工，因为设备、夹具、辅助设施等所有需要用高压气体来实施动作的气动系统，都要求提供压力恒定、干净、干燥的气源。供气系统的设计，要根据智能生产线工艺流程每小时气体输出总量加 20 %安全系数，确认排气流量，在此参数下，确认空压机、储存气罐、冷冻机、油水分离器等型号种类的配置，对主管道、支管管径的配置，以及压力表安全排气阀、快换接气阀、开关气阀的匹配，气源与用气设备及设施的连接方式。采用快换接头式设计，有利于气动控制机构的调试与维护。供气系统在布局上多采取主气管走底面墙根，分支管道走空中与强电桥架并行至设备及设施，如图 12.49 所示。

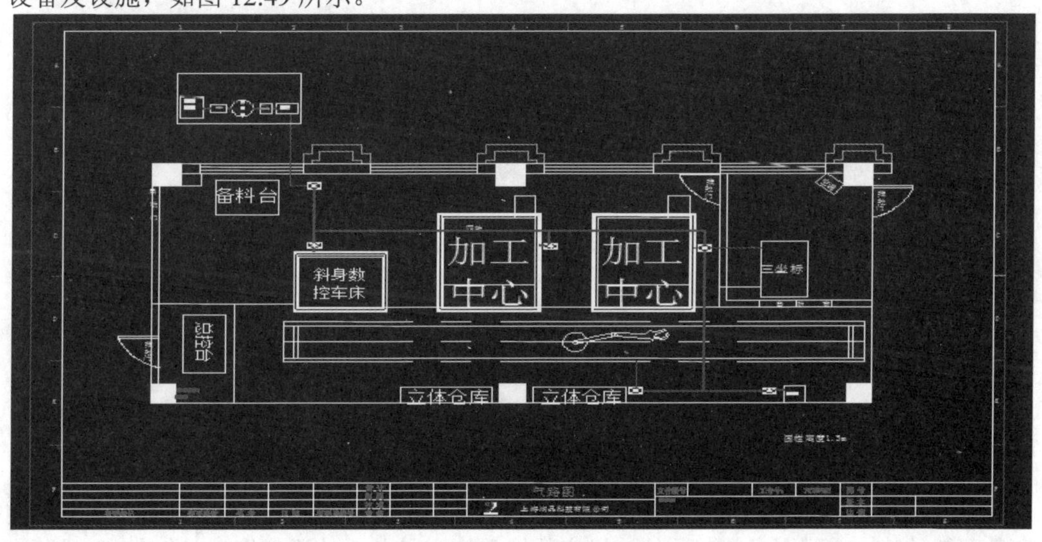

图 12.49　系统气路图

12.4.9 弱电系统设计

弱电系统是指智能生产线中自动控制的信号线、网络线、传送线、高清线等布局设计，此类线路基本上都是从总控台输出，然后分支到各个设备及设施。在分支线路布局上，可采取与强电系统并行，但不能利用强电系统桥架线槽走线，应采用单独的线槽或穿管，以防强电磁场干扰，影响信号传送，如图12.50所示。

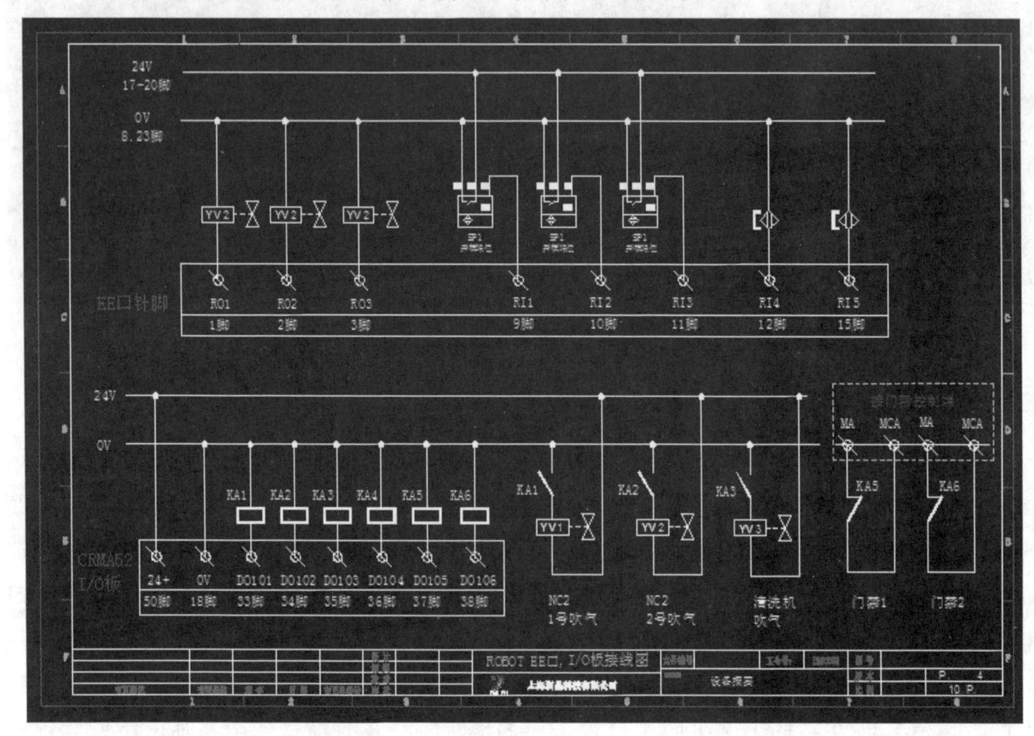

图12.50 弱电系统设计

12.4.10 物资采购与制作清单统计

物资采购与制作清单主要包括：①设备类清单；②非标设备设施清单；③电器类标准件清单；④通用类标准件清单；⑤机械类标准件清单；⑥基建类物资清单；⑦安全、文化类标志清单（如警示牌、文化墙等）；⑧附加设施类清单（如多媒体教室设施等）；以上清单应明确型号、规格、数量，以保证生产线所有物质需求。

12.5 项目实施

※ 智能工厂设计案例实施

12.5.1 设备及配置设施采购技术要求

（1）根据数控机床的技术要求，数控车床类应选用机床卡盘为液压自动类卡盘，斜床身刀架结构，并配置自动门系统，机床数控系统应具备对外通信接口，与MES进行有线或无线通信，排屑方式应考虑在机床的左侧、右侧或后侧。

（2）对于数控加工中心，应根据生产线的布局，确定选择机床是否增加侧门作为机器人送料入口，是左侧还是右侧；应增加自动门结构，并由本机系统控制；选用的排屑器出口是放置在机床的左侧或右侧；机床数控系统是否有对外通信接口，是否可满足生产线通信需求。

（3）三坐标检测设备一般都能满足智能生产线的通信需求，对于设备本身没有过多的改造。

（4）对于非标设备的制造，应根据加工图纸、装配图纸、工艺文件及技术要求，并派专业工程师现场协同，完成加工制造、调试等外协工作。

（5）对于智能生产线所有物质需求，应按照设计清单的规格、型号及技术要求采购。

12.5.2　项目施工步骤与要求

（1）根据项目基建要求，场地平面尺寸应能满足平面布局尺寸需求，应留足够的线外安全通道面积，场地高度在 5 m 左右，地坪水泥层厚度应在 250～300 mm，地面应铺设环氧地面。

（2）在场地平面按 1∶1 采用弹线法绘制平面布局图，并在地轨铺设区测量出水平坐标。

（3）设备落位，首先将机床漏油盘落位于机床地标框内固定，再将机床落位到漏油盘机床定位框线上，并调整机床水平，其他非标设备按地标线框一一落位，调整水平，并与地面固定（采用地脚膨胀螺栓）。

（4）机器人行走地轨的安装是智能生产线中最为精细的安装工作。机器人行走地轨为分段式结构，需多段拼装，整体平面度为 0.15 mm/5 m。安装时应在地脚固定处地面，先固定好地面固定板；然后利用地轨地脚上的一组水平调节螺钉，按照地面水平地标数据调整水平高度；再通过水平仪及红外线直线度检测仪，通过多次调整紧固，达到水平要求，并拧紧拼装螺栓，再次检测地轨直线度及平面度，直至符合技术参数。安装完毕后，应停置 48 h，以消除拼装后的导轨引力，在安装地轨上的直线导轨和齿条前，再次对地轨的平面度、直线度进行再次检测，如有变化，再次微调。直线导轨和齿条的安装应采取跨段安装，与定位锁紧块同时调整固定，并用跨度检测专用工具检测两直线导轨的平行度，确保机器人行走系统顺滑移动，行走系统的其他部位都较简单，可按装配图一一装配，如图 12.51 所示。

图 12.51　机器人行走地轨安装

（5）机器人在地轨上安装时，应将原点位置重合于地轨中轴线，如图 12.52 所示，以利于机器人均分地轨两侧工作范围，机器人回到原点或生产线停运后，机器人不会产生对地轨侧面的偏重。

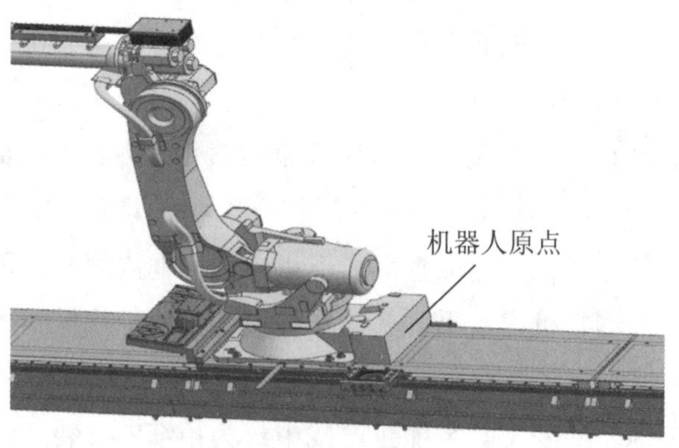

图 12.52　在地轨上安装机器人

（6）夹具的调试与安装。机床零点夹具安装时应通过基准块和基准球，先确认机床零点坐标，再安装零点定位夹具，并将零点数据输入机床系统。托盘夹具和手指夹具安装时，可根据工艺需求分别放置到自动转换台及机器人末端，如图 12.53 所示。

图 12.53　夹具调试与安装

（7）治具的安装。仓库治具应根据工艺要求安装各类不同治具，可利用库层面板上的坐标孔固定，如图 12.54 所示。翻转台、接驳台、快换台等治具一般采用装配固定，如图 12.55 所示。

图 12.54　坐标孔

图 12.55　治具的安装定位

（8）强、弱电及气路安装，按照设计线路图采用常规工程施工即可，如图 12.56 所示。

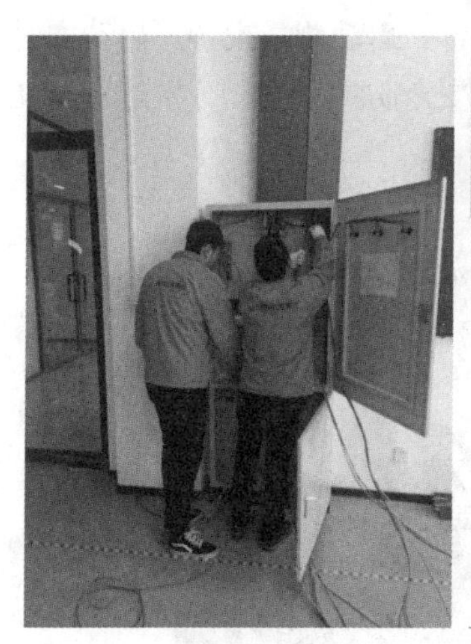

（a）强电安装

（b）强电线路安装

（c）弱电安装

图 12.56　强电、弱电及电气安装

（9）安全设施安装根据施工图纸一般采取现场施工方式即成，如图 12.57 所示。

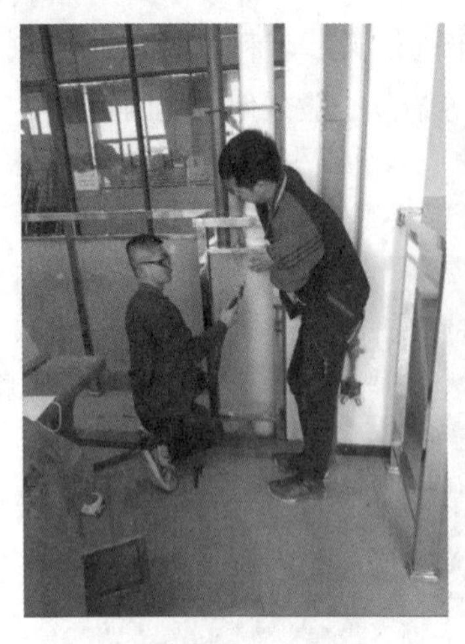

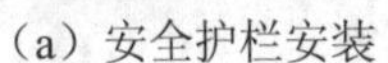
（a）安全护栏安装

（b）玻璃安装

（c）空中桥架安装

图 12.57　安全设施安装

12.6　全线调试及运行

（1）全线通电，启动机床，启动机器人，启动非标设备，启动测量设备，启动实时监控系统，启动气动控制系统，启动信号传送系统，启动安全防护系统，分别进行单元运行，如图 12.58 所示。

图 12.58　全线通电调试

（2）启动 PLC 软件进行编程，启动 MES 系统进行编辑与通信，如图 12.59、图 12.60 所示。

图 12.59　PLC 编程调试

图 12.60　MES 系统调试

（3）机器人对全线运送工位进行编程，确认各工位抓取坐标，并与 PLC 通信，如图 12.61 所示。

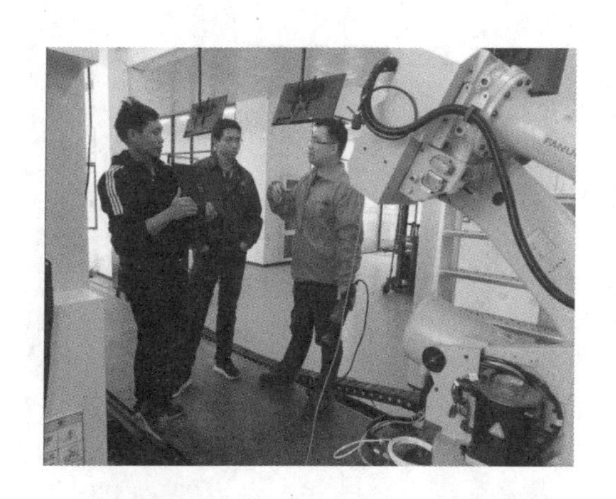

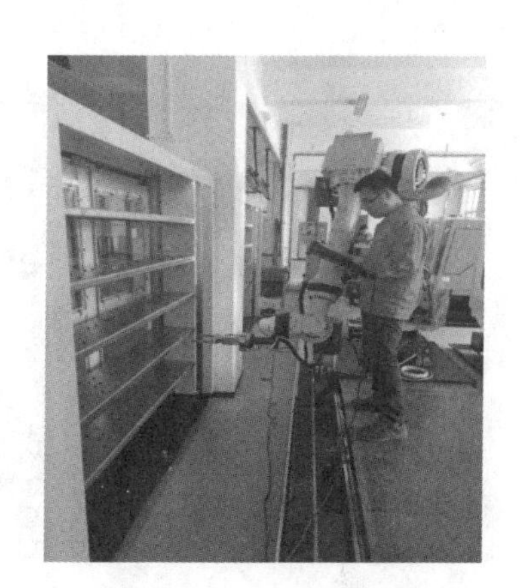

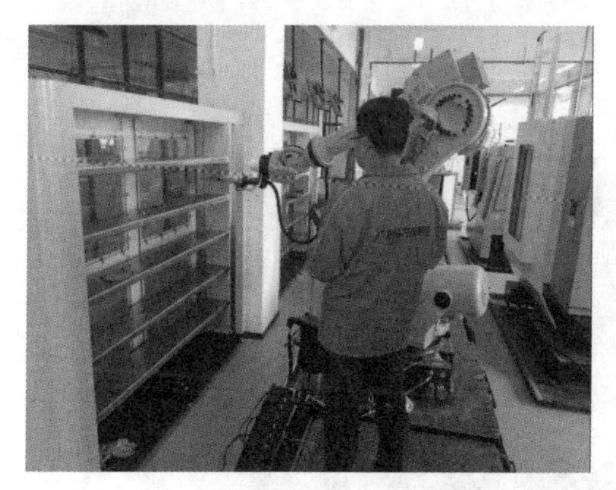

图 12.61　机器人全线编程调试

续图 12.61

（4）MES 与 PLC、机床、测量三坐标、实时跟踪、非标设备、安全等设备通信，如图 12.62 所示。

图 12.62　通信调试

（5）全线试运行，检查全线运行是否达到设计要求，如图 12.63 所示。

图 12.63　全线试运行

（6）试加工运行，实测加工程序，调整加工节拍，调整工艺编程，如图 12.64 所示。

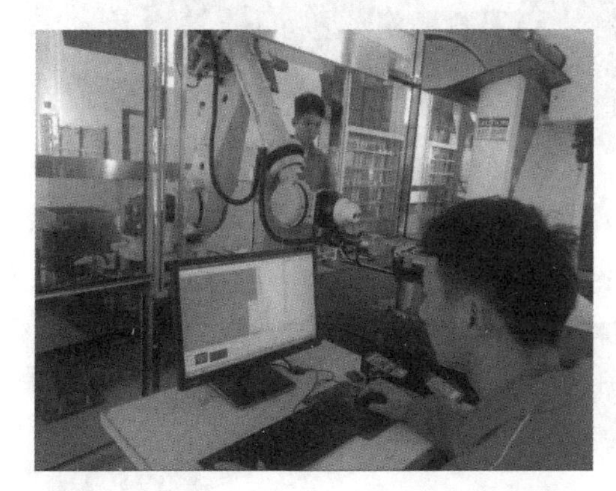

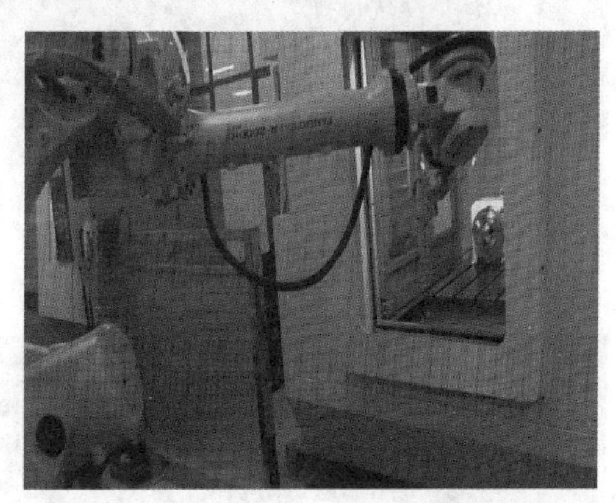

图 12.64　试加工运行

（7）培训操作人员（图 12.65），编制操作说明书，交付技术文件（图 12.66，图 12.67）。

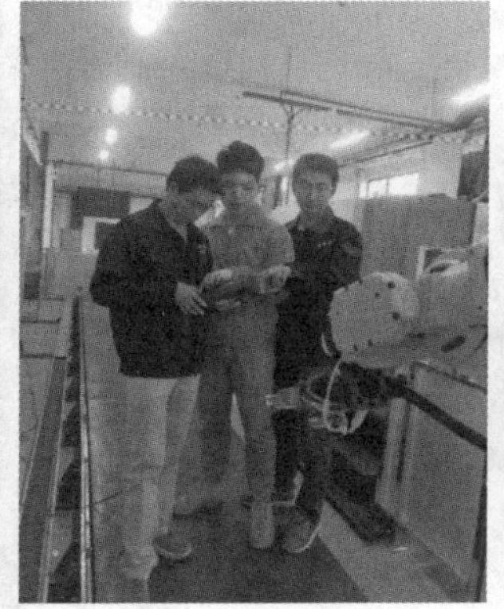

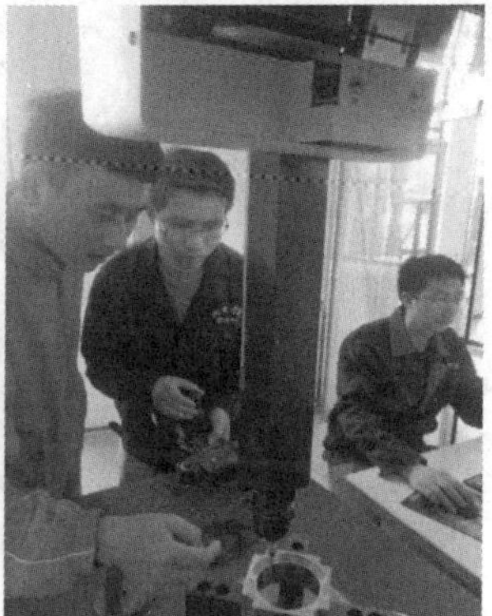

图 12.65　操作人员培训

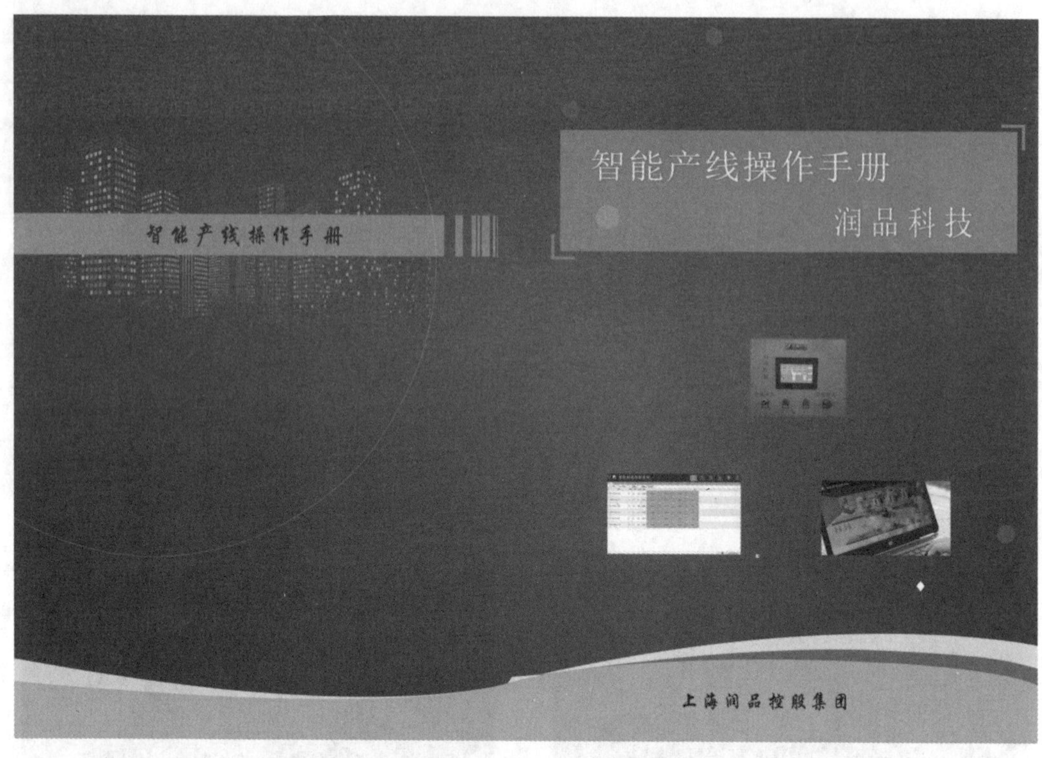

图 12.66　操作手册

图 12.67　智能制造技术应用教程

（8）交付使用。智能生产线交付使用如图 12.68 所示。

图 12.68　智能生产线交付使用

12.7　项目拓展

查询相关资料，结合本章的智能生产线设计步骤，请设计一个智能制造装配生产线。该智能制造生产线要求以一个待装配的产品作为载体，具备工业应用情景，以制造执行系统 MES 为中枢，能够完成机械零件的全部加工制造，实现从毛坯到成品及检测的无人化操作。

参考文献

[1] 张明文. 工业机器人技术人才培养方案[M]. 哈尔滨：哈尔滨工业大学出版社，2017.

[2] 张明文. 工业机器人技术基础及应用[M]. 哈尔滨：哈尔滨工业大学出版社，2017.

[3] 张明文. 工业机器人入门实用教程（FANUC 机器人）[M]. 哈尔滨：哈尔滨工业大学出版社，2017.

[4] 张明文. 工业机器人入门实用教程（SCARA 机器人）[M]. 哈尔滨：哈尔滨工业大学出版社，2017.

[5] 张明文. 工业机器人入门实用教程（ESTUN 机器人）[M]. 武汉：华中科技大学出版社，2017.

[6] 张明文. 工业机器人入门实用教程（EFORT 机器人）[M]. 武汉：华中科技大学出版社，2017.

[7] 张明文. 工业机器人离线编程[M]. 武汉：华中科技大学出版社，2017.

[8] 张明文. 工业机器人知识要点解析（ABB 机器人）[M]. 哈尔滨：哈尔滨工业大学出版社，2017.

[9] 张明文. 工业机器人编程及操作（ABB 机器人）[M]. 哈尔滨：哈尔滨工业大学出版社，2017.

[10] 张明文. 工业机器人专业英语[M]. 武汉：华中科技大学出版社，2017.

[11] 张明文. ABB 六轴机器人入门实用教程[M]. 哈尔滨：哈尔滨工业大学出版社，2017.

[12] 李瑞峰. 工业机器人设计与应用[M]. 哈尔滨：哈尔滨工业大学出版社，2017.

[13] 董春利. 机器人应用技术[M]. 北京：机械工业出版社，2014.

[14] SAEED B N. 机器人学导论[M]. 孙富春，朱纪洪，刘国栋，译. 北京：电子工业出版社，2004.

[15] 蔡自兴，谢斌. 机器人学[M]. 3 版. 北京：清华大学出版社，2015.

[16] SUBIR K S. 机器人学导论[M]. 付宜利，张松源，译. 哈尔滨：哈尔滨工业大学出版社，2017.

[17] 杨晓钧，李兵. 工业机器人技术[M]. 哈尔滨：哈尔滨工业大学出版社，2015.

[18] 兰虎. 工业机器人技术及应用[M]. 北京：机械工业出版社，2014.

[19] 乔新义，陈冬雪，张书健，等. 喷涂机器人及其在工业中的应用[J]. 现代涂装，2016，8:53-55.

[20] 谷宝峰. 机器人在打磨中的应用[J]. 机器人技术与应用，2008，3:27-29.

[21] 刘伟，周广涛，王玉松. 焊接机器人基本操作及应用[M]. 北京：电子工业出版社，2012.

[22] 辛国斌，田世宏. 智能制造标准案例集[M]. 北京：电子工业出版社，2016.

[23] 田锋. 精益研发 2.0[M]. 北京：机械工业出版社，2016.

[24] 彭俊松. 工业 4.0 驱动下的制造业数字化转型[M]. 北京：机械工业出版社, 2016.

[25] 奥拓・布劳克曼. 智能制造：未来工业模式和业态的颠覆与重构[M]. 北京：机械工业出版社，2015.

[26] 李杰. 工业大数据：工业 4.0 时代的工业转型与价值创造[M]. 北京：机械工业出版社，2015.

[27] 王喜文. 工业 4.0:最后一次工业革命[M]. 北京：电子工业出版社，2015.

[28] 郑树泉，宗宇伟. 工业大数据架构与应用[M]. 上海：上海科学技术出版社，2017.

[29] 陈明. 智能制造之路数字化工厂[M]. 北京：机械工业出版社，2012.

[30] 胡成飞. 智能制造体系构建面向中国制造 2025 的实施路线[M]. 北京：机械工业出版社，2012.

[31] 谭健荣. 智能制造关键技术与企业营业[M]. 北京：机械工业出版社，2017.

步骤一

登录“技皆知网”

www.jijiezhi.com

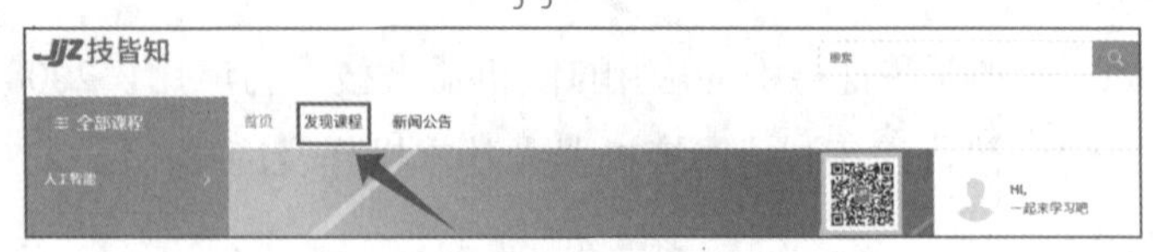

步骤二

搜索教程对应课程

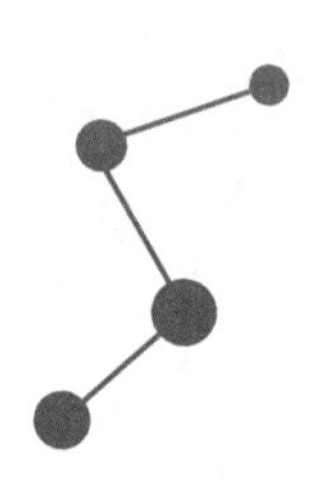

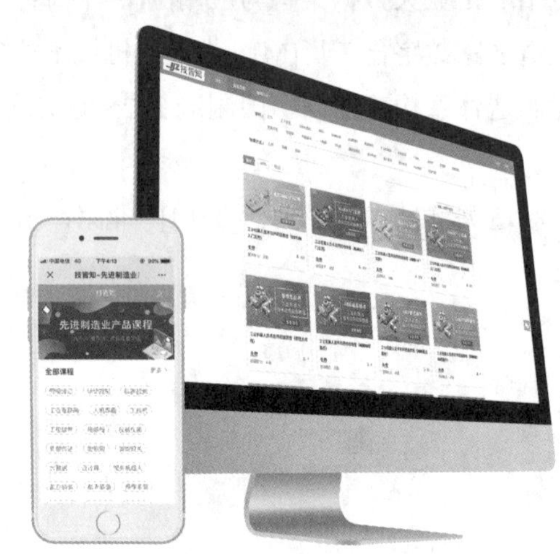

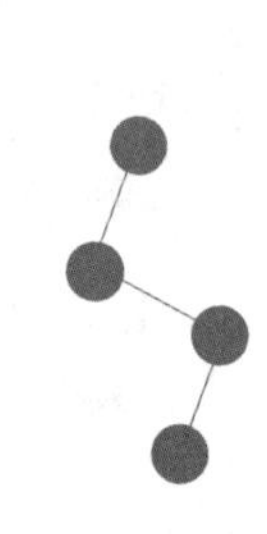

咨询与反馈

尊敬的读者：

感谢您选用我们的教程！

本书有丰富的配套教学资源，凡使用本书作为教程的教师可咨询有关实训装备事宜。在使用过程中，如有任何疑问或建议，可通过电子邮箱（market@jijiezhi.com）或扫描右侧二维码，提交咨询信息。

（书籍购买及反馈表）